# BIO-INSPIRED ADHESIVE MATERIALS

# 仿生黏附材料

李维军　李昶　李明　等 编著



化学工业出版社

·北京·

## 内容简介

本书围绕不同应用场景中的黏附现象展开，系统深入地探讨了自然界中常见生物的黏附机制，并介绍了仿生黏附材料的合成方法和主要应用领域。书中详细阐述了仿生黏附现象的机理、设计原则及其调控手段，帮助读者理解仿生黏附材料如何从自然中获得启发，并在各种工程和技术领域中得以实现；进一步介绍了基于自然界黏附行为开发的仿生材料的最新研究进展和实际应用，并深入讨论了评价黏附性能的测试方法与技术手段；特别关注了近年来在仿生黏附材料领域取得的创新成果及其广泛的应用潜力。此外，书中简要概述了当前仿生黏附材料研究面临的主要挑战，并展望了未来的发展趋势与可能的突破方向。

本书适合从事材料科学、生物医学、化学、化学工程、机械工程、电子科学、建筑材料、包装技术以及人工智能等相关领域的科研和工程技术人员参考，尤其适用于研究仿生功能材料、生物附着、固液界面作用、表面微结构设计、智能黏附技术以及碳基材料的相关人员。此外，本书也可作为高等院校相关学科的教材，为学生提供系统的理论知识与前沿研究进展，亦可作为仿生学科普读物，为广大的仿生爱好者提供专业而易懂的知识框架。

**图书在版编目（CIP）数据**

仿生黏附材料 / 李维军等编著. -- 北京 : 化学工业出版社，2025. 10. -- ISBN 978-7-122-48758-2

Ⅰ. TB39

中国国家版本馆 CIP 数据核字第 2025SV1069 号

责任编辑：王清颢
文字编辑：张瑞霞
责任校对：王鹏飞
装帧设计：王晓宇

出版发行：化学工业出版社
（北京市东城区青年湖南街13号　邮政编码100011）
印　　装：北京宝隆世纪印刷有限公司
710mm×1000mm　1/16　印张11¾　字数212千字
2026年1月北京第1版第1次印刷

购书咨询：010-64518888
售后服务：010-64518899
网　　址：http://www.cip.com.cn
凡购买本书，如有缺损质量问题，本社销售中心负责调换。

定　　价：98.00元

# 编写人员名单


| | | | | | |
|---|---|---|---|---|---|
| 主要编写人员 | 李维军 | 李　昶 | 李　明 | 曾国超 | 刘英喆 |
| | 李艳辉 | | | | |
| 其他参编人员 | 张金栋 | 任富民 | 刘　璁 | 张　俭 | 王春燕 |
| | 沈毅刚 | 陈柏屹 | 张运茂 | 刘　静 | 周瑞民 |
| | 卞发洲 | 苏日古 | 童　珍 | 张子佩 | 陈宇豪 |
| | 张俊玉 | 王晨旭 | 岳怡格 | 王江月 | |

# 前言

Preface

仿生和生物黏附系统在过去的 15 ~ 20 年间经历了快速发展。最初由科学好奇心驱动，如“为什么壁虎或苍蝇不会从墙上掉下来？”这样的基础问题，逐渐演变为生物学家、化学家、材料科学家、物理学家和工程师们共同探索的跨学科研究领域，试图揭示自然界中生物黏附力的神秘之处。尽管在解析壁虎、蜘蛛、苍蝇等生物附着原理方面取得了显著进展，但目前仅有少数受这些生物启发的黏附材料实现了商业化。一个可能的原因是现有工业生产技术难以大规模制造具有复杂微纳结构的材料；另一个原因是我们对这些生物在自然环境中使用其黏附能力的方式仍了解不足。此外，当前受生物启发的黏附装置多在实验室条件下对平滑表面进行测试，这种方法虽然为仿生材料研究奠定了基础，但距离实际应用还有一定距离。尽管近年来开发了众多黏附材料并广泛应用于各领域，但仍缺乏统一的设计原则来指导如何根据不同材料和制造方法开发适合多种应用的黏附材料，解决这一问题正是本书的核心目标。

本书以仿生黏附材料为主题，系统地介绍了相关材料的设计原理、合成方法及其在不同应用中的表现。书中详细阐述了自然界生物如壁虎、蜘蛛的黏附机制，以及如何从这些机制中提取仿生设计策略，并将其应用于合成人工材料；进一步介绍了基于生物启发的智能黏附材料在多领域的实际应用，尤其是近年来可穿戴电子设备的发展；介绍了相关性能的测试与评价方法，并特别关注了最新研究成果与未来应用前景；还探讨了仿生黏附材料领域面临的挑战，并展望了该领域的未来发展方向；重点讨论了在工业生产中如何将这些复杂微结构大规模应用于实际场景，同时提供了一些可能的创新解决方案。

近年来，仿生黏附材料在学术界和工业界都得到了广泛的关注，许多高校也开始在化学、材料科学、生物医学、机械、化工等相关学科中引入仿生材料相关课程，甚至新设立了仿生科学的研究生专业或交叉学科研究中心。然而，作为一个新兴领域，相关的中文书籍数量较少，现有书籍多局限于特定研究方向，缺乏全面、系统的理论体系，这也导致在教学和科研中面临教材不足的问题。

因此，本书不仅弥补了仿生黏附材料领域中文文献的不足，适合作为高校教学的教材，同时也为科研工作者和仿生爱好者提供了参考资料，满足了他们广泛的跨学科学习需求。

在本书的撰写过程中，参考了国内外相关文献资料，谨向所有原作者致以诚挚的感谢。同时，著作者也感谢所有关心、支持本书撰写与出版的专家、学者以及同仁们所给予的帮助与建议。

本书的资料收集、初稿撰写、返修加工、出版等工作受到了东华大学承担的国家发展和改革委员会重大攻关专项（中复神鹰碳纤维连云港有限公司年产 3 万吨高性能碳纤维建设项目）子课题“热塑性上浆剂及碳纤维表面处理技术研究”的资助，受到了东华大学中央高校基本科研业务费专项资金（2232024D-06）、厦门市自然科学基金项目（3502Z202571063）、中国科协青年人才托举工程（YESS20240360）、上海市白玉兰人才计划浦江项目（24PJA002）、厦门理工学院高层次人才科研启动项目（YKJ24043R）的资助。

仿生学正在快速发展并广泛应用，几乎每天都有新的进展和突破。面对如此飞速的变化，著作者难免有思虑不周之处，未能全面跟上领域的前沿动态。再加上学术水平和写作能力有限，书中可能存在不足之处，敬请广大读者批评指正。

编著者<br>2025 年 8 月

# 目录

Contents

# 第1章 绪论

生命在地球上的各种环境中蓬勃发展，从极端干旱的沙漠到承受巨大压力的深海。为了适应不同的环境，生物进化出了独立且复杂的附着器官和结构系统。基于摩擦、干湿黏附、内聚力、机械嵌锁、吸附和穿透等不同的基本物理原理，生物体通过多种复杂方式实现了悬挂、爬行和移动等功能[1-5]。受自然界中附着机制的启发，随着技术的不断进步，基于生物和仿生的黏合材料的开发和应用在材料科学领域变得越来越重要。早在人类历史的某个时期，人们就开始尝试利用仿生黏附策略解决实际问题。人们通过观察和模仿自然界中的生物，特别是昆虫、鸟类和植物等，开发出各种用于解决生活中实际问题的黏附策略[6, 7]。例如，古代的中国人就曾经使用蜂蜡作为黏合剂（胶黏剂），用以制作书籍和家具，另外，通过观察蚂蚁在土壤表面的行走附着方式，中国古代农民改进了犁头的设计，降低了其对土壤的黏附力并提高了其耐磨性。在古埃及，人们通过观察动物脚部结构改良了鞋子的设计，使其更适应沙漠环境下的行走和更好地附着。进入近现代，随着科学技术的进一步高速发展，仿生和生物启发材料及技术也得到了快速发展，这些技术跨越了许多领域，如先进制造、光子学和电子学、机器人技术以及生物医学和能源应用等[8, 9]。科学家们通过对生物体表面微观结构的深入研究，成功制备了仿生黏附工具。其中，以仿生蛛丝为原型的纳米材料被用于制造黏附力强、柔软耐用的胶带，应用于医疗、家居等领域。在医疗领域，仿生及生物基黏附材料的应用带来了巨大的变革。医用胶带、贴敷材料等产品的开发，不仅提高了生物相容性，还改善了患者的治疗体验。这一产业革命加速了医疗器械的创新和发展。在工程和建筑领域，仿生黏附材料被广泛应用于胶黏剂、涂层和密封材料的制备，提高了材料的附着性能和耐久性（图 1.1）。这种应用不仅改善了工程结构的性能，还为可持续建筑提供了新的解决方案等[10-12]。

然而，尽管取得了这些进展，我们仍然没有完全发现、理解和利用自然界的黏附材料的设计原则，而且距离实现即使是最简单的生物体的精密制造和功能复现（如甲虫）还有很长的路要走。并且仍然存在一些未解决的问题，特别是对微观表界面机理的准确解释及生物黏附物的物理化学性质和外部环境的相互作用因素。这些不同材料如何与不同（自然或人工）表面相互作用？在何种具体尺度下能够实现最大多少的黏附力？多大尺度和多少层级的微结构可以实现最大附着力？因此，从自然界的设计中汲取灵感已经不仅仅是一种趋势——可以说是一种必然，结合材料科学和制造技术的不断突破，对生物附着及其黏附功能的机制做出更详细的了解，需要对从生物原型到人工可切换胶黏剂的受生物启发的可切换黏附表面进行全面审查，为设计具有优越性能的人工胶黏剂提供宝贵的启示[13, 14]。在本书中，我们突出显示了一系列具有附着能力的液体、动物与植物生物体器官和结构以及黏附性分泌物，并且讨论了这些物质的形态与功能和仿生潜力的关系。随后，从结构和尺寸的角度总结了生物基及仿生黏附结构的设计原则和黏附机制。此外，我们突出了一些工程化的、生物衍生的黏附材料的选择性例子在实际领域的应用价值。最后，系统总结和展望了利用仿生策略及生物基黏附材料在实际应用及目前发展中的挑战及机遇。

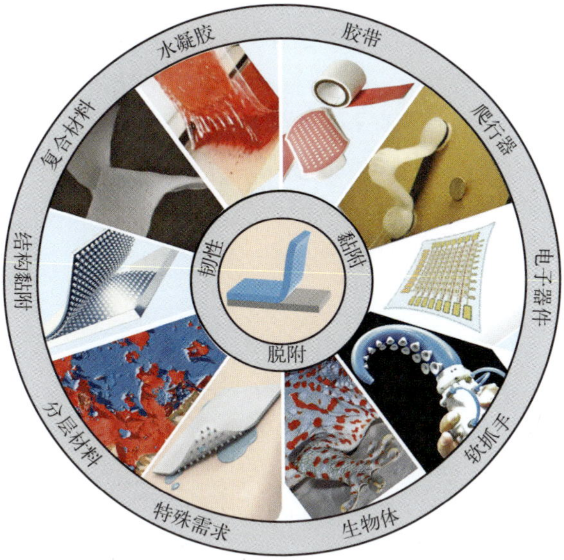

**图 1.1** 自然和人工合成的黏附材料及应用场景

在自然界中，进化使得生命发展出各种各样的附着器官和结构，为动植物提供了在生存、适应和繁殖方面与其环境互动的能力。有时，这些器官结构或分泌物同时具有多种功能，即它们除了黏附性之外还能提供其他性质。例如，壁虎脚掌有助于其在各种复杂地形爬行并支持其捕捉猎物甚至具有类似自身洗澡的功能 [15, 16]。虽然这些生物材料在器官和功能上差异巨大，但有时一些物种出于相似的原因使用这些功能或物质。根据它们的组成和生物功能，与基板的结合可以是暂时的或永久的 [17-19]。生物附着的功能包括与基板的附着、捕食、巢和茧的构建、防御、伪装和繁殖（见图 1.2）。

下面我们总结和概括了一些突出的植物和动物黏附的例子。例如，某些无毛蜘蛛 [20, 21]（例如日本花蛛 [21]）构建了薄而密集的丝状纤维网络，其表面覆盖着基于蛋白质的液滴。这对于捕捉猎物至关重要 [22-24]。在繁殖过程中，蒲公英的微观黏附结构起到了重要的作用。这种植物属于菊科，其特点是拥有一种能够根据湿度变化闭合的多毛种皮 [24, 25]。这样的黏附微观结构可以通过吸收和释放水分来产生运动，进而帮助种子传播。众所周知，壁虎可以利用十分厉害的脚掌在各种表面爬上爬下，这是由于其脚掌表面的多级分层微观结构保证了强有力的黏附，从而实现稳定爬行不脱落的效果[26, 27]。另外，贻贝可以牢牢将自身固定在礁石或者任何固体上，任凭海浪拍打也不会脱落，主要得益于贻贝足丝独特的微观分层结构[28-30]。贻贝足丝的微观黏附结构是一个精妙的设计，既能保证强大的黏附力以支持其在各种环境中的生活，又能在必要时快速解除黏附，以适应新的生存环境。蜜蜂的腿部微观结构对于其筑巢具有重要作用，像壁虎脚趾上的黏附系统一样，蜜蜂的腿部可能拥有复杂的微观纤维状结构[31, 32]。树蛙的脚掌微观黏附结构对其在防御中的功能起到了重要作用，这种独特的结构使得树蛙在干燥和潮湿的表面都能获得良好的黏附能力，甚至可以在柔软的叶子上牢固地黏附、攀爬和跳跃[33, 34]。另外，变色龙[35, 36]分别产生黏滑的纤维或垫片作为攻击性武器，而海参则喷射基于蛋白质的黏附纤维作为对袭击的主动防御反应[37]。类似地，一些蛇鳚鱼[38, 39]和蝾螈[40]会分泌黏滑物质以避免被捕食。

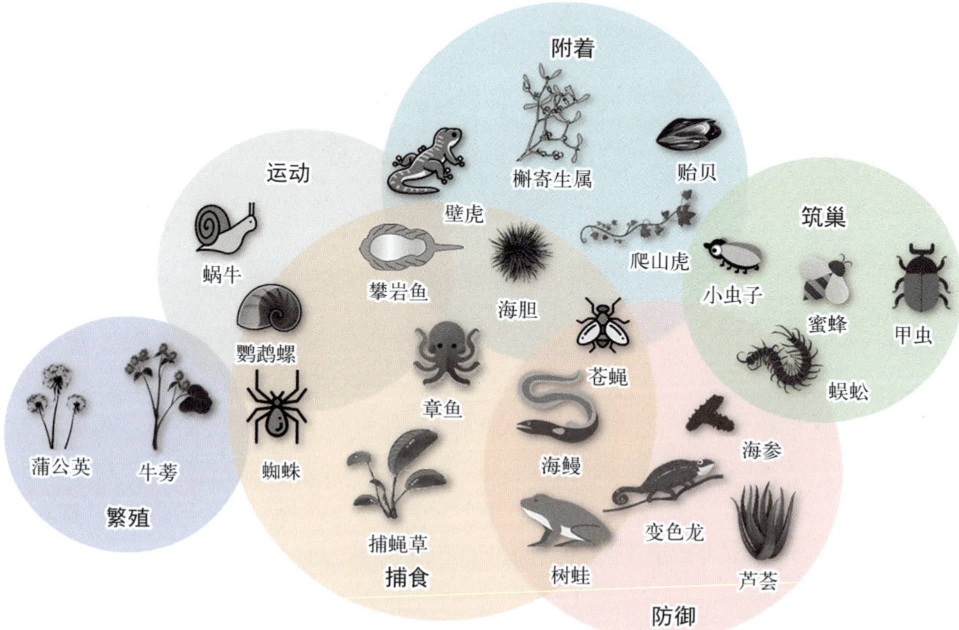


**图 1.2** 动物和植物中发生的多种黏附机制和生物功能的示意图概览

除了这些生存和繁殖任务之外，其他生物黏液还有助于运动过程。例如，蜗牛的黏液同时具有润滑和黏附功能，这两者对于蜗牛爬墙都是必需的。对蜗牛黏液的微观分析揭示了这是如何实现的，黏液中的糖蛋白微球在前进时起润滑作用，而由这些微球组装而成的坚硬、黏性的纤维使蜗牛能够在垂直方向上移动而不会下滑[41, 42]。黏液分泌不仅存在于动物界，植物也会产生黏附物质以适应困难条件，提高生存机会。攀缘植物如爬山虎使用含有黏多糖基微球的生物胶，使它们能够在垂直方向上稳定生长，有利于进行光合作用[43, 44]。捕虫植物（捕蝇草[45]）南非茅膏菜分泌黏液来捕获和消化猎物。物理接触后，多糖基分泌物首先使猎物无法移动，然后植物关闭叶片，增强即将进行的消化阶段。重要的是，只有完成这些步骤后，植物才产生消化酶[46]，降低了“进食”过程的代谢成本，使其能够在天然栖息地的恶劣环境中生长[47]。适应干旱环境的芦荟借助黏液质保护胶，产生具有高吸水能力的明胶，防止其在长时间干旱期间脱水[48]。一些植物物种，如日本虎杖会分泌黏附物质，附着在寄主植物上，提取水分和营养[49]。槲寄生植物的种子含有基于碳水化合物的胶黏剂，凝固在树枝上，确保植物在寄主上获得养分[50]。对以上所选实例的简要概述已经表明，基于动物和植物身体的微观分层结构 / 分泌物可以为自身提供各种不同目的的服务，甚至可以同时结合多种功能于一身，实现复杂环境、气候条件下的生存的需求。因此，这些结构功能的组成和微观机制对体系的影响是十分重要且必要的。接下来，我们试图对典型的动物和植物所使用的各种微观结构和附着原理进行分类和归纳总结（表 1.1），以系统地理解和利用生物结构指导后续的仿生实验更好地进行。

**表 1.1　各类生物的典型黏附模式及功能**

| 黏附方式 | 模式 | 示意图 | 常见名称 | 结构 | 公式 | 功能 | 参考文献 |
|---|---|---|---|---|---|---|---|
| 结构性黏附 | Kendall |   | 壁虎 | 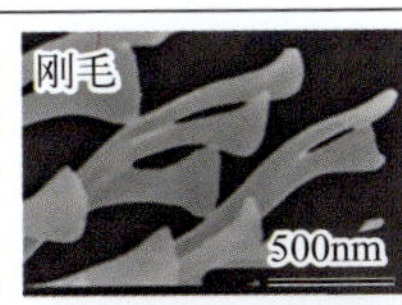  | $F = \frac{B\gamma}{1-\sin\theta}$ | 附着、运动、防御、捕食 | [40] |
| | Johnson-Kendall-Roberts（JKR） | 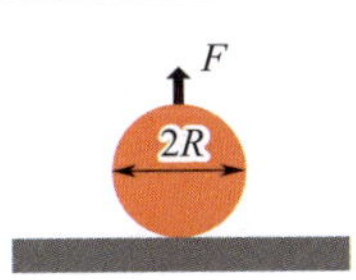  | 壁虎 |   | $F = -3\pi R\gamma$ | 附着、运动、防御、捕食 | [51-53] |
| | 毛细作用与 Stefan 黏附 | 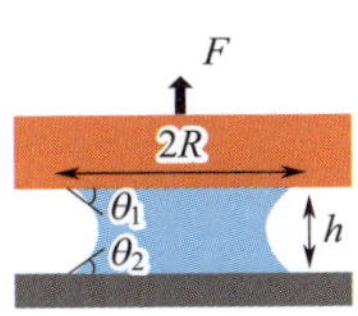  | 树蛙、蜗牛、鹦鹉螺、茅膏菜等 | 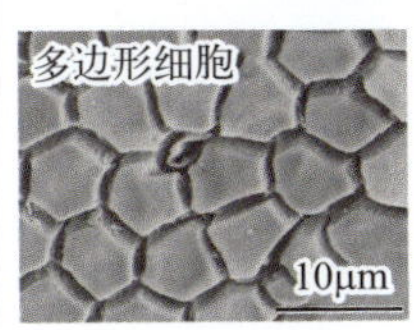  | $F = -\pi R^2\gamma \frac{\cos\theta_1 + \cos\theta_2}{h} - \pi r\gamma$ <br> $F = -\frac{dh}{dt}\frac{3\pi\eta R^4}{2h^3}$ | 附着、运动、防御、捕食 | [54-56] |
| | 摩擦 | 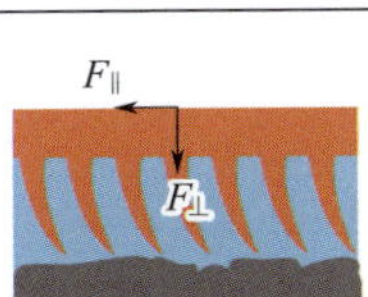  | 变色龙、甲虫、苍蝇、蜘蛛等 | 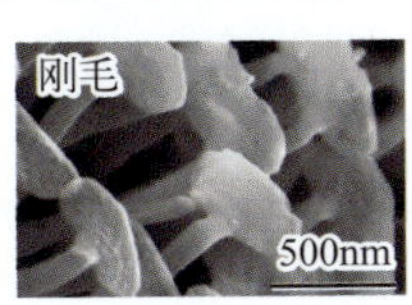  | $F_P = \mu F_\perp$ | 附着、运动、防御、捕食 | [57, 58] |

续表

| 黏附方式 | 模式 | 示意图 | 常见名称 | 结构 | 公式 | 功能 | 参考文献 |
|---|---|---|---|---|---|---|---|
| 机械性黏附 | 机械互锁 | 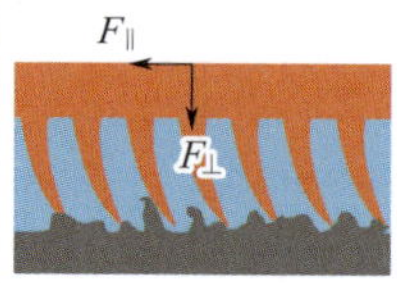 | 蜜蜂、大麦、海胆等 | 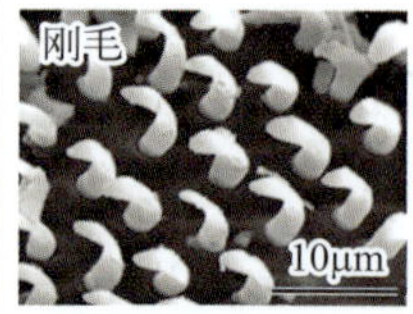 | $F_P=\mu F_\perp$ | 附着、运动、筑巢、捕食 | [57, 58] |
| 吸附 | 吸附 | 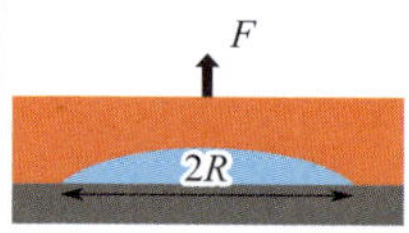 | 章鱼、鲫鱼、盲鳗、鱿鱼、攀岩鱼等 |  | $F=\Delta PA$ | 附着、运动、捕食 | [59-61] |
| 分泌黏附 | 化学键/胶水 | 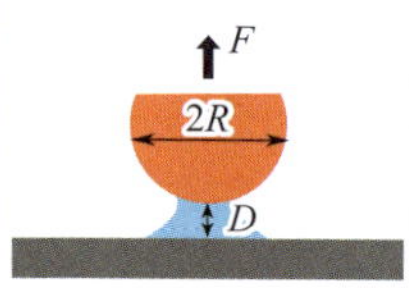 | 贻贝、寄生植物、藤壶、茅膏菜、鹦鹉螺、常春藤等 | 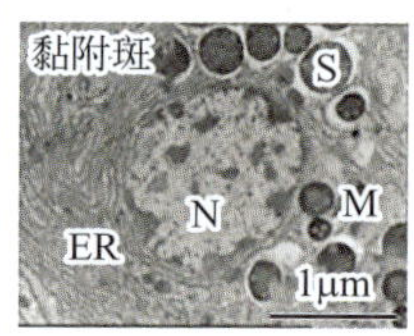 | $F=\dfrac{6\pi R^2\eta\upsilon}{D}$ | 附着、防御、保护、筑巢 | [62-64] |

## 参考文献


[1] Nachtigall W. Biological mechanisms of attachment. Heidelberg: Springer, 1974.

[2] Eigenbrode S D. Attachment devices of the insect cuticle. By Stanislav Gorb, 2001. Entomologia Experimentalis et Applicata, 2002, 105 (1) : 61-62.

[3] Smith A M, Callow J A. Biological adhesives. Heidelberg: Springer, 2006.

[4] Steinbrecher T, Beuchle G, Melzer B, et al. Structural development and morphology of the attachment system of *Parthenocissus tricuspidata*. International Journal of Plant Sciences, 2011, 172 (9): 1120-1129.

[5] Li W, Li Y, Sheng M, et al. Enhanced adhesion of carbon nanotubes by dopamine modification. Langmuir, 2019, 35 (13) : 4527-4533.

[6] Li W, Liu H, Mi Y, et al. Robust and conductive hydrogel based on mussel adhesive chemistry for remote monitoring of body signals. Friction, 2020, 10 (1) : 80-93.

[7] Li M, Zhou S, Guan Q, et al. Robust underwater oil-repellent biomimetic ceramic surfaces: combining the stability and reproducibility of functional structures. ACS Applied Materials &

Interfaces, 2022, 14 (40) : 46077-46085.

[8] Li M, Li W, Cai W, et al. A self-healing hydrogel with pressure sensitive photoluminescence for remote force measurement and healing assessment. Materials Horizons, 2019, 6 (4) : 703-710.

[9] Li M, Li W, Guan Q, et al. A tough reversible biomimetic transparent adhesive tape with pressure-sensitive and wet-cleaning properties. ACS Nano, 2021, 15 (12) : 19194-19201.

[10] Wolff J O, Gorb S N. Adhesive secretions. Attachment Structures and Adhesive Secretions in Arachnids, 2016: 117-140.

[11] Spolenak R, Gorb S, Arzt E. Adhesion design maps for bio-inspired attachment systems. Acta Biomaterialia, 2005, 1 (1) : 5-13.

[12] Arzt E, Gorb S, Spolenak R. From micro to nano contacts in biological attachment devices. Proceedings of the National Academy of Sciences, 2003, 100 (19) : 10603-10606.

[13] Stuart-Fox D, Ng L, Elgar M A, et al. Bio-informed materials: three guiding principles for innovation informed by biology. Nature Reviews Materials, 2023, 8 (9) : 565-567.

[14] Stuart-Fox D, Ng L, Barner L, et al. Challenges and opportunities for innovation in bioinformed sustainable materials. Communications Materials, 2023, 4 (1) : 80.

[15] Niewiarowski P H, Stark A Y, Dhinojwala A. Sticking to the story: outstanding challenges in gecko-inspired adhesives. Journal of Experimental Biology, 2016, 219 (7) : 912-919.

[16] Ji A, Han L, Dai Z. Adhesive contact in animal: morphology, mechanism and bio-inspired application. Journal of Bionic Engineering, 2011, 8 (4) : 345-356.

[17] Wang J, Wan Y, Wang X, et al. Bioinspired smart materials with externally-stimulated switchable adhesion. Frontiers in Nanotechnology, 2021, 3 : 667287.

[18] Li J, Han X, Li W, et al. Nature-inspired reentrant surfaces. Progress in Materials Science, 2023, 133: 101064.

[19] Wolff J O, von Byern J, Piorkowski D, et al. Adhesive droplets of glowworm snares (*Keroplatidae: Arachnocampa* spp.) Are a complex mix of organic compounds. Frontiers in Mechanical Engineering, 2021, 7 : 661422.

[20] Vollrath F, Fairbrother W J, Williams R J P, et al. Compounds in the droplets of the orb spider's viscid spiral. Nature, 1990, 345 (6275) : 526-528.

[21] Blamires S J, Zhang S, Tso I M. Webs: diversity, structure and function. Behaviour and Ecology of Spiders, 2017: 137-164.

[22] Kono N, Nakamura H, Mori M, et al. Spidroin profiling of cribellate spiders provides insight into the evolution of spider prey capture strategies. Scientific Reports, 2020, 10 (1) : 15721.

[23] Alderweireldt M. Prey selection and prey capture strategies of *Linyphiid spiders* in high-input agricultural fields. Bulletin of the British Arachnological Society, 1994, 9: 300-308.

[24] Meng Q, Wang Q, Liu H, et al. A bio-inspired flexible fiber array with an open radial geometry for highly efficient liquid transfer. NPG Asia Materials, 2014, 6 (9) : e125.

[25] American Arachnological Society Meeting. Bulletin of the Entomological Society of America, 1975, 21 (1) : 52.

[26] Hu S, Xia Z. Rational design and nanofabrication of gecko-inspired fibrillar adhesives. Small, 2012, 8 (16) : 2464-2468.

[27] Autumn K, Dittmore A, Santos D, et al. Frictional adhesion: a new angle on gecko attachment. Journal of Experimental Biology, 2006, 209 (18) : 3569-3579.

[28] Waite J H, Andersen N H, Jewhurst S, et al. Mussel adhesion: finding the tricks worth mimicking. The Journal of Adhesion, 2005, 81 (3-4) : 297-317.

[29] Lin Q, Gourdon D, Sun C, et al. Adhesion mechanisms of the mussel foot proteins mfp-1 and mfp-3. Proceedings of the National Academy of Sciences, 2007, 104 (10) : 3782-3786.

[30] Waite J H. Mussel power. Nature Materials, 2008, 7 (1) : 8-9.

[31] Antoine C M, Forrest J R K. Nesting habitat of ground-nesting bees: a review. Ecological Entomology, 2020, 46 (2) : 143-159.

[32] Sandeman D C, Tautz J, Lindauer M. Transmission of vibration across honeycombs and its detection by bee leg receptors. Journal of Experimental Biology, 1996, 199 (12) : 2585-2594.

[33] Chen H, Zhang L, Zhang D, et al. Bioinspired surface for surgical graspers based on the strong wet friction of tree frog toe pads. ACS Applied Materials & Interfaces, 2015, 7 (25) : 13987-13995.

[34] Iturri J, Xue L, Kappl M, et al. Torrent frog-inspired adhesives: attachment to flooded surfaces. Advanced Functional Materials, 2015, 25 (10) : 1499-1505.

[35] Houze M, Damman P. Predation with the tongue through viscous adhesion, a scaling approach. Soft Matter, 2017, 13 (10) : 2120-2124.

[36] Brau F, Lanterbecq D, Zghikh L-N, et al. Dynamics of prey prehension by chameleons through viscous adhesion. Nature Physics, 2016, 12 (10) : 931-935.

[37] Peng Y Y, Glattauer V, Skewes T D, et al. Identification of proteins associated with adhesive prints from *Holothuria dofleinii* cuvierian tubules. Marine Biotechnology, 2014, 16 (6) : 695-706.

[38] Chaudhary G, Fudge D S, Macias-Rodriguez B, et al. Concentration-independent mechanics and structure of hagfish slime. Acta Biomaterialia, 2018, 79: 123-134.

[39] Böni L, Fischer P, Böcker L, et al. Hagfish slime and mucin flow properties and their implications for defense. Scientific Reports, 2016, 6 (1) : 30371.

[40] von Byern J, Grunwald I, Kosok M, et al. Chemical characterization of the adhesive secretions of the salamander Plethodon shermani (Caudata, Plethodontidae) . Scientific Reports, 2017, 7 (1) : 6647.

[41] Zhong T, Min L, Wang Z, et al. Controlled self-assembly of glycoprotein complex in snail mucus from lubricating liquid to elastic fiber. RSC Advances, 2018, 8 (25) : 13806-13812.

[42] Ewoldt R H, Hosoi A E, McKinley G H. Nonlinear viscoelastic biomaterials: meaningful characterization and engineering inspiration. Integrative and Comparative Biology, 2009, 49 (1) :

40-50.

[43] Lee C, Choi S E, Kim J W, et al. Adhesive patches: boston ivy disk-inspired pressure-mediated / adhesive film patches. Small, 2020, 16 (9) : 1904282.

[44] Huang Y, Wang Y, Tan L, et al. Nanospherical arabinogalactan proteins are a key component of the high-strength adhesive secreted by English ivy. Proceedings of the National Academy of Sciences, 2016, 113 (23) : E3193-E3202.

[45] Naidoo Y, Heneidak S. Morphological investigation of glandular hairs on *Drosera capensis* leaves with an ultrastructural study of the sessile glands. Botany, 2013, 91 (4) : 234-241.

[46] Palfalvi G, Hackl T, Terhoeven N, et al. Genomes of the venus flytrap and close relatives unveil the roots of plant carnivory. Current Biology, 2020, 30 (12) : 2312-2320.

[47] Kokubun T. Occurrence of myo-inositol and alkyl-substituted polysaccharide in the prey-trapping mucilage of *Drosera capensis*. The Science of Nature, 2017, 104 (9) : 83.

[48] Reynolds T, Dweck A C. Aloe vera leaf gel: a review update. Journal of Ethnopharmacology, 1999, 68 (1-3) : 3-37.

[49] Kokla A, Melnyk C W. Developing a thief: haustoria formation in parasitic plants. Developmental Biology, 2018, 442 (1) : 53-59.

[50] Aukema J E. Vectors, viscin, and viscaceae: mistletoes as parasites, mutualists, and resources. Frontiers in Ecology and the Environment, 2003, 1 (4) : 212-219.

[51] Maugis D. Extension of the Johnson-Kendall-Roberts theory of the elastic contact of spheres to large contact radii. Langmuir, 1995, 11 (2) : 679-682.

[52] Loskofsky C, Song F, Newby B-M Z. Underwater adhesion measurements using the JKR technique. The Journal of Adhesion, 2006, 82 (7) : 713-730.

[53] Eduard Arzt, Stanislav Gorb, Ralph Spolenak, et al. From micro to nano contacts in biological attachment devices. Proceedings of the National Academy of Sciences of the United States of America, 2003, (100)19: 10630-10606.

[54] Hanna G, Barnes W J P. Adhesion and detachment of the toe pads of tree frogs. Journal of Experimental Biology, 1991, 155 (1) : 103-125.

[55] He B, Wang Z, Li M, et al. Wet adhesion inspired bionic climbing robot. IEEE/Asme Transactions on Mechatronics, 2013, 19 (1) : 312-320.

[56] Federle W, Labonte D. Dynamic biological adhesion: mechanisms for controlling attachment during locomotion. Philosophical Transactions of the Royal Society B, 2019, 374 (1784) : 20190199.

[57] Persson B N. Sliding friction. Surface Science Reports, 1999, 33 (3) : 83-119.

[58] Persson B N, Albohr O, Tartaglino U, et al. On the nature of surface roughness with application to contact mechanics, sealing, rubber friction and adhesion. Journal of Physics: Condensed Matter, 2004, 17 (1) : R1.

[59] Ditsche P, Summers A P. Aquatic versus terrestrial attachment: water makes a difference. Beilstein Journal of Nanotechnology, 2014, 5 (1) : 2424-2439.

[60] Wainwright D K, Kleinteich T, Kleinteich A, et al. Stick tight: suction adhesion on irregular surfaces in the northern clingfish. Biology Letters, 2013, 9 (3) : 20130234.

[61] Ditsche P, Wainwright D K, Summers A P. Attachment to challenging substrates–fouling, roughness and limits of adhesion in the northern clingfish (*Gobiesox maeandricus*). Journal of Experimental Biology, 2014, 217 (14) : 2548-2554.

[62] Dhinojwala A, Granick S. Surface forces in the tapping mode: solvent permeability and hydrodynamic thickness of adsorbed polymer brushes. Macromolecules, 1997, 30 (4) : 1079-1085.

[63] Narayanan A, Dhinojwala A, Joy A. Design principles for creating synthetic underwater adhesives. Chemical Society Reviews, 2021, 50 (23) : 13321-13345.

[64] Li W, Guan Q, Li M, et al. Nature-inspired strategies for the synthesis of hydrogel actuators and their applications. Progress in Polymer Science, 2023, 140: 101665.

# 第 2 章 自然界中常见的黏附现象

# 2.1
# 动物类黏附现象

## 2.1.1 昆虫类的脚掌黏附

本节我们将从表面微纳米结构的角度介绍一些典型的生物黏附表面。为了更好地理解这些生物黏附行为的黏附机制，有必要研究这些生物黏附表面的微/纳米结构并建立相应的模型。过去几十年里，昆虫、蜘蛛和壁虎的黏附系统被广泛研究，以解释并模仿它们卓越的黏附和攀爬能力[1, 2]。这些系统由具有两层或多层层次结构的刚毛阵列组成，几乎能够在任何表面上形成大面积接触。毛细吸引力和分子相互作用的结合产生强大的黏附力和摩擦力[3-5]。刚毛的最尖端负责与基底的紧密接触，表现为一个或多个薄膜状的末端元件，通常呈铲状结构[6]。对不同动物群体的研究表明，刚毛尖端的几何特征与动物体重之间存在有趣的相关性：动物越重，尖端越小且越密集，如图 2.1 所示[4, 7]。

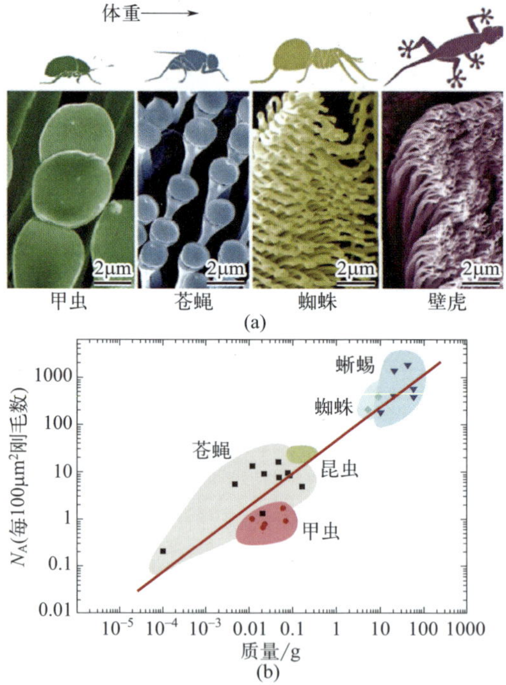


**图 2.1** （a）几种动物的附着垫的微结构，包括甲虫、苍蝇、蜘蛛和壁虎；（b）不同动物的末端刚毛密度与体重的关系[4]

接下来，我们选定一个具有代表性的生物进行全面的结构和行为功能分析。果蝇作为一种具有复杂足部结构和功能的昆虫脱颖而出[6, 8]。该昆虫的肢体由三个不同的部分组成：股骨、胫骨和跗节。跗节位于足部最远端，包含两个主要的黏附机制——吸盘和刚毛。果蝇的足垫呈现出层次分明的多级结构，具有复杂且功能性的特征，如图2.2所示。值得注意的是，不同昆虫类型的足垫突起有所不同：鞘翅目和膜翅目的代表性昆虫足部具有带关节窝的刚毛，而双翅目昆虫的足部则具有没有关节窝的刚毛，称为棘刺。具体而言，果蝇在中胸上有三对足，每只足都配有棘刺和吸盘，帮助它在各种表面上行走。在运动过程中，果蝇必须灵活协调足部运动，一些足部黏附在表面上，而其他足部同时在移动。这些精细的结构再加上足部的协调运动，使果蝇能够在多种表面上行走和栖息，包括光滑的玻璃和粗糙的木材[8-11]。其他昆虫物种中类似的分层多级结构也具有相似的功能，突出显示了昆虫对其生活环境的进化适应和优化。

**图 2.2** 苍蝇毛状附着垫及毛发的微观结构示意图[6]

## 2.1.2 壁虎脚掌的黏附

壁虎能够轻松地在垂直和倒置的表面上爬行，这归因于其脚趾的黏附性特质。为了理解壁虎爬行的复杂性，研究人员对其脚趾的微观结构进行了研究。图2.3的扫描电子显微镜图像，揭示了每个壁虎脚趾包含大约20个层片，每个层片中约有20根刚毛。这些刚毛长度约为110μm，直径范围在4～6μm之间，在末端分叉成多个微小的铲状结构（如图2.3所示）[12, 13]。这些刚毛的微观/纳米级分层结构将原本刚性的壁虎刚毛的有效模量（1.4～1.6GPa）降低至约80kPa，增强了它们在粗糙表面上的适应能力[14]。壁虎刚毛在界面上形成更大面积的贴合接触，确保了足够的范德瓦耳斯力，从而在不平整的表面上实现黏附。值得注意的是，壁虎刚毛较低的界面能量降低了其在密集排列时发生缠绕或聚集的可能性，降低了黏附失效的风险[15]。此外，灰尘颗粒会优先停留在接触基底上，而非附着在铲状结构上，使得壁虎刚毛能在长达三个月的时间内保持清洁[15, 16]。

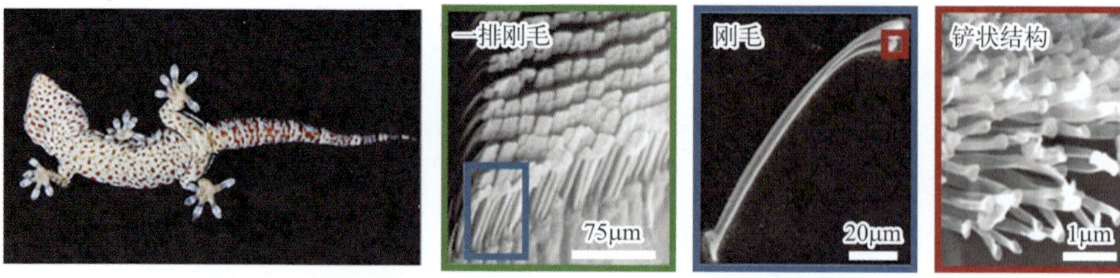

图 2.3　壁虎脚垫由于排列整齐的刚毛分裂成无数的小铲状结构 [1]

### 2.1.3　树蛙的湿黏附

树蛙 [17-19] 常见于潮湿环境中，如湿润的树叶或树表面，通常在黏附垫和接触表面之间存在液体介质。尽管湿度较高，树蛙仍展现出与壁虎类似的灵活攀爬能力，这促使研究人员探索可在湿态下转换的黏附表面。对树蛙脚趾垫的微观 / 纳米结构的研究发现了其独特的六边形微柱结构，如图 2.4 所示。这些微柱的直径通常在 10 ～ 15μm，六边形之间的通道深度约为 5μm，宽度为 1 ～ 3μm[19, 20]，与壁虎的高纵横比刚毛有所不同。在潮湿或水下条件下，这些通道通过排出多余的液体促进界面接触，在接触界面之间形成极薄的毛细桥，从而提供充足的毛细力支撑树蛙。此外，扫描电子显微镜图像显示六边形微柱上密集排列着纳米棒，其顶端为凹凸状，深度约为 20nm。这些复杂的层次结构在扩大树蛙脚趾垫在粗糙表面上的贴合接触面积方面起到了关键作用。纳米槽的存在还促进了液桥的形成，进一步增强湿态下的黏附力 [21, 22]。

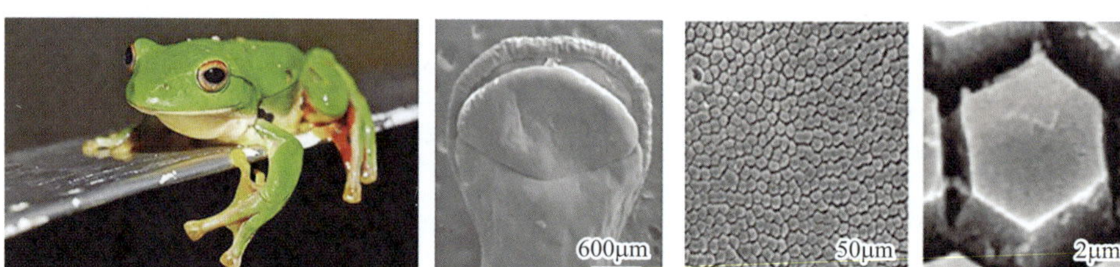

图 2.4　树蛙脚垫上突出的多边形上皮细胞 [17, 18]

### 2.1.4　章鱼吸盘黏附

与壁虎和树蛙不同，章鱼在其触手上进化出了吸盘结构，以在湍流的水下环境中觅食时提供稳定性和导航功能 [23, 24]。图 2.5 展示了双斑章鱼单个吸盘的组成结构，通过扫描电子显微镜图像揭示出吸盘由暴露的圆形漏斗和中空的杯状部分组成。章鱼吸盘的微观 / 纳米结构由三种类型的肌肉纤维组成——辐射状、纵向和环状纤维，这与壁虎和树蛙的结构不同。研究表明，漏斗上的沟槽可以通过将吸盘内部的低压分散到漏斗的接触面上，从而增强密封性。强调密封功能对实现高黏附力至关重要，因为密封可以防止外部气体或液体进入吸盘，而这种防止作用有助于维持腔体内的压力，避免腔体体积的增加，从而保持压力差[25, 26]。

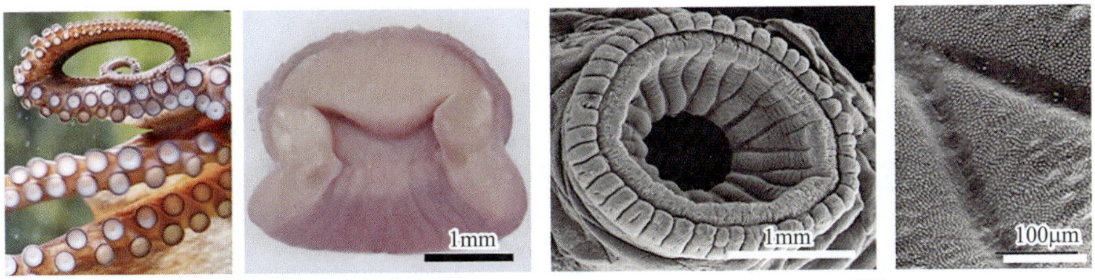


图 2.5　章鱼利用覆盖其触须的吸盘在海中爬行或捕猎[23]

## 2.1.5　海水和淡水贻贝黏附现象

与前面提到的短期黏附机制不同，贻贝具有分泌黏附剂的能力，能够持久地附着在岩石、水生植物和各种表面上。这种黏附剂具有独特的耐水性和耐候性，即使在强烈的波浪作用下，也能确保与基底的牢固连接。这些高效的生物黏附剂通常由蛋白质混合物组成，无毒且环保，并在水中合成[27-30]。贻贝生活在保护性的壳内，它们的黏附剂将其牢固地固定在潮湿的岩石外表面。当在珊瑚礁上寻找更适合的表面时，它们通过足部张口产生附着丝，临时将自己锚定在新位置，如图 2.6 所示。这类似于一种反应注射成型模式，每分钟产生一根附着丝，每根长度为 3 ～ 8cm。通过生成大量附着丝，贻贝能够有效地附着在各种表面。通常这些附着丝的半径为 5 ～ 6cm（如图 2.6 所示）[11, 31, 32]。贻贝的黏附斑具有类似泡沫的分层结构。附着丝的远端连接到黏附斑，该黏附斑具有多孔的基质和相分离的颗粒。这些泡沫状孔隙具有约 40% 的孔隙率和分级结构。这些开放的孔隙可以通过光滑的壁面相互连接。此外，在界面上存在许多孔柱，确保了连接的有效性，这些孔柱的存在表明黏附斑与界面之间具有坚固的连接[31]。

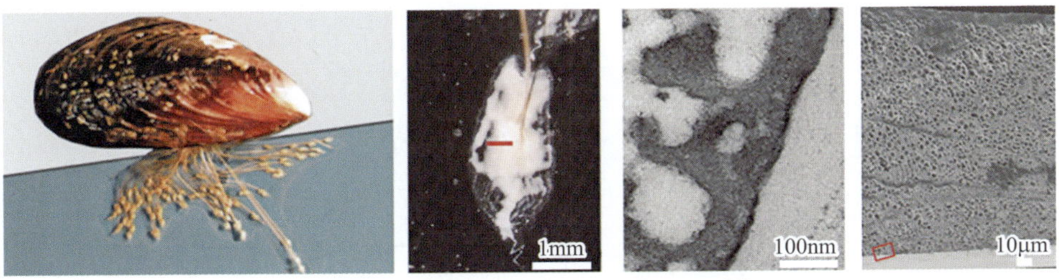


图 2.6　贻贝足丝黏附斑的超微结构[11]

## 2.1.6 藤壶水下黏附现象

像贻贝、沙堡蠕虫、石蛾幼虫和藤壶这样的生物以及部分细菌表现出黏合机制，使它们能够在水环境中生活。例如，成年藤壶在潮汐冲刷的海岸边用独特的蛋白质配方将自己附着在岩石上，同时它们从自由游动的幼体阶段变态成固着的成年藤壶阶段。成年藤壶的外骨骼即使在生命周期结束之后也会永久地附着在岩石上（图 2.7）[32, 33]。

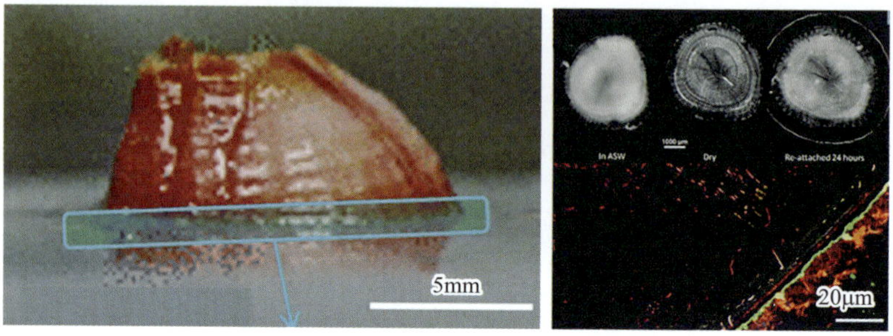


**图 2.7** 藤壶与表面接触的黏附图像 [33]

尽管这些生物属于不同的门类，贻贝、沙堡蠕虫和石蛾幼虫分泌一种独特的蛋白质混合物，使它们能够在水生环境中维持生命。关于这些生物黏合机制的详细综述可以参考其他文献资料。受众多生物水下胶黏剂的启发，已经开发出了合成的水下胶黏剂。在这些胶黏剂中，大多数水下胶黏剂的创造都是受到贻贝和沙堡蠕虫黏合机制的启发。因此，我们仅介绍贻贝和沙堡蠕虫胶黏剂的黏合机制，以及受这些生物启发的合成水下胶黏剂。

## 2.1.7 腹足类动物的水下黏附

大多数陆生腹足类动物，如东非大蜗牛、大灰蛞蝓［图 2.8（a）］、陆生捕食性蜗［图 2.8（b）］和玉黍螺［图 2.8（c）］[34]，由于足部黏液中含有显著水平的蛋白质、多糖和其他有机物质，因此在归巢行为、同种聚集、寻找配偶和捕食的情况下，使用黏液使自身能够牢固地附着在表面上，因此可以在垂直表面和倒立位置上运动。这些简单的优势使动物能够将其栖息地扩展到复杂的三维动态环境（如受波浪冲击的环境）中，可能推动了在黏液上运动的进化，因此也推动了黏液路径的铺设。在此回顾了腹足类动物路径黏附行为的有限研究，以鼓励进一步探索这一领域，希望这一综述能够激发对腹足类动物及其他类群黏附行为的新研究。

(a) (b) (c)

图 2.8 腹足类动物的黏附行为 [34]

### 2.1.8 其他吸盘类黏附

在海洋或淡水河流中，许多鱼类可以通过其黏附器官的吸力黏附在表面（如岩石和猎物）上。有些鱼类拥有特定的黏附器官，如章鱼的吸盘、鮣鱼的黏附盘、吸盘鱼的黏附盘、吸口鲇鱼和金线藻食鱼的吸口以及泥鳅的吸附系统。对于鮣鱼，它们通常通过背部的黏附盘附着在鲨鱼和鳐鱼上，在海中搭便车，如图 2.9（a）所示。该黏附盘由一系列带有棘突的平行层片组成，可以增加附着表面的摩擦力 [35]。吸盘鱼的腹部黏附盘上覆盖着乳突［图 2.9（b）］，用于水下附着。具体来说，乳突由紧密排列的分层绒毛组成，能够在不规则表面上增加摩擦力，从而防止黏附盘失效。此外，吸口鲇鱼能够通过其吸口附着在水族箱的箱壁上［图 2.9（c）］，同时能够呼吸并刮取箱壁表面的食物。覆盖在吸口上的乳突和微细小钩有助于增加摩擦力 [36]。与吸口鲇鱼类似，金线藻食鱼也能够通过其吸口附着在水草和岩石上［图 2.9（d）］。吸口内表面布满微乳突，同样能够增加在粗糙基材上的摩擦力。与这些鱼类不同的是，泥鳅利用整个身体形成吸附系统，包括嘴唇、胸鳍和腹鳍［图 2.9（e）］。嘴唇上的多边形小钩和胸鳍及腹鳍鳍条上的针状刺能够增强基材上的摩擦力，并封住吸附边缘 [37-39]。尽管这些黏附器官在具体形态上明显不同，但它们始终能够提供足够的吸力以黏附在接触表面上。此外，这些黏附器官上的微 / 纳米结构（如棘突、绒毛和乳突）通过增加黏附器官与基材之间的摩擦力，在保持负压方面起到了辅助作用。

(a) 鮣鱼 (b) 吸盘鱼 (c) 吸口鲇鱼 (d) 金线藻食鱼 (e) 泥鳅

图 2.9 其他类吸盘式吸附系统 [38]

### 2.1.9 机械嵌锁和摩擦相关的黏附

通过与不规则表面的微/纳米结构相匹配，机械嵌锁和摩擦也可以被视为有效的策略。利用这些策略，一些生物（如蜉蝣幼虫、硬骨鱼类）能够实现有效的水下黏附（图2.10）。例如，1924年详细比较了蜉蝣幼虫在静水和急流中的适应性[38]，它们利用附着装置获得强大的水下黏附力，这些附着装置包括前腿的爪、鳃片上的具毛垫和腹部胸板上的尖刺［图2.10（a）］。2014年，Ditsche等人研究了生物膜对蜉蝣幼虫水下黏附的影响。结果表明，生物膜增强了爪在光滑基材上的摩擦力，而在粗糙基材上则降低了摩擦力[40]。对于硬骨鱼类的水下黏附，其颌鞘上的带钩结节可能通过嵌锁机制发挥作用［图2.10（b）］[41, 42]。尽管机械嵌锁和摩擦策略被广泛用于提高生物的湿性黏附性能，但相应的人工湿性黏附表面至今尚未得到很好发展。如果利用这些独特的微/纳米结构（如刚毛和钩状结构）来制备人工表面，毫无疑问，通过形成嵌锁结构和/或增强界面摩擦力，相应的湿性黏附性能将会大大提高。因此，利用机械嵌锁和摩擦来设计人工湿性黏附表面可能是一种有效的策略。

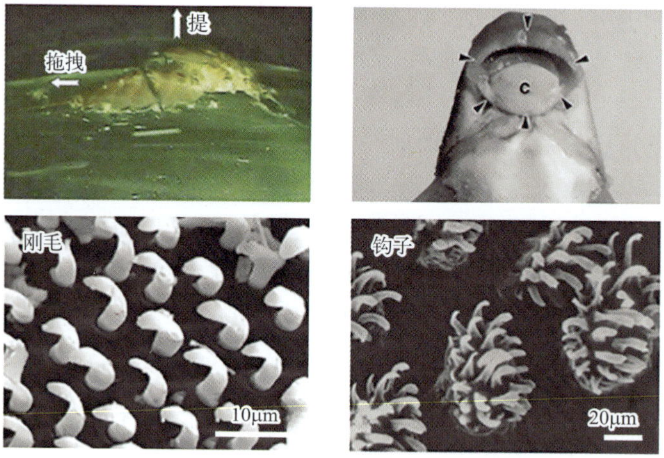


(a) 蜉蝣幼虫　　(b) 硬骨鱼

**图2.10**　机械嵌锁和摩擦式黏附过程案例[38]

从表面结构的角度来看，典型的生物湿性黏附表面的黏附机制主要可分为吸附、毛细作用与斯特凡黏附以及机械嵌锁与摩擦。值得注意的是，由于其复杂的生存环境，多个机制常常同时作用于黏附行为。例如，许多鱼类可以通过黏附盘的吸力以及黏附盘上微/纳米结构与基材之间的摩擦力黏附在接触表面。因此，观察具有显著湿性黏附性能的迷人生物，明确其黏附机制，并进一步指导我们开发仿生的人工湿性黏附表面是有意义的[38]。

# 2.2 植物类黏附现象

## 2.2.1 常春藤不定根的黏附

藤本植物是指那些茎细长、无法自立、必须依靠其他物体向上攀爬的植物。根据其攀附方式，可将其分为四类[43, 44]：①缠绕型，茎围绕支撑物螺旋上升；②吸附型，依靠吸盘进行攀爬；③卷须型，主要通过卷须抓附；④不定根型，利用不定根固定在支撑物上。

爬山虎，属于葡萄科地锦属，又称地锦、爬壁虎或飞天蜈蚣，是常见的藤本植物之一（图 2.11）。目前，科学界对爬山虎黏附机制的研究进展较为缓慢，远落后于对贻贝、壁虎、猪笼草及瓢虫等其他仿生生物的研究，近年来，这一领域才逐渐受到更多关注。常春藤仿生学仍有巨大的发展空间，常春藤具备强大的附着能力，能够在各种墙体上形成大面积绿化。其卷须通过吸盘附着，每个卷须通常有 5 ～ 7 个吸盘，平均每个吸盘的面积为 3.6mm$^2$[26, 45, 46]。未成熟吸盘呈球状，一旦附着在基质上，便逐渐转变为成熟吸盘，其形态和结构随之发生变化[47]。爬山虎卷须的尖端在接触基质（如墙壁）前会先膨大，形成球状的未成熟吸盘，外形通常呈球形或圆锥形。即使未与基质接触，吸盘也会由球形或圆锥形逐渐变扁。当吸盘接触到合适基质时，会逐渐分化为成熟吸盘，呈现出几乎圆形的结构。随着吸盘的进一步分化和木质化，其边缘逐渐扁平，最终形成粗糙的螺旋状细胞结构，展现出强大的黏附能力。

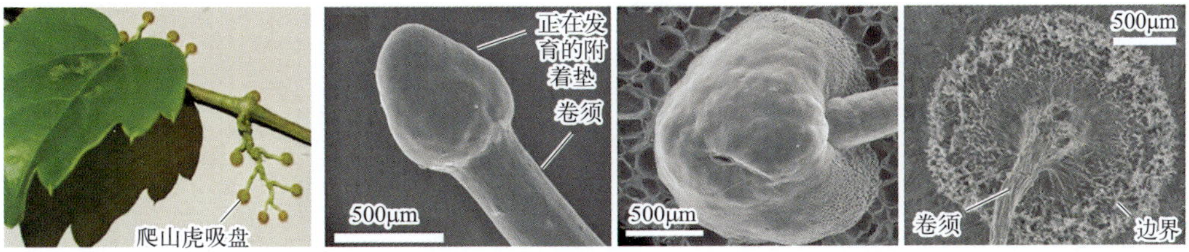


图 2.11 爬山虎的黏附系统[47]

## 2.2.2 毛毡苔类植物黏附现象

茅膏菜属的食虫植物茅膏菜有一种比周围植物获得竞争优势的新方法，它们捕获并消化昆虫。为了完成这种诱捕，它们使用了一个小的黏性黏蛋白“气泡”，气泡完全覆盖了专门设计的触手的头部。蚊子和果蝇等昆虫落在黏性触手上，就会被困住，这时，茅膏菜就会让叶子在昆虫周围卷曲并开始消化。昆虫提供了更高水平的氮、镁、铜和锌，这使得茅膏菜能够在竞争中胜过周围的邻居[48, 49]。茅膏菜分泌的胶黏剂特别受研究人员的关注，因为它具有独特的物理特性，包括高黏度和弹性，因此它可以被拉成长达1m的丝。胶黏剂的形态学研究表明，干燥后，胶黏剂形成了纳米纤维和纳米颗粒的复杂网络。在三种测试物种中发现了纳米纤维和纳米粒子网络，并且独立于涂层表面形成。三种茅膏菜（好望角茅膏菜、叉叶茅膏菜、匙叶茅膏菜）的图片如图2.12所示[50]。众所周知，微米和纳米结构对界面的黏附有很大影响，如前所述。对胶黏剂材料特性的进一步研究表明，液体胶黏剂具有高黏弹性，而在干燥的胶黏剂中观察到弹性降低，以前的研究已经证实好望角茅膏菜的叶子含有4%的水。对黏蛋白黏度的分析表明，在水溶液中，黏度随着pH值的升高而降低，并随着温度的升高而升高[50]。除了多糖外，还发现胶黏剂含有丰富的金属阳离子，包括$Ca^{2+}$、$Mg^{2+}$、$K^{+}$和$Na^{+}$等[50]。此外，一些其他植物（如苍耳、鬼针草、蒺藜和板栗等）也具有各种黏附功能[50]，但是比较少见，在此不一一举例。

(a) 好望角茅膏菜　(b) 叉叶茅膏菜　(c) 匙叶茅膏菜

**图2.12**　三种茅膏菜物种的图片

## 参考文献


[1] Creton C, Gorb S. Sticky feet: from animals to materials. MRS Bulletin, 2007, 32 (6) : 466-472.

[2] Zeng H, Pesika N, Tian Y, et al. Frictional adhesion of patterned surfaces and implications for gecko and biomimetic systems. Langmuir, 2009, 25 (13) : 7486-7495.

[3] Autumn K, Liang Y A, Hsieh S T, et al. Adhesive force of a single gecko foot-hair. Nature, 2000, 405 (6787) : 681-685.

[4] Huber G, Mantz H, Spolenak R, et al. Evidence for capillarity contributions to gecko adhesion from single spatula nanomechanical measurements. Proceedings of the National Academy of Sciences, 2005, 102 (45) : 16293-16296.
[5] Tian Y, Pesika N, Zeng H, et al. Adhesion and friction in gecko toe attachment and detachment. Proceedings of the National Academy of Sciences, 2006, 103 (51) : 19320-19325.
[6] Persson B N J, Gorb S. The effect of surface roughness on the adhesion of elastic plates with application to biological systems. The Journal of Chemical Physics, 2003, 119 (21) : 11437-11444.
[7] Labonte D, Clemente C J, Dittrich A, et al. Extreme positive allometry of animal adhesive pads and the size limits of adhesion-based climbing. Proceedings of the National Academy of Sciences, 2016, 113 (5) : 1297-1302.
[8] Varenberg M, Pugno N M, Gorb S N. Spatulate structures in biological fibrillar adhesion. Soft Matter, 2010, 6 (14) : 3269.
[9] Favi P M, Yi S, Lenaghan S C, et al. Inspiration from the natural world: from bio-adhesives to bio-inspired adhesives. Journal of Adhesion Science and Technology, 2012, 28 (3-4) : 290-319.
[10] Su Y, Ji B, Huang Y, et al. Concave biological surfaces for strong wet adhesion. Acta Mechanica Solida Sinica, 2009, 22 (6) : 593-604.
[11] Lee B P, Messersmith P B, Israelachvili J N, et al. Mussel-inspired adhesives and coatings. Annual Review of Materials Research, 2011, 41 (1) : 99-132.
[12] Huber G, Gorb S N, Spolenak R, et al. Resolving the nanoscale adhesion of individual gecko spatulae by atomic force microscopy. Biology Letters, 2005, 1 (1) : 2-4.
[13] Autumn K, Majidi C, Groff R E, et al. Effective elastic modulus of isolated gecko setal arrays. Journal of Experimental Biology, 2006, 209 (18) : 3558-3568.
[14] Peattie A M, Majidi C, Corder A, et al. Ancestrally high elastic modulus of gecko setal $\beta$-keratin. Journal of The Royal Society Interface, 2007, 4 (17) : 1071-1076.
[15] Webb H K, Crawford R J, Ivanova E P. Wettability of natural superhydrophobic surfaces. Advances in Colloid and Interface Science, 2014, 210: 58-64.
[16] Basak S. Redefining stickiness: a reflection on the gecko inspired adhesives possessing self-cleaning traits. Journal of Adhesion Science and Technology, 2020, 35 (14) : 1473-1491.
[17] Chen H, Zhang L, Zhang D, et al. Bioinspired surface for surgical graspers based on the strong wet friction of tree frog toe pads. ACS Applied Materials & Interfaces, 2015, 7 (25) : 13987-13995.
[18] Iturri J, Xue L, Kappl M, et al. Torrent frog-inspired adhesives: attachment to flooded surfaces. Advanced Functional Materials, 2015, 25 (10) : 1499-1505.
[19] Zhang L, Chen H, Guo Y, et al. Wet surface attachment: micro–nano hierarchical structure enhanced strong wet friction surface inspired by tree frogs. Advanced Science, 2020, 7 (20) : 2001125.
[20] Langowski J K A, Dodou D, van Assenbergh P, et al. Design of tree-frog-inspired adhesives.

Integrative and Comparative Biology, 2020, 60 (4) : 906-918.

[21] Scholz I, Barnes W J P, Smith J M, et al. Ultrastructure and physical properties of an adhesive surface, the toe pad epithelium of the tree frog, *Litoria caerulea* White. Journal of Experimental Biology, 2009, 212 (2) : 155-162.

[22] Kier W M. The structure and adhesive mechanism of octopus suckers. Integrative and Comparative Biology, 2002, 42 (6) : 1146-1153.

[23] Baik S, Kim D W, Park Y, et al. A wet-tolerant adhesive patch inspired by protuberances in suction cups of octopi. Nature, 2017, 546 (7658) : 396-400.

[24] Arzt E, Quan H, McMeeking R M, et al.functional surface microstructures inspired by nature: from adhesion and wetting principles to sustainable new devices. Progress in Materials Science, 2021, 120: 100823.

[25] Tramacere F, Appel E, Mazzolai B, et al. Hairy suckers: the surface microstructure and its possible functional significance in the *Octopus vulgaris* sucker. Beilstein Journal of Nanotechnology, 2014, 5: 561-565.

[26] Lutz T M, Kimna C, Casini A, et al. Bio-based and bio-inspired adhesives from animals and plants for biomedical applications. Materials Today Bio, 2022, 13: 100203.

[27] Qureshi D A, Goffredo S, Kim Y, et al. Why mussel byssal plaques are tiny yet strong in attachment. Matter, 2022, 5 (2) : 710-724.

[28] Sivasundarampillai J, Youssef L, Priemel T, et al. A strong quick-release biointerface in mussels mediated by serotonergic cilia-based adhesion. Science, 2023, 382 (6672) : 829-834.

[29] Waite J H, Harrington M J. Following the thread: *Mytilus* mussel byssus as an inspired multi-functional biomaterial. Canadian Journal of Chemistry, 2022, 100 (3) : 197-211.

[30] Waite J H. The formation of mussel byssus: anatomy of a natural manufacturing process, results and problems in cell differentiation, 1992, 19: 27-54.

[31] Waite J H. Mussel adhesion – essential footwork. Journal of Experimental Biology, 2017, 220 (4) : 517-530.

[32] Fears K P, Orihuela B, Rittschof D, et al. Marine biofouling: acorn barnacles secrete phase-separating fluid to clear surfaces ahead of cement deposition. Advanced Science, 2018, 5 (6) : 1700762.

[33] Narayanan A, Dhinojwala A, Joy A. Design principles for creating synthetic underwater adhesives. Chemical Society Reviews, 2021, 50 (23) : 13321-13345.

[34] Ng T P T, Saltin S H, Davies M S, et al. Snails and their trails: the multiple functions of trail-following in gastropods. Biological Reviews, 2013, 88 (3) : 683-700.

[35] Beckert M, Flammang B E, Nadler J H. Remora attachment is enhanced by spinule friction. Journal of Experimental Biology, 2015.

[36] Knight K. Arm swinging saves energy. Journal of Experimental Biology, 2014, 217 (14) : 2431.

[37] Chen W R, Chang H. Closed-form solutions for free vibration frequencies of functionally graded Euler-Bernoulli beams. Mechanics of Composite Materials, 2017, 53 (1) : 79-98.

[38] Chen Y, Meng J, Gu Z, et al. Bioinspired multiscale wet adhesive surfaces: structures and controlled adhesion. Advanced Functional Materials, 2020, 30 (5) : 1905287.

[39] Geerinckx T, Herrel A, Adriaens D. Suckermouth armored catfish resolve the paradox of simultaneous respiration and suction attachment: a kinematic study of *Pterygoplichthys disjunctivus*. Journal of Experimental Zoology Part A: Ecological Genetics and Physiology, 2010, 315A (3) : 121-131.

[40] Ditsche P, Michels J, Kovalev A, et al. More than just slippery: the impact of biofilm on the attachment of non-sessile freshwater mayfly larvae. Journal of The Royal Society Interface, 2014, 11 (92) : 20130989.

[41] Ditsche-Kuru P, Koop J H E, Gorb S N. Underwater attachment in current: the role of setose attachment structures on the gills of the mayfly larvae *Epeorus assimilis* (*Ephemeroptera, Heptageniidae*) . Journal of Experimental Biology, 2010, 213 (11) : 1950-1959.

[42] Ditsche-Kuru P, Barthlott W, Koop J H E. At which surface roughness do claws cling? Investigations with larvae of the running water mayfly *Epeorus assimilis (Heptageniidae, Ephemeroptera*) . Zoology, 2012, 115 (6) : 379-388.

[43] Zhong T, Min L, Wang Z, et al. Controlled self-assembly of glycoprotein complex in snail mucus from lubricating liquid to elastic fiber. RSC Advances, 2018, 8 (25) : 13806-13812.

[44] Junker S. A scanning electron microscopic study on the development of tendrils of parthenocissus tricuspidata SIEB. & ZUCC. New Phytologist, 1976, 77 (3) : 741-746.

[45] Steinbrecher T, Danninger E, Harder D, et al. Quantifying the attachment strength of climbing plants: a new approach. Acta Biomaterialia, 2010, 6 (4) : 1497-1504.

[46] Endress A G, Thomson W W. Ultrastructural and cytochemical studies on the developing adhesive disc of *Boston ivy* tendrils. Protoplasma, 1976, 88 (2-4) : 315-331.

[47] Li W, Zhou R, Ouyang Y, et al. Harnessing biomimicry for controlled adhesion on material surfaces. Small, 2024, 20 (45) : 2401859.

[48] Rost K, Schauer R. Physical and chemical properties of the mucin secreted by *Drosera capensis*. Phytochemistry, 1977, 16 (9) : 1365-1368.

[49] Gowda D C, Reuter G, Schauer R. Structural features of an acidic polysaccharide from the mucin of *Drosera binata*. Phytochemistry, 1982, 21 (9) : 2297-2300.

[50] Zhang M, Lenaghan S C, Xia L, et al. Nanofibers and nanoparticles from the insect-capturing adhesive of the *Sundew* (*Drosera*) for cell attachment. Journal of Nanobiotechnology, 2010, 8 (1) : 20.

# 第 3 章

# 干黏附：壁虎可逆黏附过程

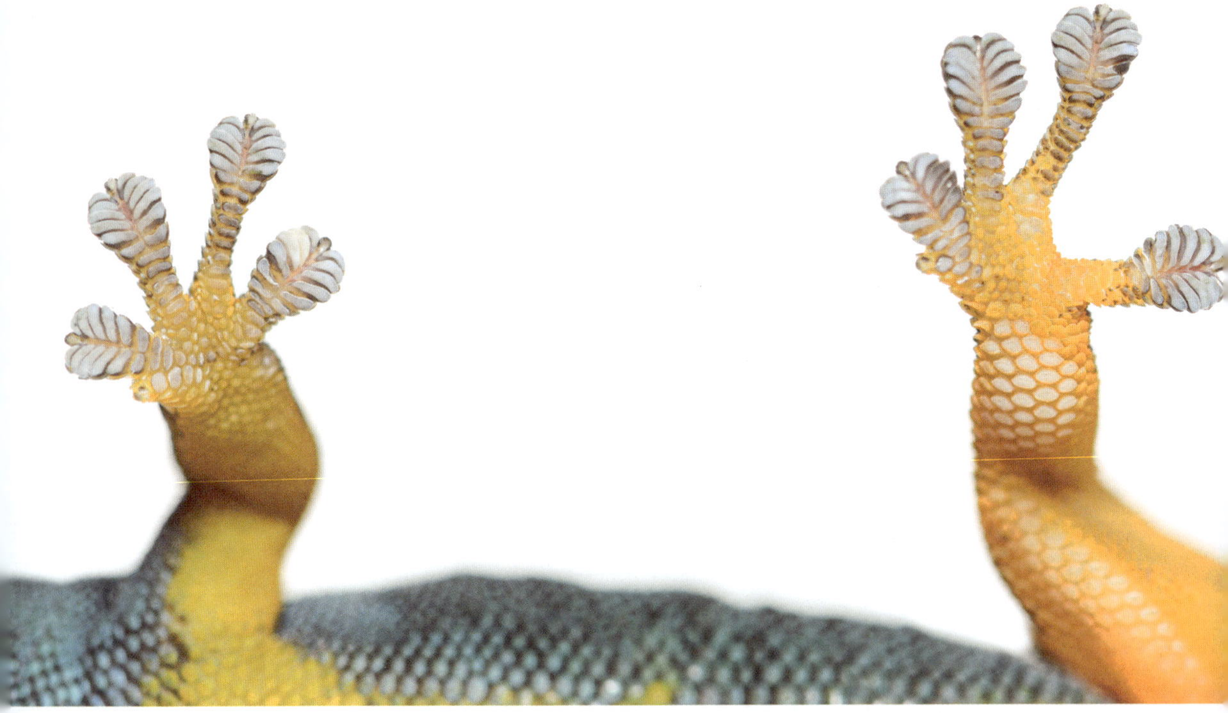

# 3.1

## 壁虎黏附系统的结构

随着相关观测和测量技术的发展，人类对壁虎黏附系统的认知逐渐提高。关于壁虎黏附能力的最早研究记录可以追溯到公元前四世纪亚里士多德的《动物史》，其中记录了壁虎在树上随意攀爬的宏观运动[1]。然而，由于观测技术的限制，研究人员在接下来的2000多年时间里并没有对壁虎黏附系统的微观结构有更为清晰的认识。直到20世纪50年代电子显微镜发明后，研究人员才观察到壁虎的黏附系统是由微纳多尺度层状刚毛组成的[2-4]。图3.1为壁虎黏附系统的层状显微结构，具体的尺寸特征见表3.1。壁虎的刚毛主要由$\beta$角蛋白组成，模量约为1.6GPa，坚硬的刚毛有利于黏附系统的清洁和防缠结[5-7]。由于刚毛的层状微观结构，该黏附系统的等效弹性模量仅为80～90kPa，这大大提高了黏附系统的表面适应性[8, 9]。

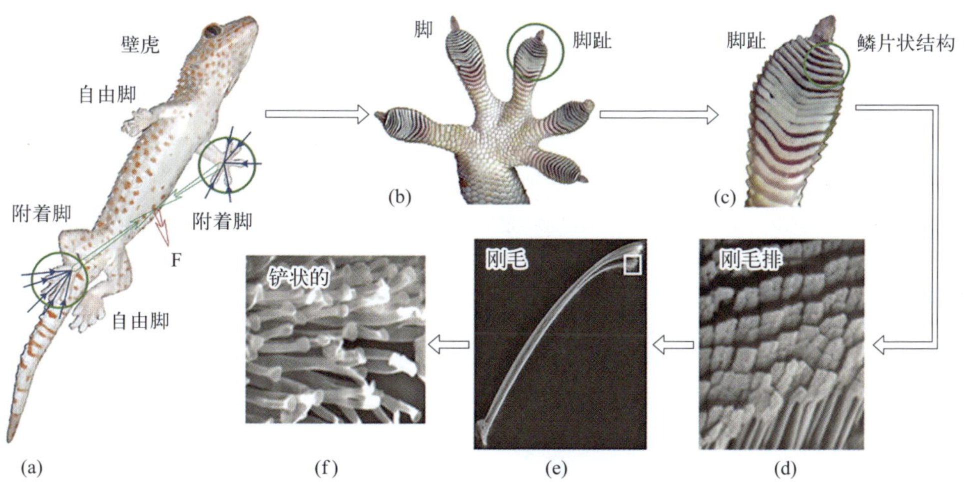


**图3.1** 壁虎的黏附系统

（a）～（c）壁虎黏附系统的宏观组成部分；（d）～（f）壁虎黏附系统的微观组成部分[3]

**表3.1 壁虎黏附系统的尺寸特征**

| 尺度结构 | 尺寸 | 密度 | 黏附力 |
|---|---|---|---|
| 毫米级 | 脚趾面积：<br>$227.1mm^2 \pm 10.81mm^2$ | 每只脚5个 | 20.04N±1.33N |

续表

| 尺度结构 | 尺寸 | 密度 | 黏附力 |
| --- | --- | --- | --- |
| 微米级 | 片状结构长度：400 ～ 600μm | 每只脚 20 排 | |
| 刺毛 直径：5 ～ 10μm，长度：30 ～ 130μm | 14000 根刺毛 /$mm^2$ | 194μN±25μN | |
| 纳米级 | 小铲结构直径：100 ～ 200nm，长度：2 ～ 5μm | 每根刺毛 100 ～ 1000 个小铲结构 | 10nN |
| 小铲尖端 长度：500nm，宽度：200 ～ 300nm，厚度：10nm | | 10nN | |

## 3.2 壁虎黏附力的来源

研究人员曾对壁虎黏附的来源提出了不同的假设，如黏液黏附、真空黏附、静电黏附和微结构互锁等，但都被随后的实验观察所否定，剩下的最有可能的黏附来源是范德瓦耳斯力和毛细管力。过去由于测量技术的限制，对于壁虎黏附的来源长期以来一直没有明确的结论。直到 20 世纪末，微纳传感技术的发展为壁虎黏附力的精细测量带来了曙光，进而为壁虎黏附机理的广泛研究奠定了基础。基于两种不同微悬臂梁微纳传感器的单个壁虎刚毛的黏附力测量过程分别对应两种运动模式（刚毛的平行拖动和垂直剥离）[9]。在平行拖动模式下，壁虎的刚毛在一定的垂直预载荷下首先与微悬臂梁传感器的尖端表面接触，然后沿着接触面被拖动。由于双轴微悬臂梁在两个方向上的正交解耦灵活性，壁虎刚毛在垂直预载和平行拖动过程中产生的力由悬臂梁的两个独立的压阻传感单元感知。在垂直剥离模式下，单个壁虎的刚毛也首先施加一定的垂直预紧力，使其与线传感器表面有效接触，然后从传感器表面垂直剥离。刚毛在垂直剥离过程中产生的力通过线传感器的偏转来反应，数码相机监测到的相应偏转经过校准后最终转换为黏附力[10]。鉴于上述对单根壁虎刚毛附着力的精确测量，研究人员们发现单根刚毛在平行拖动和垂直剥离过程中的附着力正好在简单数学模型预测的范德瓦耳斯力范围内，这间接支持了壁虎黏附力源自范德瓦耳斯力的假设。此外，研究人员们还按照类似的测量原理探讨了单个壁虎脚趾和单根壁虎刚毛在疏水和亲水表面的黏附性能[11]。研究发现，在疏水和亲水表面上，无论是单个壁虎脚趾产生的切向黏附力还是单根壁虎刚毛产生的法向黏附力，都不存在显著差异。壁虎脚趾和刚毛在疏水和亲水表面上黏附能力的一致性与范德瓦耳斯力不受表面极性影响的事实相一致，但与毛细管力取决于表面极性的事实相反。因此，上述测量结果为壁虎黏附源于范德瓦耳斯力的假设提供了最直接的证据。此外，研究还发现，通过实验测量的黏附力和范德瓦耳斯力的计算模型预测的壁虎刮刀的尺寸与实际测量的壁虎刮刀尺寸相似。因此，这进一步证实了上述测量结果与壁虎刚毛与基材之间的范德瓦耳斯力相互作用在数量上是一致的。此外，该实验还表明对于给定的黏附能，较小的刮刀将产生更大的黏附力。有关研究还证实，基于两种不同材料构建的人造壁虎刮刀在黏附功能方面与天然壁虎刮刀相似[12]。结合这些，考虑到范德瓦耳斯力是一种普遍存在的弱分子间力，并且强烈依赖于分子间距离，而不受表面极性的影响，因此基于范德瓦耳斯力相互作用机制的壁虎黏附应该更依赖于刮刀的几何形状，而不是其材料特性或表面化学性质。上述推论也可以被以下事实所支持：自然界中的一些壁虎和昆虫已经发展出精致的微 / 纳层次性刚毛结构，而不是特定的表面化学物质来产生可以黏附大多数表面的有效黏附力。

虽然实验测量证实壁虎脚掌的附着力主要来源于其与接触面之间的范德瓦耳斯力，但并没有证实毛细力和潮湿环境是否对壁虎脚掌的黏附力有影响。在这种情况下，需要进行一些额外的实验研究。例如，研究人员通过在不同湿度的晶圆上剥离单个壁虎刮刀的实验发现低湿度有利于增强壁虎刮刀在纳米尺度上的黏附能力。然而，当湿度增加时，哈马克（Hamaker）常数降低，从而使附着力降低甚至消失。环境湿度对壁虎刮刀黏附能力的影响是刮刀与接触面之间的单层水膜引起的有效短距离相互作用变化的结果[13]。此外，根据考虑到毛细管力的黏附模型，发现相对湿度对壁虎黏附力的影响会随着接触角的变化而变化。例如，当接触角较小时，附着力随着相对湿度的增加而增大，但当接触角较大时，附着力随着相对湿度的增加而减小[14]。另一项关于壁虎刚毛在相对潮湿表面的黏附性能的研究也发现，壁虎刮刀的黏附力和摩擦力会随着相对湿度的增加而增大[15]。然而，该研究认为这种效应并不是毛细管力的结果，而是相对湿度的增加使刚毛软化并增加了其黏性阻尼，从而增大了黏附力。迄今为止，研究人员基本认同范德瓦耳斯力仍然是壁虎黏附的唯一来源，相对湿度在特定情况下会对其起到增强作用。

## 3.3
## 壁虎脚掌的黏附特性

壁虎脚掌的黏附系统是目前已知的自然界中最通用、最有效的生物黏附系统。

其基于范德瓦耳斯相互作用的独特多尺度层状刚毛结构不仅赋予壁虎强大的黏附力，而且还赋予了其独特的黏附特性（如图 3.2 所示）。因此，壁虎能够轻松快速地攀爬于各种表面之上。研究壁虎脚掌的黏附特性有助于了解壁虎黏附攀爬的内在机制，并为仿壁虎干黏附表面的设计提供思路和指导。

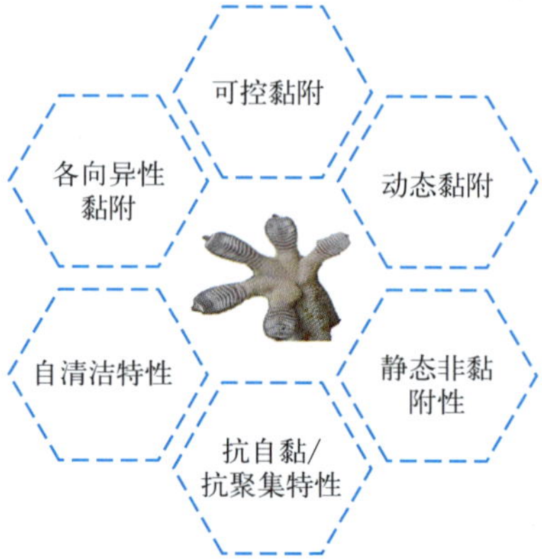

**图 3.2** 壁虎脚的黏附特性

## 3.3.1 各向异性黏附特性

各向异性黏附特性描述了壁虎刚毛的黏附力会随着刚毛方向的变化而变化，并且在不同方向表现出差异的特点。实验研究表明，刚毛在特定方向不仅拥有显著的黏附力，而且可以最大限度地减少剥离刚毛时所需的力[11]。刚毛脱离存在一个 30°的临界角：当刮刀轴与接触面夹角为临界角时，脱离所需的外力最大；当角度大于临界角时，黏附力逐渐下降，会导致刚毛从黏附表面脱离[9]。另一项研究也证实，刚毛的黏附力对刚毛与接触面的角度（剥离角）高度敏感，并且刚毛的黏附力也会随着剥离角的变化表现出明显的各向异性。特别是随着剥离角度的增加（0°～ 25°），对应的切向黏附力会逐渐降低[16]。

## 3.3.2 可控黏附特性

可控黏附特性是指壁虎可以控制其刚毛的黏附状态，甚至可以微调刚毛在特定方向上的黏附力。壁虎能够在几毫秒内实现快速附着和分离的切换，并且在此过程中产生几乎为零的反作用力，即壁虎只需要低预载力进行附着以及低剥离力进行分离，这与壁虎对其脚趾上的数百万刚毛的宏观控制密不可分。实验测试分析的结果表明，上述现象与壁虎脚趾独特的宏观运动有关，包括脚趾伸直用于附着以及充分伸展脚趾用于分离[17]。然而，实际实验测量发现，刚毛的法向黏附力与刚毛的切向摩擦力呈线性相关，切向摩擦力可以直接调节法向黏附力。对应的调节机制可以通过摩擦黏附模型来说明，这也解释了为什么壁虎脚掌从被黏附表面分离时仅需要低剥离力[18, 19]。研究人员通过利用表面力测量装置模拟刚毛的附着和脱离实验发现，刚毛的法向黏附力和切向摩擦力是耦合的，并且由于其各向异性黏附的特性，耦合关系表现出刚毛的抓握和释放方向的差异，因此壁虎可以通过改变刚毛的方向来控制黏附状态[20]。此外，刚毛的自然弯曲和倾斜的几何形状在黏附状态的切换控制中也起着重要的作用。相关研究还表明壁虎的切向摩擦力受到预紧力和切向滑动距离的影响，这表明预紧力和切向滑动距离也能够通过调节切向摩擦力间接调节其法向黏附力[21-24]。相关研究还证实壁虎在运动过程中可以通过脚趾之间复杂而精确的协同作用，在脚掌表现出明显的摩擦黏附特征。因此，壁虎可以在宏观尺度上通过剪切力精确控制法向黏附，从而允许以可忽略不计的力进行附着和脱离。值得注意的是，研究还发现壁虎会利用身体的顺应性来控制脚掌的受力，以避免脚掌与攀爬面的单一接触区域超载[25]。

### 3.3.3 动态黏附特性

动态黏附特性描述的是壁虎能在滑动过程中保持其黏附力的能力。当壁虎的黏附状态由于外界干扰而从静态黏附转变为动态滑动时，壁虎脚趾上的刚毛可以独立地分离和重新附着[26]。逐渐滑行可以促使刚毛均匀地重新建立附着力，从而防止灾难性地突然脱离和掉落。在上述对壁虎刚毛黏附特性的测试中，刚毛在拖动过程中保持的高黏附力是其动态黏附特性的最好证据[19]。基于描述刚毛动态摩擦黏附的黏滑模型，刚毛的摩擦力和黏附力会随着滑动开始时剪切拖动速度的增加而增大，而滑动过程中刚毛所保持的稳定摩擦力和黏附力可能是大量单根刚毛在高共振频率下随机黏滑的结果[27]。壁虎的刚毛在滑动过程中的动态响应有助于防止由滑动引起的突然跌落[39]（图 3.3）。

**图 3.3** 壁虎脚的动态黏附特性[39]

### 3.3.4 自清洁特性

自清洁特性指壁虎刚毛在反复黏附过程中能够抵抗和自我清洁外界污染颗粒的能力，可有效提高刚毛的耐用性。实验表明，污染颗粒（硅铝陶瓷微球）会显著降低刚毛 / 脚趾的黏附性能，但经过平均 8 个循环的接触脱离后，刚毛上的污染颗粒即可减少，相应的黏附能力可以恢复 35.6%，这足以支撑壁虎的自身重量。壁虎通过反复地附着和脱离使受污染的脚趾恢复清洁状态和黏附能力的事实证明其脚趾具有自清洁特性，而通过反复接触实现自清洁的方法主要归因于壁虎脚趾刮刀和基材对污染颗粒的黏附力不平衡，该自清洁效果取决于刮刀和颗粒的相对尺寸[28]。考虑到壁虎脚掌的实际运动往往伴随着脚趾的充分伸展（将脚趾从尾部卷曲到前端），研究人员们还对壁虎脚趾在宏观尺度上的自清洁行为进行了探索，以了解脚趾的充分伸展对自清洁效果的影响。相应的实验结果表明，脚趾充分伸展的壁虎脚掌具有更好的自（清）洁效果，即壁虎仅需用四步即可恢复将近80%的附着力，是脚趾没有充分伸展壁虎脚掌自洁效果的两倍[29]。壁虎脚趾的充分伸展对于提高其自洁能力具有重要作用，该作用是由脚趾充分伸展时所引起的刚毛动态跳动所致。刚毛的动态跳动之所以能产生自清洁效果，是因为基底对颗粒的黏附力和刚毛对颗粒的黏附力对正常剥离速度的响应存在差异。前者会随着正常剥离速度的增加呈增加趋势，而后者对正常剥离速度几乎没有依赖性[30]。而且壁虎刚毛动态跳动产生的正常剥离速度足以使其在运动过程中始终表现出自洁特性。此外，具有多级层状微结构的刚毛已被证明在非黏附状态下具有超疏水性，因此它们也应该能够像荷叶表面一样通过水滴的滚动来清洁表面[31]。

### 3.3.5 静止状态下的非黏附特性

静止状态下的非黏附特性描述了壁虎的刚毛在静止状态下不表现出黏附性的特性。通过测量水滴在孤立刚毛阵列表面的接触角，发现超疏水刚毛阵列在静止时处于非黏附状态。根据卡西定律可以推断，非黏附状态时未变形刚毛与界面之间几乎没有接触[31]。孤立刚毛的黏附测量结果也可以间接证明这一特性，即壁虎的黏附系统需要一定的外部刺激（垂直预紧力和水平拖动位移）才能展现出黏附能力。静止状态下的不黏附特性，一方面可以提高刚毛的抗污染能力，另一方面也有助于壁虎主动选择黏附时间和位置，从而帮助其快速攀爬于各种表面之上。

### 3.3.6 抗自黏 / 抗聚集特性

抗自黏 / 抗聚集特性描述了壁虎刚毛抵抗自我黏附或刚毛之间缠结的能力。壁虎刚毛细长的几何形状和层状结构使其具有良好的柔韧性，但密集排列的刚毛并不会表现出缠结或聚集。独特的抗自黏或抗聚集特性，使得刚毛能在适应表面的同时，兼具良好的黏附性能。这种抗聚集特性可能是由于刚毛表面之间的黏附力与其弹性恢复力相当所引起的[32, 33]。

## 3.4 壁虎黏附的微观机制

黏附性刚毛结构的附着 / 分离机制赋予了壁虎攀爬系统许多卓越的特性，但系统中还有其他需要检验的关键方面。正如之前所指出的，刚毛单个刮刀的接触对整体附着力的贡献约为10nN。那么，究竟是什么力量使这些纳米结构与被黏附表面结合？这个问题在对这些动物的研究历史中一直被反复探讨，直到最近才得出了确凿的结论。Haase 于 1900 年指出 [34]，壁虎脚掌的附着力依赖于负载，并且仅发生在一个方向：近端沿着脚趾的轴线。Haase 认为壁虎通过分子间力进行黏附，即依赖于邻近的力。1965 年，Ruibal 和 Ernst[4] 使用电子显微镜首次描述了刚毛末端分支上的铲状结构（参见图 3.4）。他们得出的结论是，刮刀最有可能与其相对较大的平坦表面上的下表面接合，这种解释强调了作用在两个固体之间界面上的力。后来，Autumn 和 Peattie 在 2002 年重新分析了结果 [9, 32]，并调和了这些数据与关于壁虎黏附力和表面能之间关系最新数据之间的差异，明确地证明了分子力在壁虎脚掌的黏附中起主要作用，这为现代表面科学技术在壁虎黏附研究中的应用铺平了道路。

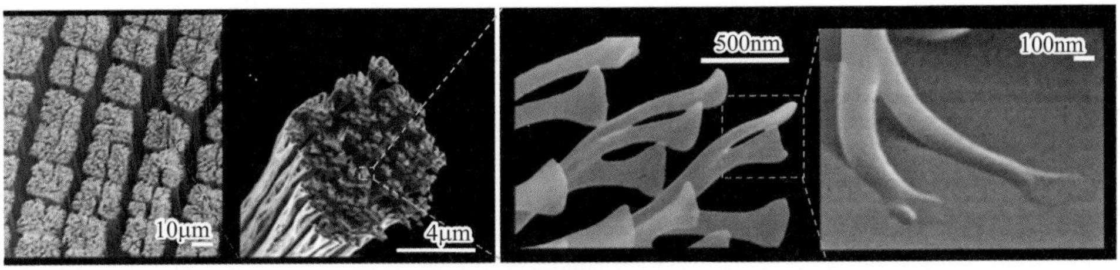

**图 3.4** 壁虎脚的黏附特性 [32]

## 3.4.1 范德瓦耳斯力

分子间力有多种形式，包括化学键中的力以及离子、极性分子和名义上非极性但可极化物质之间的力。排除共价键、离子键、氢键这些键合力，剩下的力是偶极 - 偶极力和范德瓦耳斯力。其中，范德瓦耳斯力通常作用于非偶极分子之间，固定偶极子与非偶极分子之间，以及旋转偶极子与另一个旋转偶极子或非偶极分子之间。这些范德瓦耳斯相互作用中均存在的是由两个分子电场共振波动引起的吸引力，这种力被称为弱分子间力。

考虑到排除其他可能性的证据以及范德瓦耳斯力与现有测量和观测结果一致的事实，Puthoff 等人 [15] 认为铲状末端刮刀和下层表面之间的黏附力是由范德瓦耳斯力提供的。范德瓦耳斯力强烈依赖于物体之间的距离，会随着两个物体的体极化率的增大而增加，但与表面极性 / 化学键却没有直接关系。例如，Hiller[35] 观测到壁虎不能牢固地黏附在特氟龙表面上，这与范德瓦耳斯力的作用机制相符合，因为特氟龙仅具有弱极化性。因此，壁虎的黏附系统是根据物理黏附原理运行的，而相应的作用机制本质上与所涉及的两个表面的化学性质无关，这使得壁虎的攀爬能力具有普遍性。作为进一步的证据，壁虎的铲状阵列主要的组成是疏水性的

$\beta$-角蛋白，即非极性材料。由于范德瓦耳斯力是唯一可以导致两个疏水表面在空气中黏附的力，所以壁虎应该能够黏附到其他疏水表面，例如疏水半导体砷化镓。事实上，壁虎脚掌确实表现出这样的能力[32]。

### 3.4.2 毛细力

分子间力对黏附的另一个影响是液体的表面张力以及相关的毛细效应。水基毛细作用可以通过拉普拉斯压力产生黏附力，拉普拉斯压力是两相之间弯曲界面两侧的有效压力差，例如在物体之间的界面处汇集的水可能表现出的压力差。该压力以及由此产生的力与液体的表面张力成正比。尽管相关的疏水/疏水黏附实验表明毛细作用对于壁虎攀爬系统的运行来说并不是必需的，但这种额外的毛细管/流体力的存在与否往往对生态研究和工程黏附工作具有重大的影响。

Niewiarowski 等人[36]的研究表明，壁虎的黏附力会随着相对湿度的增加而增加，并且提出表面水合作用（毛细作用）对壁虎的黏附系统可能会起到重要的作用。相关的研究提出了许多问题。例如，低温下与湿度相关的黏附力表明刚毛必须是亲水性的，尽管有证据表明水滴不会弄湿壁虎的脚并且在倾斜时很容易滚落，但是仍然不清楚为什么湿度仅对低温下的黏附力会产生强烈影响。Kim 和 Bhushan 等人[14]基于毛细效应的解释，预测了固定湿度下的黏附力应与热力学温度成正比，但该预测与实验观察结果不一致。要解决这些问题可能需要进一步研究水、黏附基底和刚毛铲状刮刀三者在纳米级水平上相互作用的方式。

Puthoff 等人[32]提供了这些问题的部分解决方案。他们证实了在孤立的壁虎刚毛阵列中，接触力随着湿度的增加而增大不是由毛细效应引起的。与毛细管机制的预测相反，他们发现壁虎刚毛在疏水性和亲水性基材上具有相似的接触力和湿度效应变化。虽然相关的实验结果与毛细作用机制并不相符，但能表明铲状刮刀角蛋白的力学性能会受到湿度的强烈影响。对单根壁虎刚毛的力学测试表明，随着湿度的增加，壁虎刚毛的弹性模量会下降，而内摩擦力会增加。这些结果表明，在潮湿条件下毛细效应对壁虎的黏附没有贡献或作用有限。相反，湿度会软化并塑化刚毛铲状刮刀 $\beta$-角蛋白，从而通过增加刚毛与被黏附面的接触面积来增大相应的黏附力。

### 3.4.3 黏附功

虽然范德瓦耳斯力是微观实体/分子之间原子尺度相互作用的结果，但它们的影响可以扩展到描述宏观物体之间的相互作用。使用类似于求和或积分的数学方式，可以得到各种形状和空间配置的物体之间的范德瓦耳斯力。一个重要的例子是两个相对表面之间的吸引力，该力可表示为“1/（间隔距离）”每单位表面面积。为了将相邻的表面移动到某个大的间隔距离，需要一定的功 $W$，这种功也是在每单位面积的基础上测量的。其中，$W$ 被称为黏附功，以焦耳每平方米表示。黏附功是所有黏附力学解决方案中的一个重要因素，反映了宏观物体之间的“黏附”量。

### 3.4.4 刚毛铲状刮刀的黏附力学模型

接触和黏附力学有着悠久的历史，但 Johnson、Kendall 和 Roberts（JKR）的最新结果重新考虑了添加表面力之后的经典接触力学[37]。当引入表面能时，在未施加压缩载荷的情况下接触球体可以表现出非零接触面积。此外，可以通过分析来确定将它们拉开所需的拉力 $F$。例如，对于附着在平面上的半径为 $R$ 的球体，$F_{JKR}=(3/2)\pi RW$。其中，JKR 几何结构如图 3.5（a）所示。该 JKR 结果可以用于粗略估计壁虎的黏附力。取类似于刚毛铲状刮刀尺寸的 $R$ 值（100nm）和典型的范德瓦耳斯表面力（$50mJ/m^2$）的 $W$ 值，则对应的预测拉脱力为 $F_{JKR}=23.6nN$。该值大约是使用原子力显微镜技术直接测量值的两倍，尽管它的数量级是正确的[38]。

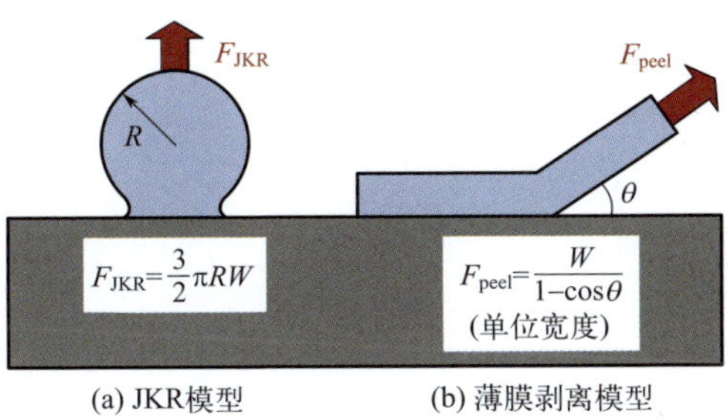


**图 3.5** 壁虎脚的黏附特性[32]

刚毛铲状刮刀也可以被建模为纳米级胶带。使用 Kendall 的方法，$F_{peel}\approx Wb/(1-\cos\theta)$，其中 $b$ 是铲状刮刀的宽度，$\theta$ 是拉动胶带的角度，我们假设在铲状刮刀中的弹性能量存储可以忽略不计。相应的剥离几何形状如图 3.5（b）所示。这种方法提供了比 JKR 模型更丰富的作用机制，因为它包含对分离方向的依赖性。黏附的剥离区域模型是 Kendall 剥离模型的扩展，该模型额外强调纳米级的黏附，即分子间力作用区域中剥离膜曲率的影响。该剥离区域模型预测 $F_{peel}\approx 2Wb\theta/[\pi(1-\cos\theta)\sin\theta]$。需要注意的是，当 $\theta=90°=\pi/2rad$ 时，结果与 Kendall 解相同。此外，随着 $\theta$ 的变小，$F$ 会迅速增加。当使用 $W=50mJ/m^2$ 和 $\theta=90°$ 的值时，宽度为

$b$=200nm 的铲状刮刀的预测剥离力 $F_{peel}$≈10nN，这与实际测量值一致[13, 38]。铲状刮刀黏附力的经验测量表明，当以 90°的剥离角度拉动时，每个铲状刮刀以大约 10nN 的力黏附。每根刚毛约 500 个刮刀，可以预测到每根刚毛黏附力约为 5μN。根据 Autumn 等人的实验中知道单根刚毛的黏附力事实上超过 40μN。之所以出现这种差异，是因为刮刀和刚毛在剥离实验中的真实分离途径是不同的[11]。单根刮刀测量中的拉力是垂直的，在胶带剥离力学中该力代表下限值。胶带剥离模型表明在小剥离角处时会展现出大的剥离力，并且只有当剥离角＜30°时才能解释单个刮刀力和刚毛力测量中的近 10 倍差异。此外，相应的脱离条件很可能是整个壁虎黏附力测量中所代表的条件，因为这些测量是通过拖动壁虎而不是举起壁虎来进行的。

## 参考文献


[1] Kwak J S, Kim T W. A review of adhesion and friction models for gecko feet. International Journal of Precision Engineering and Manufacturing, 2010, 11 (1) : 171-186.

[2] Zhou M, Pesika N, Zeng H, et al. Recent advances in gecko adhesion and friction mechanisms and development of gecko-inspired dry adhesive surfaces. Friction, 2013, 1 (2) : 114-129.

[3] Li Y, Krahn J, Menon C. Bioinspired dry adhesive materials and their application in robotics: A review. Journal of Bionic Engineering, 2016, 13 (2) : 181-199.

[4] Ruibal R, Ernst V. The structure of the digital setae of lizards. Journal of Morphology, 1965, 117 (3) : 271-293.

[5] Rizzo N W, Gardner K H, Walls D J, et al. Characterization of the structure and composition of gecko adhesive setae. Journal of The Royal Society Interface, 2005, 3 (8) : 441-451.

[6] Alibardi L. Ultrastructural autoradiographic and immunocytochemical analysis of setae formation and keratinization in the digital pads of the gecko *Hemidactylus turcicus* (*Gekkonidae, Reptilia*). Tissue and Cell, 2003, 35 (4) : 288-296.

[7] Peattie A M, Majidi C, Corder A, et al. Ancestrally high elastic modulus of gecko setal $\beta$-keratin. Journal of The Royal Society Interface, 2007, 4 (17) : 1071-1076.

[8] Autumn K, Majidi C, Groff R E, et al. Effective elastic modulus of isolated gecko setal arrays. Journal of Experimental Biology, 2006, 209 (18) : 3558-3568.

[9] Autumn K. Mechanisms of adhesion in geckos. Integrative and Comparative Biology, 2002, 42 (6) : 1081-1090.

[10] Chui B W, Kenny T W, Mamin H J, et al. Independent detection of vertical and lateral forces with a sidewall-implanted dual-axis piezoresistive cantilever. Applied Physics Letters, 1998, 72 (11) : 1388-1390.

[11] Autumn K, Liang Y A, Hsieh S T, et al. Adhesive force of a single gecko foot-hair. Nature, 2000, 405 (6787) : 681-685.

[12] Autumn K, Sitti M, Liang Y A, et al. Evidence for van der Waals adhesion in gecko setae. Proceedings of the National Academy of Sciences, 2002, 99 (19) : 12252-12256.

[13] Huber G, Mantz H, Spolenak R, et al. Evidence for capillarity contributions to gecko adhesion from single spatula nanomechanical measurements. Proceedings of the National Academy of Sciences, 2005, 102 (45) : 16293-16296.

[14] Kim T W, Bhushan B. The adhesion model considering capillarity for gecko attachment system. Journal of The Royal Society Interface, 2007, 5 (20) : 319-327.

[15] Puthoff J B, Prowse M S, Wilkinson M, et al. Changes in materials properties explain the effects of humidity on gecko adhesion. Journal of Experimental Biology, 2010, 213 (21) : 3699-3704.

[16] Hill G C, Soto D R, Peattie A M, et al. Orientation angle and the adhesion of single gecko setae. Journal of The Royal Society Interface, 2011, 8 (60) : 926-933.

[17] Autumn K, Hsieh S T, Dudek D M, et al. Dynamics of geckos running vertically. Journal of Experimental Biology, 2006, 209 (2) : 260-272.

[18] Autumn K, Dittmore A, Santos D, et al. Frictional adhesion: a new angle on gecko attachment. Journal of Experimental Biology, 2006, 209 (18) : 3569-3579.

[19] Autumn K. Gecko adhesion: structure, function, and applications. MRS Bulletin, 2007, 32 (6) : 473-478.

[20] Zhao B, Pesika N, Rosenberg K, et al. Adhesion and friction force coupling of gecko setal arrays: implications for structured adhesive surfaces. Langmuir, 2007, 24 (4) : 1517-1524.

[21] Zhao B, Pesika N, Zeng H, et al. Role of tilted adhesion fibrils (setae) in the adhesion and locomotion of gecko-like systems. The Journal of Physical Chemistry B, 2008, 113 (12) : 3615-3621.

[22] Wan J, Tian Y, Zhou M, et al. Experimental research of load effect on the anisotropic friction behaviors of gecko seta array. Acta Physica Sinica, 2012, 61 (1) : 016202.

[23] Tian Y, Tao D, Pesika N, et al. Flexible control and coupling of adhesion and friction of gecko setal array during sliding. Tribology Online, 2015, 10 (2) : 106-114.

[24] Tao D, Wan J, Pesika N S, et al. Adhesion and friction of an isolated gecko setal array: the effects of substrates and relative humidity. Biosurface and Biotribology, 2015, 1 (1) : 42-49.

[25] Wang Z, Gu W, Wu Q, et al. Morphology and reaction force of toes of geckos freely moving on ceilings and walls. Science China Technological Sciences, 2010, 53 (6) : 1688-1693.

[26] Parness A, Soto D, Esparza N, et al. A microfabricated wedge-shaped adhesive array displaying gecko-like dynamic adhesion, directionality and long lifetime. Journal of The Royal Society Interface, 2009, 6 (41) : 1223-1232.

[27] Gravish N, Wilkinson M, Sponberg S, et al. Rate-dependent frictional adhesion in natural and

synthetic gecko setae. Journal of The Royal Society Interface, 2009, 7 (43) : 259-269.
[28] Hansen W R, Autumn K. Evidence for self-cleaning in gecko setae. Proceedings of the National Academy of Sciences, 2005, 102 (2) : 385-389.
[29] Hu S, Lopez S, Niewiarowski P H, et al. Dynamic self-cleaning in gecko setae via digital hyperextension. Journal of The Royal Society Interface, 2012, 9 (76) : 2781-2790.
[30] Xu Q, Wan Y, Hu T S, et al. Robust self-cleaning and micromanipulation capabilities of gecko spatulae and their bio-mimics. Nature Communications, 2015, 6 (1) : 8949.
[31] Autumn K, Hansen W. Ultrahydrophobicity indicates a non-adhesive default state in gecko setae. Journal of Comparative Physiology A, 2006, 192 (11) : 1205-1212.
[32] Autumn K, Niewiarowski P H, Puthoff J B. Gecko adhesion as a model system for integrative biology, interdisciplinary science, and bioinspired engineering. Annual Review of Ecology, Evolution, and Systematics, 2014, 45 (1) : 445-470.
[33] Zhu Y, Liu Y, Wang S, et al. A bionic flexible-bodied underwater glider with neutral buoyancy. Journal of Bionic Engineering, 2021, 18 (5) : 1073-1085.
[34] Bob R H. The American Naturalist, 1900, 34 (400) : 320-321.
[35] Hiller U. Untersuchungen zum Feinbau und zur Funktion der Haftborsten von Reptilien. Zeitschrift für Morphologie der Tiere, 1968, 62 (4) : 307-362.
[36] Niewiarowski P H, Lopez S, Ge L, et al. Sticky gecko feet: the role of temperature and humidity. PLoS ONE, 2008, 3 (5) : e2192.
[37] Kenneth Langstreth Johnson, Kevin Kendall, Roberts A D.Surface energy and the contact of elastic solids. Proceedings of the Royal Society of London A: Mathematical and Physical Sciences, 1971, 324 (1558) : 301-313.
[38] Huber G, Gorb S N, Spolenak R, et al. Resolving the nanoscale adhesion of individual gecko spatulae by atomic force microscopy. Biology Letters, 2005, 1 (1) : 2-4.
[39] Li W, Li Y, Sheng M, et al. Enhanced adhesion of carbon nanotubes by dopamine modification. Langmuir, 2019, 35 (13) : 4527-4533.

# 第4章 湿黏附：树蛙的黏附系统

# 4.1
## 湿性黏附：树蛙的黏附系统

除了干性黏附外，自然界还提供了一些有趣的可逆黏附系统实例，这些系统能在湿润条件下工作。一些两栖动物，如树蛙、湍蛙和树栖蝾螈，能够在湿润甚至被水覆盖的环境中附着并移动，而不会掉落。多个家族，包括雨蛙科、树蛙科、狭口蛙科和箭毒蛙科，都独立演化出了具有黏附能力的趾垫，即手指和脚趾末端盘状、扁平的扩展结构，这些结构展现出相似的、专门的表皮建筑和结构[1]。这些建筑及其相关的黏附机制为设计能在湿润条件下工作的黏附装置提供了极好的生物模型。

### 4.1.1 树蛙的黏附系统

树蛙在它们的趾垫上发展出了一种独特的表面结构，使其能够安全地附着在湿润的表面上。它们可以轻松攀爬大多数表面，从光滑的叶子到玻璃，但在干燥、粗糙的材料上表现不佳，趾垫能够牢固抓住光滑的叶子和树枝表面。北方雨蛙是较大的树蛙种类之一（质量约 28g），其趾垫位于每个手指和脚趾末端的扩展部位，前肢有四个趾垫，后肢有五个［图 4.1（a)］。每个趾垫在表面视图中呈椭圆形［图 4.1（b)］，并突出于手指或脚趾的腹侧表面，带有盘状、扁平的扩展结构，每个趾垫都展示出相似的、专门的表皮结构。每个趾垫完全被一个周围的凹槽

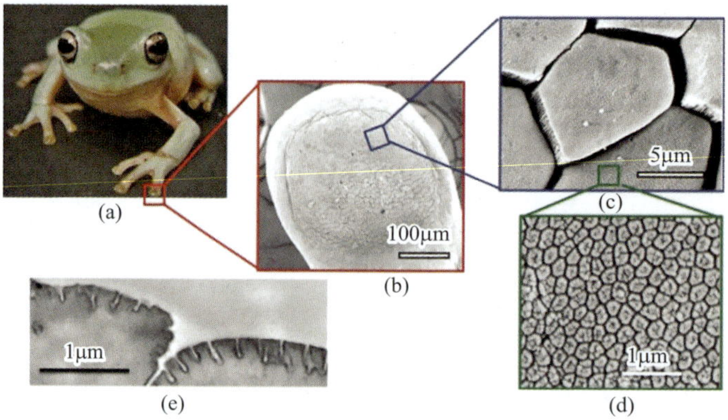


**图 4.1** 树蛙趾垫的形态

（a）白氏树蛙照片；（b）趾垫的扫描电子显微镜图像；（c）具有六边形上皮细胞的表皮；（d）单个六边形细胞表面的高倍视图；（e）细胞表面的横截面的透射电子显微镜图像[2]

包围［图 4.1（d）］，侧面凹槽延续到每个手指或脚趾的腹侧边缘[2-4]。每个趾垫的近端都有下关节小结节，其上皮表面与趾垫相同。趾垫由约 10μm 大小的平顶表皮细胞的六边形阵列组成，细胞之间由大约 1μm 宽的充满黏液的通道分隔［图 4.1（c）］。每个细胞的平坦表面由亚微米级的纳米柱或钉阵列组成，其直径为 100 ～ 400nm，周围有小通道（宽度约为 40nm，高度约为 200nm）［图 4.1（e）］。这种将接触区域分成微观子单元的设计被认为是动物黏附垫的一般设计原则[5]。

趾垫是生物体中最柔软的结构之一（有效弹性模量为 4 ～ 25kPa），并表现出硬度梯度，外部最硬。这种硬度梯度源于趾垫表皮下致密的毛细血管网络，可能具有缓冲作用。趾垫的厚度与其柔韧性相结合，能够在青蛙改变重量分布时产生小幅度的脚趾移动，而不会导致趾垫表皮相对于基底移动。趾垫上有液体分泌腺体，开口位于块状结构之间的通道中。液体的黏度约为 0.0014Pa • s（比水大约高 40%），趾垫通过腺体分泌的黏液保持湿润。因此，它们通过湿性黏附附着在表面上。与壁虎趾垫的干性黏附相似，青蛙的趾垫也表现出对剪切力的速度依赖性阻力。这种现象在任何使用液体作为黏附机制的系统中都可以预期到。趾垫能够产生的最大黏附力约为 1.2mN/mm$^2$。青蛙甚至能够在流水覆盖的湿滑岩石上攀爬[6, 7]。

### 4.1.2 四肢和脚趾的功能形态

树蛙的指尖由末端指骨、真皮和表皮组成。其中，真皮包含结缔组织、血管、淋巴空间、黏液腺以及肌肉和神经纤维。腹侧表皮构成实际的脚趾垫。树蛙脚趾的远端部分扩张并且通常呈盘形。腹侧趾垫无负载，表面呈凸形，幼体的曲率半径 $R$ 为 0.72 ～ 1.57mm，成体的曲率半径 $R$ 为 4.07 ～ 5.81mm。Gu 等人[8]认为这种弧形垫上分布的球形突起可以防止趾垫在平坦基板上黏附时的失准。此外，弧形垫可能需要较少的能量来使垫相对于基板主动对准。腹侧垫表面分为多个子单元，形成层次性表面结构。

### 4.1.3 宏观尺度

在一些物种中，树蛙沿着近端 - 远端轴的凹槽将垫表面分开，并且圆周凹槽形成近端（鳞状）和远端（柱状）腹表皮之间的侧端垫边界。

### 4.1.4 微观尺度

腹侧表皮表面的棱柱细胞形成柱状图案。相邻表面细胞的顶端部分由通道网络横向分隔。浅表皮细胞是倾斜的，使得顶端细胞表面比基底细胞表面更远。顶端表皮细胞表面的轮廓包含从五边形到八边形的多边形。其中，65.4% 的六边形，19.8% 的五边形，14.2% 的七边形和 0.6% 的八边形，没有非随机分布的细胞。浅层表皮细胞之间的通道宽为 1 ～ 5μm。通道排列是各向异性的，沿横向垫轴的累积通道长度比沿近端 - 远端轴的累积通道长度低约 70%。具有大管腔的黏液腺分布在远端指段的真皮中，并通过导管和 7 ～ 8μm 宽的孔将黏液分泌到表皮通道网络中 [2-5]。孔隙的空间密度和分布模式因种间差异而变化，已有研究未对黏液腺形态进行详细分析。

### 4.1.5 纳米尺度

钉状突起，称为纳米柱（也称为雀斑、钉或微绒毛），覆盖最外层表皮细胞的顶端表面。纳米柱是通过纳米通道网络彼此分隔的棱柱结构，类似于表皮细胞之间的微观通道网络。对于不同品种树蛙，相应的纳米柱直径尺寸分布范围为 15 ～ 800nm[6]。

### 4.1.6 材料特性

脚趾垫在压缩过程中表现出的高顺应性对其附着性能有重要影响，例如可通过增加粗糙基底上的有效接触面积提升附着效果，顺应性取决于多种因素，包括材料固有的杨氏模量（$E$）、泊松比（$\nu$）以及承载结构的几何形状与空间排布。总体而言，研究显示树蛙脚趾垫具有极低的刚度，整个表皮的有效弹性模量 $E^*=E/(1-\nu^2)$，这低于大多数生物材料的弹性模量。重复压痕实验表明脚趾垫没有塑性变形 [9-11]。力 - 位移曲线中较小的加载 - 卸载滞后以及在恒定垫变形期间法向接触力的减小表明脚趾垫是黏弹性的。不同研究之间所测得的脚趾垫的有效弹性模量相差高达 $10^4$ 倍。这种变化可以通过以下因素来解释：①细胞骨架的结构特性，其导致 $E^*$ 对压痕的作用位置与方向高度敏感；②实验样本类型差异，活体样本与离体样本的力学响应不同；③测试方法与模型差异，例如研究中采用的压头形状与接触力学模型不同（如使用 Oliver-and-Pharr 理论或 Johnson-Kendall-Roberts-/Hertz 模型）[6, 7, 12]。

### 4.1.7 黏液特性

黏液与半月板形成液桥，完全包围脚趾垫，楔形厚度为 5 ～ 10μm。弯月面高度和曲率未知。用激光镊子微流变仪测量，得到树蛙的黏液黏度（$\mu$）约为

1.43mPa·s。黏液通常被近似为牛顿液体（即 $\mu$ 与应变率无关）。亲水和疏水基材上黏液微滴的静态接触角（$\theta \ll 10°$）较低，这表明黏液的黏附毛细力与基材的润湿特性无关[11-14]。

# 4.2 脚趾垫的功能性

黏附器官的形貌和操控是由各个器官的功能需求共同决定的。对于树蛙来说，这些需求主要来自动物的环境、系统发育和生活方式[15]。

## 4.2.1 定向接触力

定向接触力使树蛙能够爬到森林和其他植被生态层较高的位置。为了保持附着在不同倾斜角度的基质上（例如悬垂的叶子和垂直的树干），树蛙必须产生强大的附着力和摩擦力[18-21]。通过骨骼元件传递接触力表明了整个肢体和单个脚趾的接触力矢量的优先方向，从而表明了力产生的各向异性机制[16]。

## 4.2.2 基底与各种表面的特征

树蛙会遇到各种基底，如植物叶子、树皮、昆虫角质层和石头，这些表面具有各种随机或结构化的粗糙度、表面能（即给定材料形成单位面积自由表面所需的能量）、刚度和润湿能力[17, 18]。天然基底可以被雨水（例如在热带栖息地）和两栖动物皮肤上分泌的黏液润湿。环境温度、空气湿度和表面污染（机械或化学）也可能影响树蛙的附着性能。

## 4.2.3 静态和动态附着

日常生活中，树蛙需要用到跳跃、水平行走和垂直攀爬等运动模式以及这些模式的组合，因此可逆且可重复的附着能力对其至关重要。对于动态条件，附着和分离（以及两种状态之间的切换）应该快速且受控，并且接触力需要足够大以防止在突发事件（例如捕食者的攻击或风引起的树叶摇动）期间与基底的分离。此外，脚趾垫需要能实现静态附着，正如观察到的在休息或在交配期间的青蛙那样[19, 20]。

## 4.2.4 黏附力的转移

脚趾垫需要能够将产生的力传递到内部，进而转移到身体的其他部位。形态单元（例如表皮）内的力传递被认为可以在垫 - 基底界面处分散机械应力，从而降低不必要的分离以及损坏表皮的风险。正如在壁虎中观察到的那样，表皮和其他身体部位之间的力传递允许（定向）运动的发生，这需要将垫功能集成到整个运动装置中[21, 22]。

# 4.3 树蛙趾垫的黏附机制

各种力产生机制以及分泌黏液的润滑和排水机制已被认为在树蛙的附着和分离中发挥着重要作用。在这里，我们将介绍这些机制，以便随后讨论它们对黏附可能的贡献。

## 4.3.1 力的产生——毛细管力

树蛙的趾垫是分层结构，包含纳米级的柱状结构，这些柱状结构位于微米级的六边形上皮细胞阵列上，细胞之间由约 1mm 宽的液体分泌通道分隔。这些块状 / 柱状结构和通道被认为通过在不同尺度上贴合粗糙的表面，并在界面处保持一层非常薄的液体膜，来产生高黏附力和摩擦力，从而使动物能够移动并灵活操作[23, 24]。

## 4.3.2 液体管理

如果趾垫与基底之间的距离 $h$ 小于通道的宽度 $W$，则趾垫与基底之间的空间中的压力会低于通道中的压力，导致液体流入该空间。由于所有的沟槽都是横向连接的，液体将在沟槽网络内横向流动，以保持液体的体积。对于表面粗糙度足够大的基底表面，表面之间将会有区域使得 $h > W$，当液体到达这些区域时，流动将停止［图 4.2（a）］[7, 24-26]。

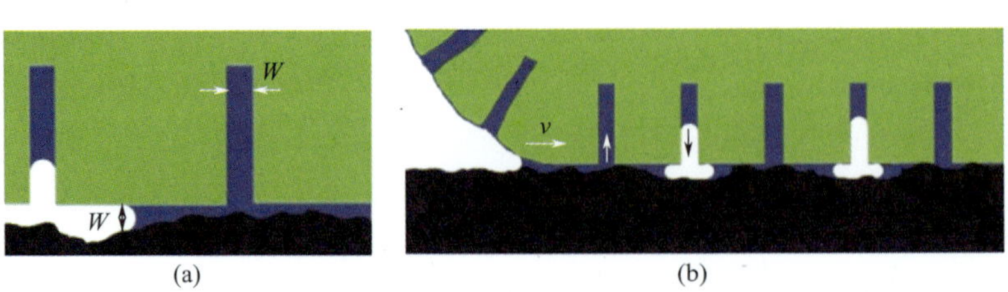


图 4.2 （a）当青蛙的趾垫与基底表面接触时，液体由于毛细吸力从通道中被抽出；（b）在脱离过程中，界面处的裂缝以速度 $v$ 扩展[7]

### 4.3.3 排液

青蛙通过剥离方式以不可检测的分离力从表面移除趾垫。在此分离过程中，当青蛙向上爬行至垂直斜坡时，趾垫从后向前剥离；当青蛙向后爬下垂直斜坡时，则从趾垫前端开始向后剥离。在趾垫脱离过程中，液体（或部分液体）可能通过毛细作用被吸回到沟槽中，即当 $h > W$ 时，毛细力驱动液体流回沟槽，如图 4.2（b）所示，液体流动方向由垂直箭头指示。这种液体回流到沟槽中的现象在快速移动时可能非常重要，因为如果分泌的液体留在基底表面，青蛙的趾垫可能会变得干燥[25, 27, 28]。

### 4.3.4 润滑

利用液体在趾垫和基底之间产生黏附为青蛙提供了独特的优势。趾垫与基底之间的液体连接可以瞬间完全发挥作用，并且由于密封剂不会像胶水那样硬化，因此需要的分离力较小。通道网络至关重要，因为它可以作为液体储存库，在需要时提供额外的液体。这在使趾垫快速附着在粗糙基底表面时尤为重要。此外，在湿润条件下，例如下雨时，通道将有助于将趾垫与基底之间的液体挤出。这会导致在被水淹没的表面上形成类似吸盘的有效“黏附”，因为趾垫外边缘的细胞之间的通道在快速脱离时可能会闭合[29-31]。湿润黏附主要被认为是由于趾垫边缘形成了弯月面效应。在这种液体黏附中，趾垫产生了可测量的静摩擦力，因此纳米柱尖端与接触表面之间必须存在一些干性接触。趾垫和接触表面之间的干性接触是通过将界面处的液体膜挤出而产生的。

## 参考文献

[1] Langowski J K A, Dodou D, Kamperman M, et al. Tree frog attachment: mechanisms, challenges, and perspectives. Frontiers in Zoology, 2018, 15 (1) .

[2] A6—Scaling in biomechanics. Comparative Biochemistry and Physiology Part A: Molecular & Integrative Physiology, 2006, 143 (4) : S83-S87.

[3] Federle W, Barnes W J P, Baumgartner W, et al. Wet but not slippery: boundary friction in tree frog adhesive toe pads. Journal of The Royal Society Interface, 2006, 3 (10) : 689-697.

[4] Scholz I, Barnes W J P, Smith J M, et al. Ultrastructure and physical properties of an adhesive surface, the toe pad epithelium of the tree frog, *Litoria caerulea* White. Journal of Experimental Biology, 2009, 212 (2) : 155-162.

[5] Barnes W J P, Goodwyn P J P, Nokhbatolfoghahai M, et al. Elastic modulus of tree frog adhesive toe pads. Journal of Comparative Physiology A, 2011, 197 (10) : 969-978.

[6] Hanna G, Barnes W J P. Adhesion and detachment of the toe pads of tree frogs. Journal of Experimental Biology, 1991, 155 (1) : 103-125.

[7] Persson B N J. Wet adhesion with application to tree frog adhesive toe pads and tires. Journal of Physics: Condensed Matter, 2007, 19 (37) : 376110.

[8] Gu Z, Li S, Zhang F, et al. Understanding Surface adhesion in nature: a peeling model. Advanced Science, 2016, 3 (7) : 1500327.

[9] Vandebergh W, Maex M, Bossuyt F, et al. Recurrent functional divergence of early tetrapod keratins in amphibian toe pads and mammalian hair. Biology Letters, 2013, 9 (3) : 20130051.

[10] Semper C. Arbeiten aus dem Zoologisch-Zootomischen institut in Würzburg: Stahel'schen Buch & Kunsthandlung. 1874.

[11] Welsch U, Storch V, Fuchs W. The fine structure of the digital pads of rhacophorid tree frogs. Cell and Tissue Research, 1974, 148 (3) : 407-416.

[12] Irizarry E, Kolker M Z. Testimonios americanos de los escritores espanoles transterrados de 1939. Hispania, 1987, 70 (2) : 275.

[13] Chen H, Zhang L, Zhang D, et al. Bioinspired surface for surgical graspers based on the strong wet friction of tree frog toe pads. ACS Applied Materials & Interfaces, 2015, 7 (25) : 13987-13995.

[14] Chakraborti S, Das D, De S K, et al. Structural organization of the toe pads in the amphibian *Philautus annandalii* (Boulenger, 1906) . Acta Zoologica, 2012, 95 (1) : 63-72.

[15] Oka A. Die periodische Regeneration der oberen Körperhälfte bei den Diplosomiden. Biologisches Zentralblatt, 1892, 12: 265-268.

[16] Holdgate M W. The wetting of insect cuticles by water. Journal of Experimental Biology, 1955, 32 (3) : 591-617.

[17] Gadow H. Amphibia and reptiles. Macmillan, 1901.

[18] Afferante L, Heepe L, Casdorff K, et al. A theoretical characterization of curvature controlled adhesive properties of bio-inspired membranes. Biomimetics, 2016, 1 (1) : 3.

[19] Manzano A S, Abdala V, Herrel A. Morphology and function of the forelimb in arboreal frogs: specializations for grasping ability? Journal of Anatomy, 2008, 213 (3) : 296-307.

[20] Kubitzki K. Goupiaceae, in flowering plants. EudicotsSpringer Berlin Heidelberg, 2013: 219-221.

[21] Vincent J F V, Wegst U G K. Design and mechanical properties of insect cuticle. Arthropod Structure & Development, 2004, 33 (3) : 187-199.

[22] Kappl M, Kaveh F, Barnes W J P. Nanoscale friction and adhesion of tree frog toe pads. Bioinspiration & Biomimetics, 2016, 11 (3) : 035003.

[23] Drotlef D M, Stepien L, Kappl M, et al. Insights into the adhesive mechanisms of tree frogs using artificial mimics. Advanced Functional Materials, 2012, 23 (9) : 1137-1146.

[24] Crawford N, Endlein T, Barnes W J P. Self-cleaning in tree frog toe pads; a mechanism for

recovering from contamination without the need for grooming. Journal of Experimental Biology, 2012, 215 (22) : 3965-3972.

[25] Arnold S J, Glasby C J, Ross G J B, et al. Fauna of Australia. Vol. 2a, Amphibia and Reptilia. Copeia, 1995, 1995 (1) : 247.

[26] Hill I D C, Dong B, Barnes W J P, et al. The biomechanics of tree frogs climbing curved surfaces: a gripping problem. Journal of Experimental Biology, 2018.

[27] Stebbins R C, Cohen N W. A natural history of amphibians. Princeton: Princeton University Press, 1995.

[28] Koch K, Bhushan B, Barthlott W. Diversity of structure, morphology and wetting of plant surfaces. Soft Matter, 2008, 4 (10) : 1943.

[29] Tracy C R, Laurence N, Christian K A. Condensation onto the skin as a means for water gain by tree frogs in tropical Australia. The American Naturalist, 2011, 178 (4) : 553-558.

[30] Puthoff J B, Prowse M S, Wilkinson M, et al. Changes in materials properties explain the effects of humidity on gecko adhesion. Journal of Experimental Biology, 2010, 213 (21): 3699-3704.

[31] Böhme W, Glasby C J, Ross G J B, et al. Fauna of Australia. Vol. 2A, Amphibia & Reptilia. Amphibia-Reptilia, 1994, 15 (3): 327.

# 第 5 章

# 水下黏附：贻贝的黏附系统

# 5.1

## 水下附着力

贻贝附着在海中的固体表面上。它们的黏附力必须快速、牢固且坚韧，否则它们将被下一个来袭波浪冲走并冲成碎片。在生物材料工程领域，有效黏合湿润极性界面的合成黏附材料开发受阻，促使研究焦点转向对海洋贻贝生物黏附机制的系统解析与仿生重构。对这些生物体的研究揭示了重要的适应性策略，这些策略有助于规避通常会阻碍黏附的水的高介电和溶剂化特性。在化学脉络中，贻贝的黏附蛋白被多巴（一种儿茶酚功能）大量修饰。各种合成聚合物已被儿茶酚功能化，以提供不同的胶黏剂、密封剂、涂层和锚定特性，特别是对于关键的生物医学应用。

贻贝可以分泌黏合剂，在礁石、水草甚至甲壳动物等各种表面上形成永久性黏附。这种黏附具有独特的耐水性和耐候性，能够在滚滚巨浪的冲刷下牢固附着在基底表面上。这些高效的生物黏合剂多为蛋白质混合物，无毒且环保，一般在有水存在的条件下合成[1]。贻贝动物体居住在贝壳中，受贝壳的保护，而这些黏附物在外部能够把它们粘在潮湿的岩石上。当它们用脚扫过珊瑚礁，找到更合适的表面时，它们暂时固定身体，并通过类似于反应注射模型的足腹凹槽，每分钟产生一根 3 ～ 8cm 的足丝线[2]。最后，通过产生很多根足丝线使贻贝有效地粘在各种表面上。一般足丝线的辐射范围为 5 ～ 6cm［图 5.1（a）］。足丝的结构由四个部分组成，包括黏附盘、足丝线（硬质远端和柔性近端部分）、根和茎。如图5.1（b）所示，连接到远端蛋白质的黏附盘可以附着到基底表面。近端蛋白部分受到壳的保护，并与茎相连。准确地说，足丝被 12 种不同的伸缩肌所控制[3]。这种黏附性足丝在仿生设备中具有非常好的应用前景。

(a)

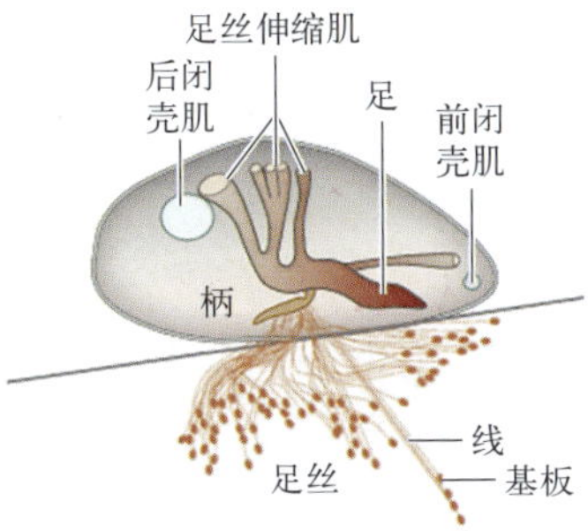


(b)

**图 5.1** 黏附在云母上的贻贝

（a）成年贻贝在云母表面有很多外生足丝线；（b）贻贝黏附的示意图[1]

# 5.2 足丝：贻贝的附着器

## 5.2.1 足丝的形成

足丝本质上是一束径向分布的线，由四个部分组成：附着斑、线（远端和近端部分）、茎和根。远端螺纹末端的膨胀雀斑附着在异物表面，而近端从茎部辐射出来，通过根部与贻贝的活组织融合。贻贝与其足丝的关系是一种奇特的关系，也许类似于未来的仿生装置：贻贝（活体）内的伸缩肌与根部的纤维足丝蛋白（非活体）相吻合，根部是活体组织和非活体组织之间的界面。像蚕丝一样，足丝由蛋白质迅速构成并且没有活细胞，但与蚕丝不同的是，它们仍然附着在贻贝脚底部的根部，那里有 12 条伸缩肌控制丝线张力。脚在类似于反应注射成型的过程中一次制作一根脚丝，每根丝线制作需要 3 ～ 10min[1]。因此，贻贝的舌状足从腹侧壳缝出现，探索半径 5 ～ 6cm 内的可用表面。找到合适的位置后，脚尖会附着在表面上并变得一动不动。除了发现贻贝更喜欢高能表面而不是低能表面以及粗糙表面而不是光滑表面之外，对贻贝表面辨别感官能力的研究也很有限[2, 3]。

## 5.2.2 足丝的韧性

在任何给定时间，贻贝平均有 50 ～ 100 根线，这些线大致呈放射状排列在平坦表面上。在正常和平行位移模式下，使用手持式测力计测量了贻贝韧性或抗移动性。调整质量后，附着在岩石上的单个（长 10cm，质量约 0.150kg）加州贻贝的韧性在正常模式（升力）下通常约为 300N，在平行位移模式（阻力）下通常约为 180N（图 5.2）[4, 5]。其他贻贝属物种的韧性不到这些数字的一半。由于所有螺纹仅在正常模式下有助于承载载荷，因此 300N 除以 50 个螺纹得出每个螺纹 6N。在正常和平行伸展过程中足部的负载转移几何形状已在其他地方进行了更详细的检查。韧性测试中最常见的失败点是黏性雀斑，也称黏附斑。如果将每个雀斑的直径取为 2mm，则孤生贻贝的平均雀斑黏附强度估计为 6MPa。成熟的贻贝有超过 5 ～ 6cm 的线，使得线、菌斑和基质之间的角度非常小。对具有 5°雀斑接触角的螺纹施加法向力可能无法以比与雀斑具有自然 90°角的螺纹低得多的力剥离[6, 7]。尽管如此，若忽略剪切角度的影响，6MPa 的附着强度对于高性能胶黏剂而言，并不算特别突出[8]。

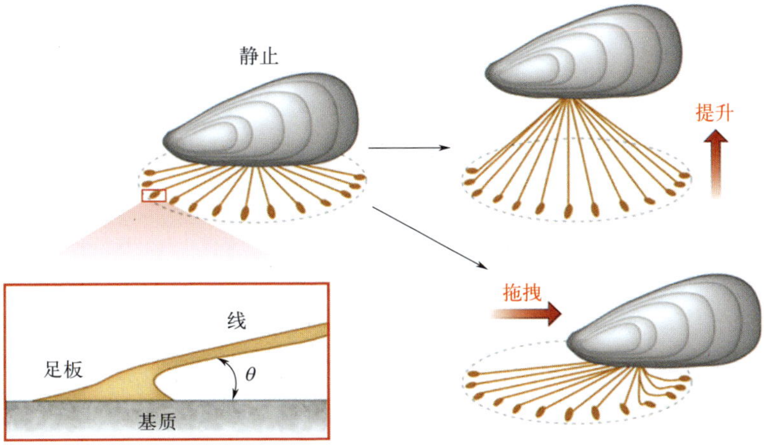


**图 5.2** 流动中的贻贝经历升力和阻力的结合

图中，(左）显示的是静止水中的贻贝；(右）升力是垂直于表面施加的力，而阻力是平行于表面施加的力 [8]

# 5.3 足丝雀斑

## 5.3.1 微观结构

在足部脱离过程中暴露于海水是导致新足丝和雀斑凝固的开关。凝固足丝的结构成分从微米到厘米不等，并以通常与化学无关的方式促进黏附（图 5.3）。在厘米尺度上，每个贻贝足丝［图 5.3（a)］中径向分布的从刚性到柔顺的线在动态载荷下相对于静态载荷增加了 900 倍的韧性。在毫米尺度上，每个成人线的刮刀形形态（在雀斑处从直径＜ 0.1mm 扩大到＞ 2mm）［图 5.3（b)］增加了黏附力，因为刮刀形形态表现出比非锥形圆柱体强 20 倍的黏附力，具有相同的界面表面接触面积 [9, 10]。成熟的雀斑还具有广泛的微观结构，这可能是通过足部抬起过程中的相转化和蛋白质沉淀获得的。成熟的雀斑是一种表皮覆盖的纤维增强多孔固体，具有两个长度尺度（100nm 和 1000nm）的孔径［图 5.3（c）插图]。雀斑纤维是线中束的张开延续，皮肤至少部分由与 $Fe^{3+}$ 复合的 Mfp-1 组成。雀斑微观结构对黏附性能的贡献尚未确定，但大量证据表明，多孔或“多孔”固体通常通过阻止裂缝、实现可逆变形和增加能量耗散来增韧结构胶黏剂。它们也更经济，因为填充给定体积所需的聚合物更少。例如，比较 Mfp-5 的最佳界面黏附能（≤ $20mJ/m^2$）与附着在玻璃上的单缺口板的最佳实际断裂能［图 5.3（d)，约 $200J/m^2$］显示出 10000 倍的差异。黏附模式从雀斑中心附近的雀斑 - 基质界面分离开始，剥离状分离呈径向扩展[11, 12]。相比之下，内聚破坏始于内部奇点，例如大孔隙或裂纹，该孔隙或裂纹会不断扩大，直到发生断裂。

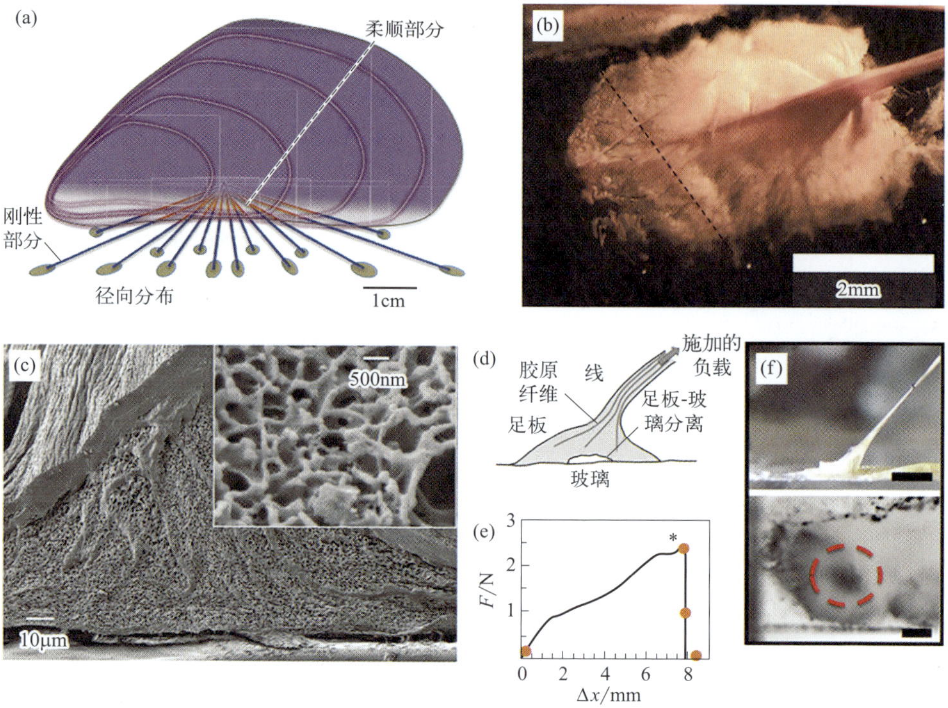


**图 5.3** 足丝结构及黏附性能[12]

（a）具有远端到近端刚度梯度的螺纹的径向分布；（b）足丝和雀斑的刮刀几何形状；

（c）切片中雀斑的结构；（d）~（f）雀斑的断裂力学

## 5.3.2 pH 和离子强度

在酸性 pH 值下，尤其是低于大多数有机酸的 p$K_a$ 值时，氢键预计是极性表面（包括云母、二氧化硅、二氧化钛）上最丰富的相互作用［图 5.4（a）］。为了更好地确定多巴对氢键的贡献程度，研究人员试图通过在酸性 pH 值下氧化成多巴醌（不再能与表面形成氢键）来“消除”Mfp-3 和 Mfp-5 的多巴对云母的黏附作用。Mfp 对云母的黏附力损失程度与其转化程度密切相关[13, 14]。总之，在酸性 pH 条件下，雀斑与底物的界面相互作用包括：双齿氢键、静电吸引和疏水相互作用；配位相互作用（限于 pH $\geqslant$ 5）。仅一些相互作用在 Mfps 之间的内聚力中变得很重要［图 5.4（b）］：①双齿儿茶酚间氢键在水溶液中很稳健；②阳离子 -π 相互作用；③静电相互作用；④疏水相互作用[15, 16]。

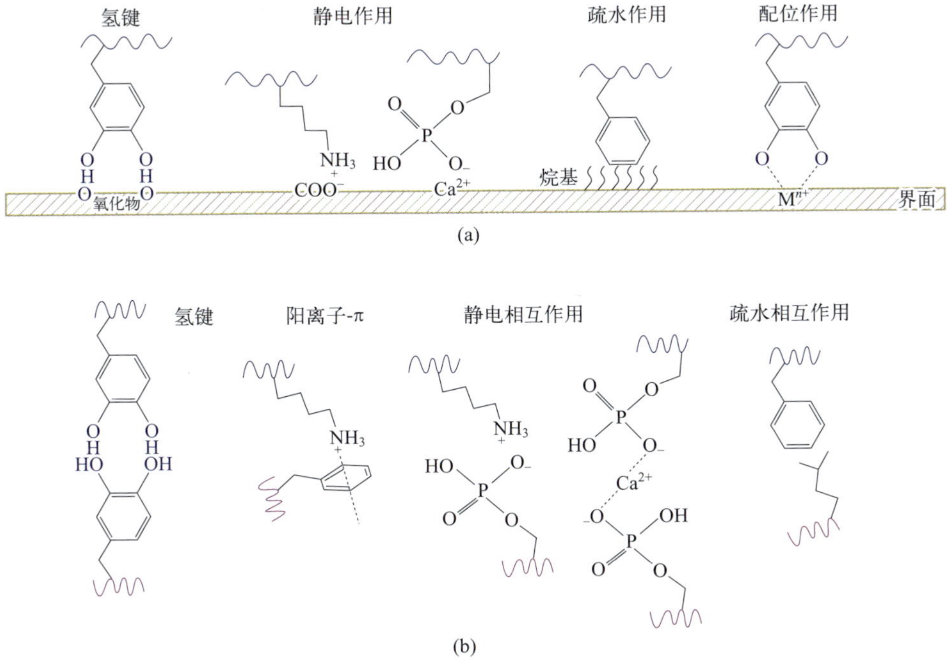


**图 5.4** 酸性 pH 值下的雀斑胶黏剂化学 [12]

（a）界面相互作用：氢键、静电、疏水和配位相互作用；（b）内聚相互作用：氢键、阳离子 − π 相互作用、静电（例如盐桥）和疏水相互作用

## 5.3.3 足丝蛋白的多样性和相互作用

尽管缺乏充分的表征数据，但据不完全统计，足丝含有二十多种已知的蛋白质成分，大多数呈现出不同的分布特性。其中，八种蛋白质中有五种是黏附盘特有的。足丝蛋白包括足丝蛋白 -1 至足丝蛋白 -6（Mfp-1 到 Mfp-6）、预聚近端胶原蛋白（preCol-P）、预聚远端胶原蛋白（preCol-D）、预聚非梯度胶原蛋白（preCol-NG）和线基质蛋白（TMP-1）。角质层的主要成分是 Mfp-1，起到保护内部结构的作用，其他蛋白质如 Mfp-2 至 Mfp-6 则位于内部，与黏附功能相关。湿性黏附的关键成分是经转录后修饰的 3,4- 二羟基苯丙氨酸（DOPA），一种带有中等离子强度的阳离子。DOPA 是酪氨酸经过转录后修饰生成的，广泛存在于贻贝黏附系统中。DOPA 中的儿茶酚基团具有很高的化学活性，在 pH 值升高或有高碘酸盐存在的条件下，容易被氧化为醌，而这种醌结构的引入进一步复杂化了 DOPA 在黏附过程中的作用机理 [17]。Lee 等人通过将 DOPA 分子修饰在原子力显微镜针尖上，研究了其与不同表面之间的黏附机理。结果表明，儿茶酚基团与湿润金属表面间形成可逆的非共价作用力，但在有机表面上则形成不可逆

的共价键[8]。在碱性海洋环境中，儿茶酚和醌之间的平衡机制使得贻贝能够在各种表面上实现黏附。

贻贝黏附蛋白除了含有 DOPA，赖氨酸也是其重要成分。多巴胺是一种含有儿茶酚和氨基两种官能团的小分子，作为 DOPA 的衍生物，它同样具有强黏附性能。将各种表面不同的基材浸入多巴胺碱性溶液后，可以在其表面获得黏性聚多巴胺层。研究还发现，金属离子在贻贝胶黏剂的交联过程中起到了关键作用。Hight 等人指出，在固化过程中，金属离子和氧化物的协同作用使得蛋白质交联效果显著增强。实验中，通过向贻贝的脚趾神经器官底部注射 0.55mol/L 的氯化钾溶液，成功诱导其形成黏附盘。结果显示，在注射后 1min 内开始形成黏附雀斑。最早检测到的蛋白质是 Mfp-3，在 30s 后出现了 Mfp-6。在第 1 分钟内，通过飞行时间质谱法也检测到 Mfp-5，但该蛋白质需要更高的激光功率才能被检测到。不同足丝蛋白的位置和相互作用关系如图 5.5 所示。举例来说，Mfp-2 能够迅速与 Mfp-5 结合，但不与 Mfp-3 相连，而 Mfp-3 则最终取代 Mfp-2，与云母表面结合[8, 10]。

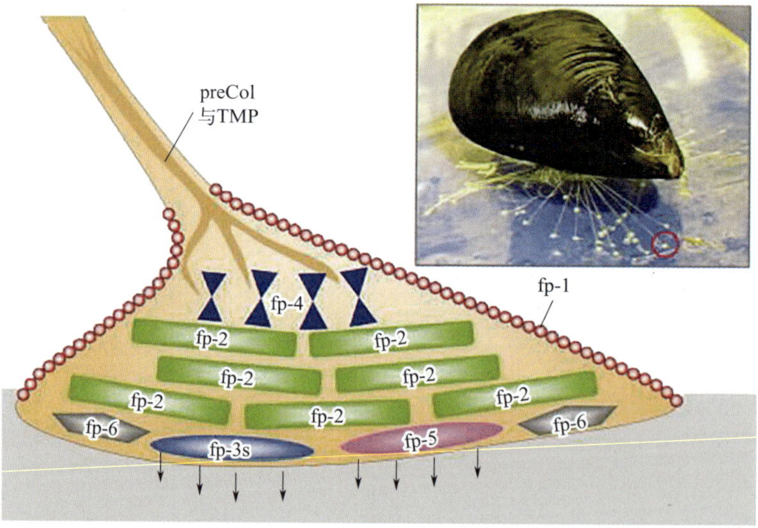


**图 5.5** 黏附足丝的基本示意图和足丝蛋白质具体的位置[10]

# 5.4

## 足丝定位及黏附过程

足丝蛋白在表面接触过程中从足部沉积［图 5.6（a)］。脚的远端部分首先被压在一个表面上以确保接触的周边，然后通过抬高天花板来产生负压［图 5.6（b）］。吸力提供了对表面的临时附着，但也可以通过远端凹陷顶部的六个或更多孔将黏附蛋白从传导小管吸到目标表面。脚附件能够在空气中支撑一只重 150g 的成熟贻贝。鉴于贻贝完全适应海水栖息地，附着化学被广泛认为发生在海水条件下，即 pH 值为 8 和 0.7mol/L 的离子强度 [18]。事实上，贻贝在其黏附蛋白分泌之前的底物制备过程中施加了不同的条件［图 5.6（c）］。在雀斑蛋白分泌过程中，足部远端凹陷处，pH 值平均为 5.5（pH 值范围 4 ～ 6.5），离子强度为 0.15mol/L。然而，没有人对任何化学细节进行过研究。酸度的实际功能仍然不清楚——以下所有都是关于足部酸化的相关假设，它们并不相互排斥：①酸度蚀刻 / 清洁表面；②酸度杀死表面吸附的微生物；③酸度滴定表面活性基团以进行黏附；④酸度调节雀斑的氧化还原环境；⑤酸度用于控制蛋白质流动性、相转化和沉淀 [19]。

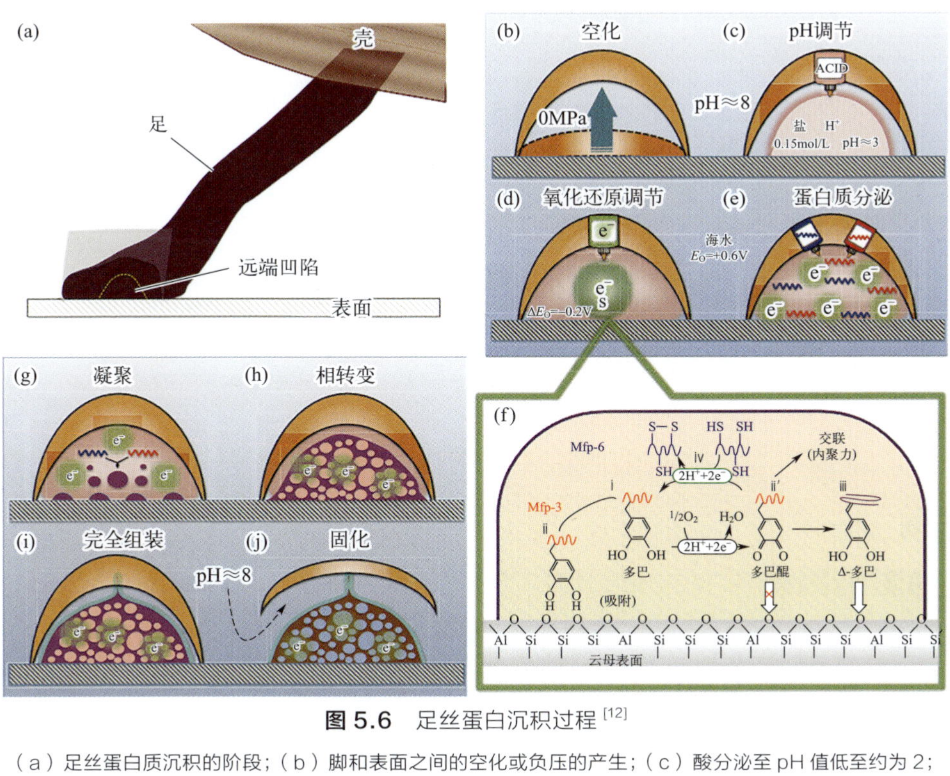


**图 5.6** 足丝蛋白沉积过程 [12]

（a）足丝蛋白质沉积的阶段；（b）脚和表面之间的空化或负压的产生；（c）酸分泌至 pH 值低至约为 2；（d）氧化还原调节；（e）释放黏附蛋白（红色和蓝色）并吸附到目标表面；（f）由海水的高 pH 值和 $O_2$ 浓度与雀斑中低 pH 值和电子供体丰度之间的差异驱动的氧化还原活性；（g）凝聚：蛋白质经历液 - 液相分离；（h）凝聚层 / 水相转化；（i）雀斑组装完成，并在雀斑上添加保护性角质层；（j）流体凝固

## 5.5
## 分子间相互作用

尽管尚未完全表征，足丝有多达 20 种不同的已知蛋白质成分，大多数具有高度局部化的分布。足丝蛋白，特别是贻贝足蛋白（Mfp）-2、-3、-4 和 -5，起源于雀斑。胶原腺蛋白，如预聚合胶原蛋白（preCOLs），具有远端（D）、近端（P）和非梯度（NG）分布（preCOL-D、-P 和 -NG）以及线基质蛋白（TMP）和近端（PTMP）用于线程核心的不同部分。尽管 Mfp 确实表现出一些化学多样性，但大多数都富含甘氨酸并含有多巴，并且都具有中度至强阳离子性（图 5.7）[8, 12]。

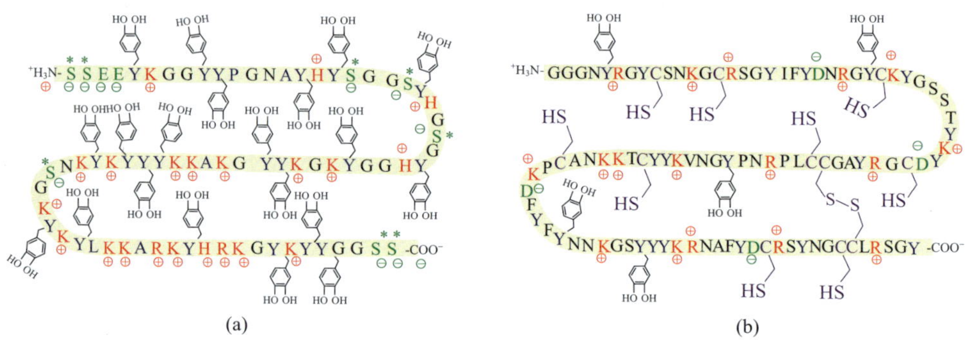


**图 5.7** 贻贝黏附蛋白质的（a）Mfp-5 序列，显示多巴（Y- 甲基儿茶酚）、赖氨酸（K）、丝氨酸（S）和甘氨酸（G）；（b）Mfp-6 序列，具有丰富的半胱氨酸（C）、精氨酸（R）、赖氨酸（K）、甘氨酸（G）和酪氨酸（Y）[8]

## 5.6
## 其他影响因素

在较高 pH 值下，贻贝对云母的黏附相对于 pH=3 降低了约 95%，相对于 pH=5 降低了约 75%［图 5.8（a）］。因为多巴氧化导致多巴醌形成，多巴醌在许多表面上的黏性明显低于多巴，包括云母和二氧化钛。Mfp-3 和 Mfp-5 等黏附蛋白不会氧化，因为它们在低 pH 值（pH5 ～ 6）下分泌到密闭空间中，在那里它们在雀斑足迹中保持在还原环境中。将 pH 值从 5.5 提高到 7.5 会导致 Mfp-3 中的黏附力降低，可以通过在 pH=5.5 的间隙中添加皮摩尔的 Mfp-6 来挽救［图 5.8（b）］。多巴的部分解救是瞬间的，完全解救发生在 60min 内 [20, 21]。

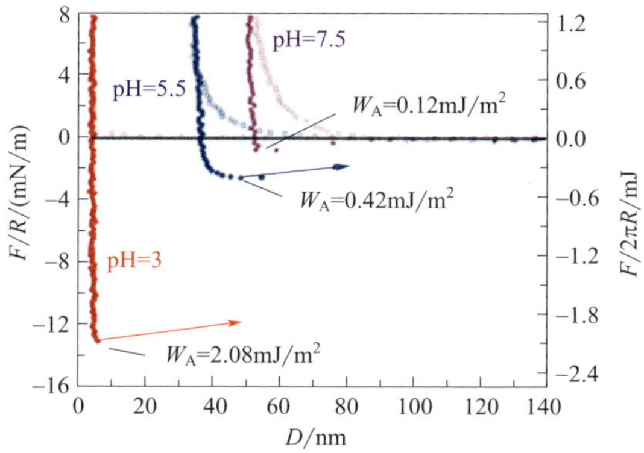


(a) pH的影响(Mfp-3)

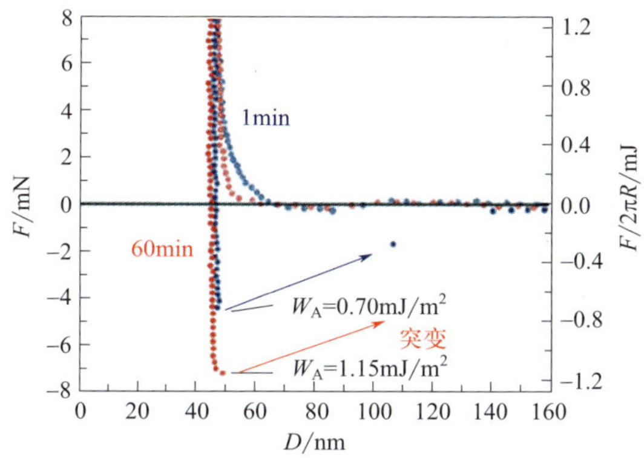


(b) Mfp-6, pH 5.5

**图 5.8** pH 值和接触时间对黏附力的影响 [12]

### 5.6.1 金属离子

金属离子，尤其是二价和三价阳离子，可以使非黏附性 Mfps 的黏附性达到惊人的程度。贻贝足斑中的贻贝足蛋白（Mfps）显示了每种主要蛋白的大致位置［图 5.9（a）］，Mfp-3 变体和 Mfp-5 被认为是主要的胶黏剂，Mfp-2 构成了每个雀斑的核心，整个雀斑被由 Mfp-1 和 $Fe^{3+}$ 制成的角质层覆盖，Mfp-4 可能介导从线芯下降的预聚合胶原（preCOL）纤维与雀斑中其他蛋白质之间的联系。Mfp-2 和 Mfp-1 的金属效应最为显著，作为最丰富［超过 25%（质量分数）］的雀斑蛋白，一个 Mfp-2 分子有四分之一的概率遇到另一个 Mfp-2。$Ca^{2+}$ 将 Mfp-2 之间的黏附力从 0 提高到接近 0.4mJ/m$^2$。添加 $Fe^{3+}$ 可将 Mfp-2 的黏附力提高到 3mJ/m$^2$［图 5.9（b）］，在 pH=7 时，重排速度更快，但黏附强度保持不变。$Fe^{3+}$ 和 $Ca^{2+}$ 对其他 Mfps 的黏附相互作用也有可测量的影响。例如，$Fe^{3+}$ 的存在减少了两个对称的 Mfp-5 或 Mfp-3 薄膜之间的相互作用 [18, 22]。

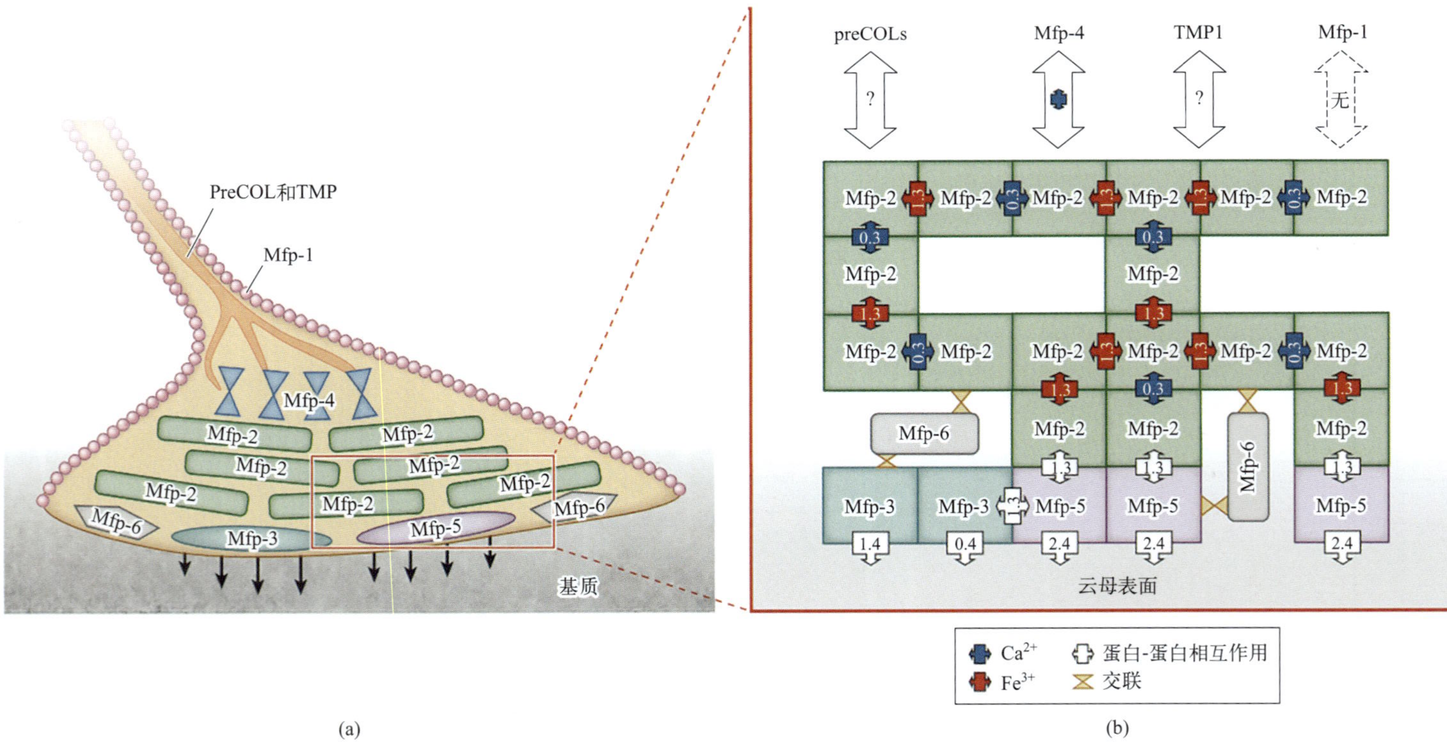


**图 5.9** 贻贝足蛋白（Mfps）示意图中每种主要蛋白的大致位置（a）及金属离子作用（b）[8]

### 5.6.2 物理因素

复合凝聚是聚阴离子和聚阳离子的水溶液在它们相互电中和的 pH 值下发生相分离的过程。更致密、更小的相富含聚合物，蛋白质浓度高达 1 ～ 2g/mL。虽然现在推测海洋生物如何进行凝聚的细节还为时过早，但凝聚具有相当大的湿黏附潜力，包括相分离流动性、降低的黏度、低界面能以及高内部蛋白质和溶剂扩散系数[19, 23]。

## 参考文献


[1] Waite J H. The formation of mussel byssus: anatomy of a natural manufacturing process. //Results and Problems in Cell Differentiation. Heidelberg: Springer, 1992: 27-54.

[2] Aldred N, Ista L K, Callow M E, et al. Mussel ( *Mytilus edulis* ) byssus deposition in response to variations in surface wettability. Journal of The Royal Society Interface, 2005, 3 (6) : 37-43.

[3] Crisp D J, Walker G, Young G A, et al. Adhesion and substrate choice in mussels and barnacles. Journal of Colloid and Interface Science, 1985, 104 (1) : 40-50.

[4] Bell E C, Gosline J M. Mechanical design of mussel byssus: material yield enhances attachment strength. Journal of Experimental Biology, 1996, 199 (4) : 1005-1017.

[5] Bell E C, Gosline J M. Strategies for life in flow: tenacity, morphometry, and probability of dislodgment of two mytilus species. Marine Ecology Progress Series, 1997, 159: 197-208.

[6] Allen J A, Cook M, JackSon D J, et al. Observations on the rate of production and mechanical properties of the byssus threads of *Mytilus edulis* L. Journal of Molluscan Studies, 1976, 42(2): 279-289.

[7] Burkett J R, Wojtas J L, Cloud J L, et al. A method for measuring the adhesion strength of marine mussels. The Journal of Adhesion, 2009, 85 (9) : 601-615.

[8] Lee B P, Messersmith P B, Israelachvili J N, et al. Mussel-inspired adhesives and coatings. Annual Review of Materials Research, 2011, 41 (1) : 99-132.

[9] Denny M W, Gaylord B. Marine ecomechanics. Annual Review of Marine Science, 2010, 2 (1) : 89-114.

[10] Desmond K W, Zacchia N A, Waite J H, et al. Dynamics of mussel plaque detachment. Soft Matter, 2015, 11 (34) : 6832-6839.

[11] Dougherty D A. The cation-π interaction. Accounts of Chemical Research, 2012, 46 (4) : 885-893.

[12] Waite J H. Mussel adhesion-essential footwork. Journal of Experimental Biology, 2017, 220 (4) : 517-530.

[13] Wei W, Yu J, Gebbie M A, et al. Bridging adhesion of mussel-inspired peptides: role of charge,

chain length, and surface type. Langmuir, 2015, 31 (3) : 1105-1112.

[14] Wei W, Petrone L, Tan Y, et al. An underwater surface-drying peptide inspired by a mussel adhesive protein. Advanced Functional Materials, 2016, 26 (20) : 3496-3507.

[15] Wei W, Tan Y, Martinez Rodriguez N R, et al. A mussel-derived one component adhesive coacervate. Acta Biomaterialia, 2014, 10 (4) : 1663-1670.

[16] Wei W, Yu J, Broomell C, et al. Hydrophobic enhancement of dopa-mediated adhesion in a mussel foot protein. Journal of the American Chemical Society, 2012, 135 (1) : 377-383.

[17] Lee H, Scherer N F, Messersmith P B. Single-molecule mechanics of mussel adhesion. Proceedings of the National Academy of Sciences, 2006, 103 (35) : 12999-13003.

[18] Hwang D S, Zeng H, Masic A, et al. Protein- and metal-dependent interactions of a prominent protein in mussel adhesive plaques. Journal of Biological Chemistry, 2010, 285 (33) : 25850-25858.

[19] Hwang D S, Zeng H, Srivastava A, et al. Viscosity and interfacial properties in a mussel-inspired adhesive coacervate. Soft Matter, 2010, 6 (14) : 3232.

[20] Zhao H, Waite J H. Linking adhesive and structural proteins in the attachment plaque of mytilus californianus. Journal of Biological Chemistry, 2006, 281 (36) : 26150-26158.

[21] Yu J, Wei W, Danner E, et al. Mussel protein adhesion depends on interprotein thiol-mediated redox modulation. Nature Chemical Biology, 2011, 7 (9) : 588-590.

[22] Lin Q, Gourdon D, Sun C, et al. Adhesion mechanisms of the mussel foot proteins mfp-1 and mfp-3. Proceedings of the National Academy of Sciences, 2007, 104 (10) : 3782-3786.

[23] Lim S, Choi Y S, Kang D G, et al. The adhesive properties of coacervated recombinant hybrid mussel adhesive proteins. Biomaterials, 2010, 31 (13) : 3715-3722.

# 第 6 章
# 液体黏附：超滑表面

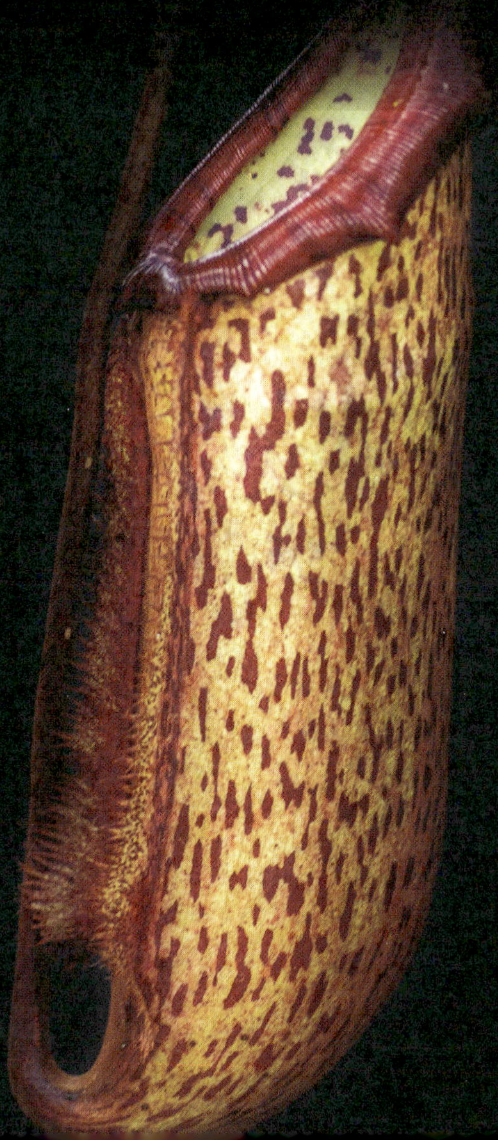

# 6.1
# 超浸润性和液体浸润表面

## 6.1.1 浸润

润湿是指在固体表面上一种液体取代另一种与之不相混溶的流体的过程。润湿作用涉及三相，其中两相是流体。常见的润湿现象是固体表面上的气体被液体取代的过程。润湿性是固体表面最重要和基本的性质之一，通常由表面化学组成和形貌决定[1]。润湿是人类生活与生产中的重要过程，是最常见的现象之一。如果没有润湿作用，动植物的生命活动便无法进行（设想一下水对土壤及动植物机体不润湿的后果），则人类将无法生存。此外，润湿作用还是许多生产过程的基础。例如采油、洗涤、印染等等，都与润湿作用密切相关。当然，我们也并不总是要求润湿，有时需要其反面。例如在矿物浮选中常常需要矿物不被水所润湿；防水衣等要求形成不被润湿的表面。

杨氏方程是定量描述润湿现象的基础方程。将一滴液体置于水平固体表面上，随体系性质而异有两种可能情况：一是液体铺展而覆盖固体表面，二是形成具有有限接触角的液滴停于其上，如图 6.1（a）所示。第一种情况，我们称之为完全润湿；第二种情况称为部分润湿，其中形成三相接触线（也称润湿线）。在三相接触线上，固相、液相和气相这三相接触［图 6.1（b）］。接触角小于 90°，表明表面的润湿是有利的；接触角大于 90°，表明表面的润湿是不利的。对于水，若固体表面的接触角小于 90°，则称该表面是亲水的；接触角大于 90°，则称该表面是疏水的[2]。

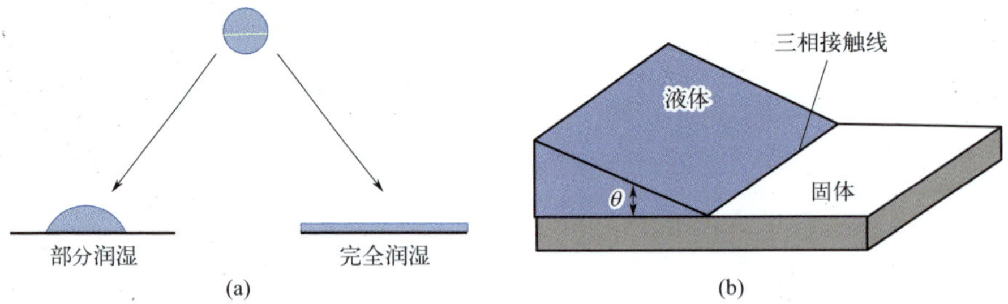


**图 6.1** 液滴的两种润湿状态（a）和水平固体表面上接触角为 $\theta$ 的液滴的边缘（b）

在理想固体表面上，液滴的接触角与固体表面能（$\gamma_{sv}$）、液体表面张力（$\gamma_{lv}$）

和固液界面张力（$\gamma_{sl}$）的关系由杨氏方程给出[3]［图 6.2（a)］:

$$\gamma_{lv}\cos\theta = \gamma_{sv} - \gamma_{sl} \tag{6.1}$$

理想固体表面是光滑、均质、刚性、不溶且不与液体反应的固体表面。对于粗糙表面，一般使用两种模型将粗糙度与表观接触角相关联：Wenzel 模型和 Cassie 模型[4]。

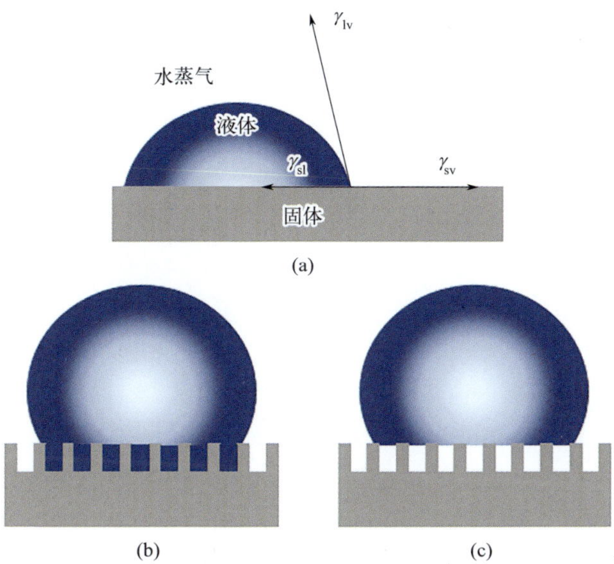


**图 6.2** 液滴在固体表面上的润湿行为

（a）杨氏方程示意图；（b）Wenzel 模型；（c）Cassie 模型

在 Wenzel 模型[4]中，液体与整个固体表面接触，并完全填充液滴下方粗糙表面中的所有空隙［图 6.2（b)］。Wenzel 将杨氏方程修改如下：

$$\cos\theta_W = r\cos\theta \tag{6.2}$$

式中，$\theta_W$ 为表观接触角；$r$ 为粗糙表面的实际面积与投影面积之比，称为粗糙度。从方程（6.2）可以看出，随粗糙度的增加，疏水表面（$\theta > 90°$）将会变得更加疏水，亲水表面（$\theta < 90°$）将会变得更加亲水。即，表面粗糙度会增强材料的润湿性能。但是，对于某些粗糙度较大或具有多孔结构的表面，式（6.2）右侧的绝对值会大于 1。此时，Wenzel 模型无效，需使用 Cassie 模型[4]。

在 Cassie 模型中，考虑了表面化学异质性对平衡接触角的影响。在该润湿状态下，液体仅与固体粗糙的顶部接触，并且在液体下方截留了气穴，从而形成了复合状态［图 6.2（c）］。在这种状态下，可以认为表面的“空气”部分完全不润湿。此时，表观接触角可以用下式描述[4]:

$$\cos\theta_C = -1 + f_s(\cos\theta + 1) \tag{6.3}$$

式中，$\theta_C$ 为表观接触角；$f_s$ 为表面上固液界面的面积分数。

通常，在粗糙表面上处于 Wenzel 状态的液滴比在 Cassie 状态下具有更明显的接触角滞后现象[5]。在液滴挤压、撞击或振动等情况下，Cassie 状态可能会转变为 Wenzel 状态[6]。众所周知，表面粗糙度和化学组分在固体表面的润湿性中都起着关键作用。固体表面液体行为的研究因其在自清洁[7]、防污[8]、拒液[9]、油水分离[10]、微流控通道[11]等多个研究领域的应用而受到越来越多的关注。壁虎[12]、莲花[2]、猪笼草[13]、玫瑰花瓣[14]、沙漠甲虫[15]、鱼[16]等自然物种表现出特殊的润湿性和附着力，激发了具有超润湿性的人造表面的发展。这些人造表面通常是通过模仿自然物种的化学成分和形态来实现的[9]。特别是，在过去的几十年中，对物种润湿现象的新机制和理解极大地促进了具有超润湿性的仿生表面的发展。

例如，荷叶具有超疏水性，具有优异的憎水性，引起了研究人员的高度关注。1997 年，Barthlott 和 Neinhuis 首次研究了荷叶的形态[17]。然后，在 2002 年，Jiang 等人发现在荷叶表面存在分支状纳米结构。微纳米尺度的分层结构有助于荷叶的超疏水性。后来，研究人员模仿了分层微纳结构，并开发了一系列具有超疏水性的人造表面[18]。与荷叶相似，这些表面表现出高水接触角和低滚落角，进一步证明了多级微纳结构对超疏水性起着关键作用。困在液体和分层固体表面之间的空气层形成了离散的空气 / 液体 / 固体三相接触线[18]。在这种情况下，液体处于 Cassie 状态，很容易从表面滚落[19]。这种对荷叶机理的理解促进了润湿性领域的研究。在接下来的几十年中，制造了大量具有超疏水性的表面，这对界面研究领域产生了深远的影响[20]。

### 6.1.2 液体浸润的表面

近年来，猪笼草已成为界面研究领域的另一种典型植物。猪笼草捕获雨水以浸润微观结构之间的空间，导致昆虫打滑并落入猪笼草的捕虫笼中，如图 6.3（a）所示[21]。受猪笼草光滑表面的启发，Wong 等人将润滑剂引入多孔表面以形成光滑的液体浸润表面（liquid infused surfaces，LIS），如图 6.3（b）所示[13]。LIS 表现出出色的液体排斥性，包括低表面张力液体、血液和细胞培养基混合物。

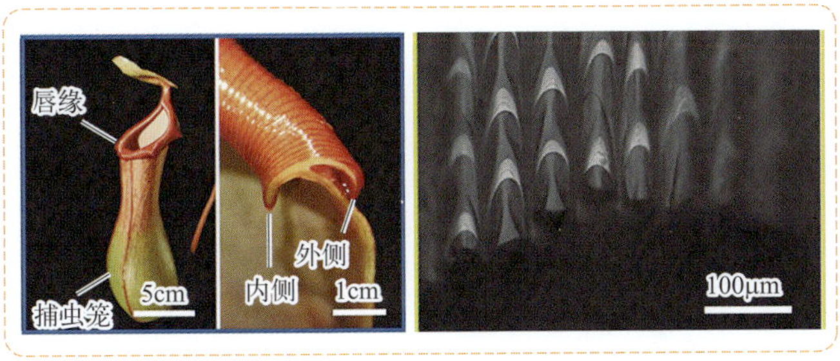


(a)

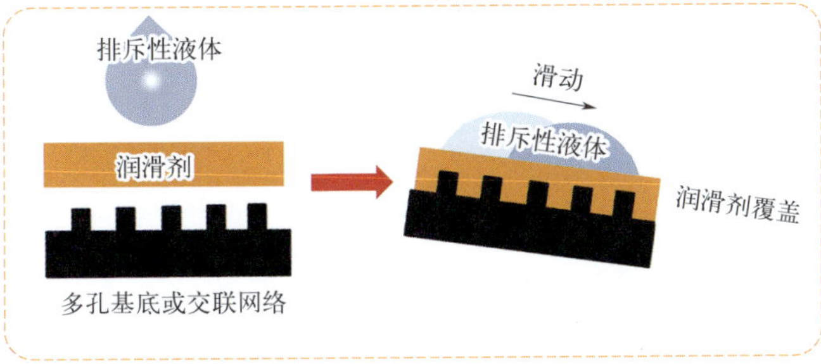


(b)

**图 6.3** 猪笼草启发的液体浸润表面[22]

（a）猪笼草的光学照片和微观图像；（b）猪笼草启发的液体浸润表面的制备

受荷叶启发的超疏水表面通过在固体 / 空气复合界面上支撑液体来排斥液体[3]，而气穴通常对表面张力低的有机液体或混合液体无效，特别是在高压下液体会进入气穴中。与此不同，LIS 使用润滑剂代替空气，可在高压下表现出对各种液体的排斥性，并通过固体 / 润滑剂复合表面实现了光滑。与 Wong 的工作类似，通过将润滑剂注入各种多孔和粗糙的基材中可以制造一系列液体浸润表面（LIS）。LIS 实现了对各种物质的排斥，包括冰[23]、气溶胶[24]、离子液体[25]、水下气泡[26]、低表面张力液体[27]、血液等复杂液体[28]、含有细菌或细胞的液体[29, 30]、含有海洋生物的海水[31]等。LIS 具有调控液体运动行为的能力，特别是对于低表面张力液体和复杂液体，其在基础研究和实际应用中都至关重要。特别地，刺激响应 LIS 在外部刺激下能够在光滑状态和不光滑状态之间切换的能力受到了极大的关注。结合其特点，刺激响应 LIS 在光滑状态可以排斥各种液体，在不光滑状态则能将液体钉住。通过施加外部刺激，例如光、热、磁场或电场，能够可逆和实时地控制被拒液体的润湿性和运动行为，这为开发具有可控拒液性的表面和设备提供了重要的思路。同时，通过设计刺激响应材料并将其作为基材、润滑剂或被拒液体引入 LIS，可以制备具有各种特性和功能的刺激响应 LIS。

# 6.2

## 液体浸润表面的分类和制造

### 6.2.1 一维液体浸润表面

第一类表面被称为一维液体浸润表面（1D LIS），因为保持润滑剂的表面结构处于分子尺度（例如单层或几个分子层的数量级，见图 6.4）。一层薄润滑剂（厚度约为几纳米）通过与固体基材结合的分子层的分子间相互作用稳定，或者直接接枝到固体表面。与通过其他方式制造的 LIS 相比，使用这种分子注入机制的研究相对较少。

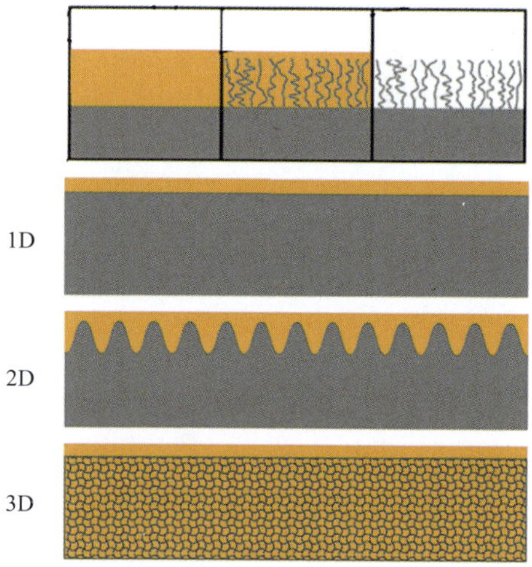

图 6.4 润滑液在三类液体浸润表面中的分布形式 [43]

一维 LIS 通过两种方法制造。第一种方法是将润滑剂注入接枝到固体基材上的分子层，以促进润滑剂在基材上的吸附。最早在学术界报道这种方法时，是使用全氟化碳分子层对医疗设备进行改性，然后注入相对较小的全氟化分子，如全氟萘烷 [28, 32-34]。全氟萘烷与全氟化碳修饰基材的相互作用增强，能够稳定液体并减少促血栓分子和细胞的黏附。在工业上，全氟润滑剂被附着在硬盘表面以增强润滑剂的保持，同时使用薄层聚合物膜来固定硅油 [35]。最近，类似的系统也被报道，例如，使用聚二甲基硅氧烷（PDMS）/ 硅油组合固定润滑剂 [22]。

制造一维 LIS 的第二种方法是将长链分子共价连接到表面，使其保持液态特性。在这种方法中，表面可以变得滑溜而不需要液体流动，表现出极低的接触角滞后（$< 1°$）。制造这些表面的方法包括通过加热或酸催化剂将 PDMS 链接枝到硅表面，或从表面生长 PDMS 链，或将全氟聚合物或聚合物刷接枝到表面 [36, 37]。

### 6.2.2 二维液体浸润表面

第二类表面被称为二维 LIS（2D LIS），因为表面结构通过毛细作用将润滑剂稳定在纳米和微米级别的拓扑特征中（见图 6.4）。这无疑是文献中报道最多的一类 LIS，一般来说，本章讨论的大多数工作都涉及这一类表面。分子间作用力可能有助于在固体表面的顶部保持一层薄润滑剂，因此研究短程和长程相互作用至关重要[38]。

制造二维 LIS 的方法是首先创建具有一定表面化学特性的粗糙结构，然后将润滑剂注入粗糙结构中。这种 LIS 的重要特征是具有理想的纳米级粗糙度，并且表面的化学性质能够排斥污染性液体[39]。基础材料可以是无机或有机材料，只要其表面能够进行功能化以成功注入润滑剂即可。

### 6.2.3 三维液体浸润表面

第三类表面被称为三维 LIS（3D LIS），因为其利用三维分子网络的固有孔隙率来捕捉和储存润滑剂。与二维 LIS 相比，这种系统中多了一个机制，即通过聚合物膨胀状态带来的熵增储存润滑剂[40]。在这种系统中，润滑剂被吸收到具有特定化学性质的聚合物或其他材料网络中，并在表面留下润滑覆盖层。虽然分子间作用力是稳定液体覆盖层的唯一力，但被保持在体相中的润滑剂可以补充表面流失的润滑剂。这类表面也被称为有机凝胶，并已在多个应用中得到研究[41]。利用它们分泌润滑层以获得抗黏附性能是一个新颖的应用。

三维 LIS 需要能够被润滑剂膨胀的聚合物。其中最常见的是浸渍硅油的聚二甲基硅氧烷 PDMS（称为 iPDMS）。硅油通过扩散使得 PDMS 基质膨胀，并形成一个润滑覆盖层，当覆盖层被移除时可以从体相中得到补充。其他聚合物基质也被采用，如聚偏二氟乙烯和聚乙烯[42]。这类表面的灵感来自蛙类的黏液分泌腺，这些腺体会使动物被覆盖上一层保护性的黏液层，黏液层会不断从腺体中得到补充。模仿这种腺体，甚至已经设计出宏观空腔充满润滑剂的表面。PDMS 也能被烷烃和脂肪酸膨胀[43, 44]。另一种方法是在交联 PDMS 之前，将 PDMS 前体与润滑液混合，随后由于收缩作用，润滑剂可以在后期分泌出来。在工业上，这种润滑形式已在医学领域得到应用，PDMS 薄层被用于稳定硅油或其他润滑剂在医疗设备上的使用[45, 46]。

## 6.3 润滑液体的选择

### 6.3.1 润滑液的趋势

润滑剂的选择对于确保注入表面具有理想的性能至关重要。最早的 LIS 报告都讨论了润滑剂的选择问题。Wong 等人[13]概述了成功设计的三条基本准则：①润滑液必须能够渗入、润湿并稳定地附着在基材内；②固体表面必须优先被润滑液润湿，而不是被需要排斥的工作液体润湿；③润滑液和工作液体必须不互溶。基于这些基本要求，很明显，并没有适用于所有情况的理想润滑剂，润滑剂的选择取决于表面的具体应用。

通常来说，润滑剂倾向于具有以下特性。①低表面张力（$< 30mN/m$），以便在大多数表面上易于铺展并渗入粗糙结构中。②低蒸气压（$< 1Pa$），以避免通过蒸发迅速流失。③化学惰性，以避免在接触其他化学物质时容易降解。④黏度范围广，但通常低于 100cSt；黏度不能过低以免加速润滑剂耗竭，也不能过高以防润滑剂注入过慢。由于许多 LIS 应用不可避免地会将润滑剂释放到环境中，因此润滑剂的环境影响也是一个重要的考虑因素。

在 LIS 文献中，主要有两类润滑剂占主导地位：全氟聚醚（PFPEs）和线型聚二甲基硅氧烷（PDMS，亦称为硅油或二甲基硅油；此处我们将线型 PDMS 称为硅油）。全氟聚醚是一类全氟化合物，其一般结构如图 6.5（a）所示。它们已在航空航天工业中作为润滑剂使用数十年，以其化学惰性、低表面张力以及（在分子链较长的情况下）低蒸气压而闻名。使用最广泛的 PFPE 类型是杜邦公司的 Krytox 系列润滑剂，主要用于航空航天应用。同样，硅油因其化学惰性、低表面张力和低蒸气压而闻名，通常用于润滑机械设备，其结构如图 6.5（b）所示。与 PFPEs 相比，这些特性以及相对较低的成本[47]，使硅油成为 LIS 的理想选择。

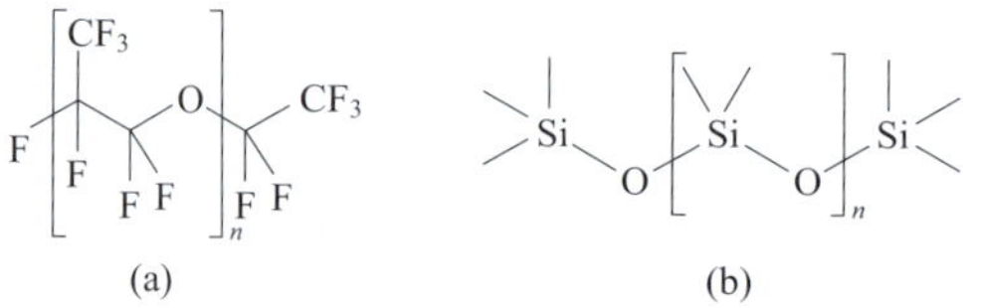

**图 6.5** 在 LIS 中使用的润滑剂最常见的是（a）全氟聚醚（PFPEs）或（b）线型聚二甲基硅氧烷（PDMS）

其他润滑剂来源广泛，包括植物油、多元醇，甚至是机油。食用润滑剂使得 LIS 在食品处理和加工领域的应用成为可能，而更廉价的油类则为大规模 LIS 制造的可扩展性铺平了道路。离子液体也已被成功地用作润滑剂。离子液体具有极低的蒸气压，但其分子结构需要进行改性以使其疏水，因此所有已报道的离子液体都包含氟化阴离子。尽管大多数 LIS 应用的目的是排斥水性污染物，因此通常使用疏水润滑剂，但某些特定应用要求使用亲水润滑剂。例如，注入亲水液体对水下排斥油类特别有益。在这种情况下，底层表面是超亲水的，并注入了水[13, 41, 43, 48-51]。

## 6.3.2 合理选择润滑液

润滑剂的正确选择取决于多个变量，如基材和应用。一些文献已经尝试为润滑剂选择制订框架，Wong等人[13]通过界面能量描述了稳定的注入状态——固体表面优先被润滑剂润湿，而非被需要排斥的液体（工作液）润湿。通过考虑三种润湿状态（工作液润湿基材、润滑剂润湿基材，以及工作液位于润滑剂上方），并确保第一种状态总是比其他两种状态能量上更不利，他们提出了描述稳定注入状态的两个条件：

$$R(\gamma_1\cos\theta_1-\gamma_d\cos\theta_d)-\gamma_{ld}>0 \tag{6.4}$$

$$R(\gamma_1\cos\theta_1-\gamma_d\cos\theta_d)+\gamma_d-\gamma_1>0 \tag{6.5}$$

式中，$R$为粗糙度因子（实际表面积与投影表面积的比值）；$\gamma_1$和$\gamma_d$分别为润滑剂/空气和工作液/空气的界面张力；$\gamma_{ld}$为润滑剂与工作液之间的界面张力；$\theta_1$和$\theta_d$分别为润滑剂和液滴在平坦基材上的接触角。该框架成功预测了几种稳定的润滑剂/基材组合。

利用经典的液体润湿行为，Smith等人识别出了液滴与LIS相互作用时润滑层的两个关键特征：润湿脊和覆盖层（图6.6）[39]。润湿脊是由于液滴接触线处表面张力的垂直分量作用在润滑剂上，将润滑剂拉起，形成环形脊。这种润湿脊类似于液滴置于柔软或弹性表面时形成的脊。

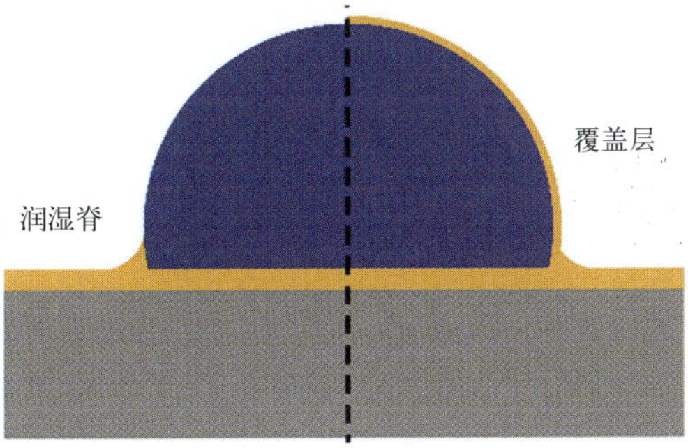


**图6.6** 液滴在LIS润滑剂上的形态

水滴被拉起形成一个围绕水滴底部的环形润湿脊（左侧）；液滴可能被一层薄薄的润滑剂覆盖（右侧）[43]

# 6.4 响应性控制

## 6.4.1 磁响应

磁性元件可以作为基材或润滑剂引入以形成磁响应液体浸润表面，这是控制表面形态和润滑剂厚度的有效方法。通过施加具有不同方向和梯度的外部磁场，基材或润滑剂 / 被拒液界面的粗糙度会发生变化。因此，在施加磁场下可以实现磁响应液体浸润表面在光滑和不光滑状态之间的切换。2017 年，Wang 等人设计了一种由含有磁性粒子的 PDMS 微柱组成的磁变换表面[52]。这些微柱将在不同方向的磁场（> 0.1T）下在直立和弯曲之间转换，如图 6.7 所示。当微柱直立时，被拒液滴仅接触微柱的疏水尖端，液滴和固体基材之间的气穴使表面处于超疏水状态；当微柱被外部磁场弯曲时，被拒液滴接触几乎连续的润滑层，导致表面处于光滑状态。结果，表面可以在超疏水和光滑状态之间切换，被拒液滴分别表现出弹跳和滑动行为。

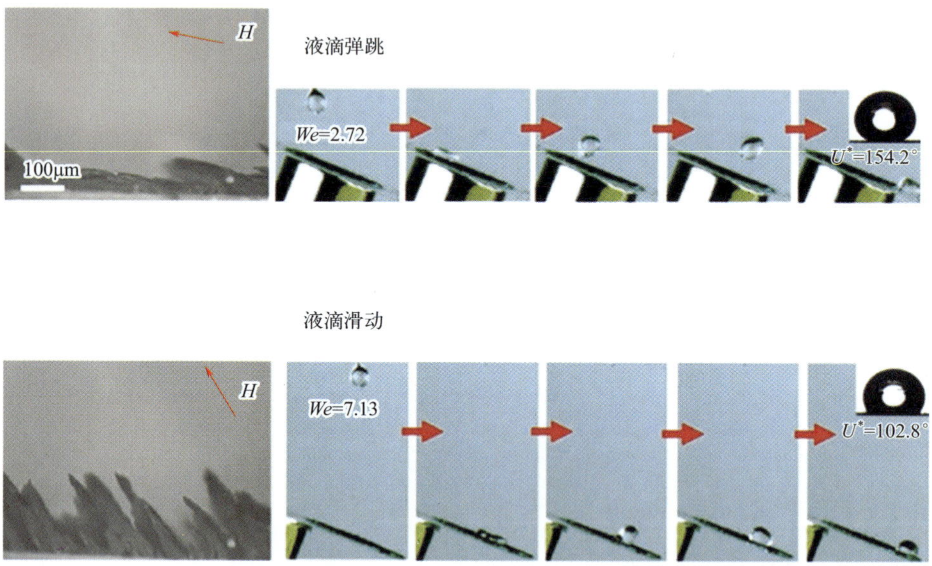


**图 6.7** 磁场下液滴在磁响应液体浸润表面上的弹跳和滑动行为[52]

Tian 等人提出了具有磁响应润湿性的磁性润滑剂 / 纳米阵列界面[53]。这种磁性润滑剂使得表面形态能够在 1ms 内实现在光滑和微观结构粗糙度之间的动态过渡，可以实现水滴的运动控制，如图 6.8 所示。

Wang 等人通过将铁磁流体引入各种微观结构基底，开发了一系列具有不同特征的磁响应液体浸润表面，分别在微米、毫米和厘米等不同尺度上实现了非磁性纳米颗粒的自组装、液滴流动控制和黏附切换等多种功能，如图 6.9 所示[54]。尽管磁响应液体浸润表面在液滴运动行为的动态和远程控制方面表现出很大的优势，但实现润湿性和附着力的细微变化的精细控制仍需要进一步发展。

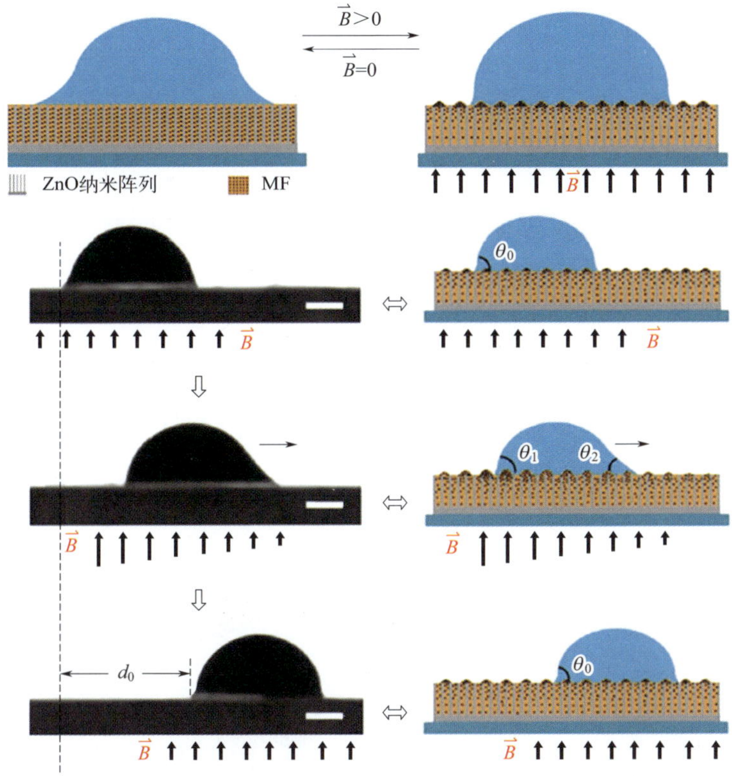

图 6.8　水滴在磁性润滑剂浸润表面上运动的方向控制 [53]

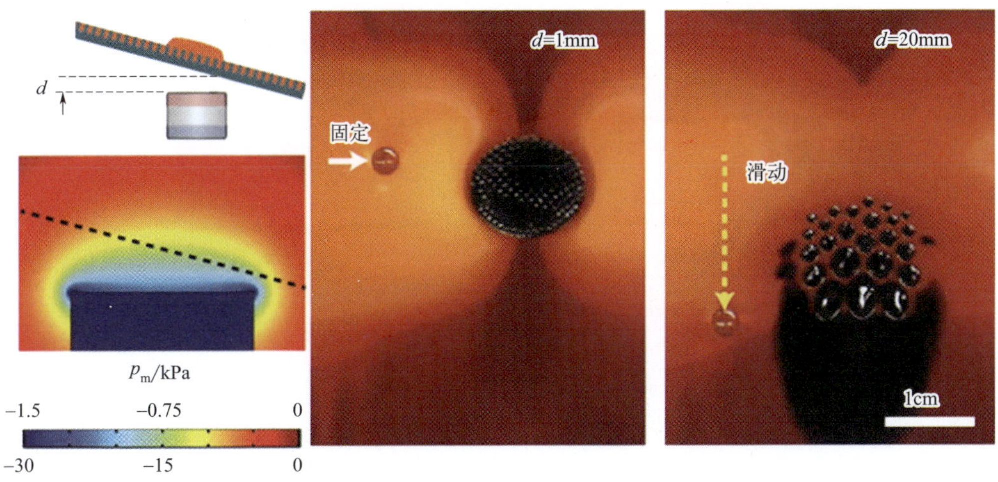

图 6.9　铁磁流体浸润表面的可控液滴运动行为 [54]

## 6.4.2 电响应

作为一种方便、高效和可行的方法，电可以在不改变其化学成分的情况下控制固体表面的润湿性。在电润湿实验中，当在导电液体和液体下方的对电极之间施加电场时，可以降低该表面上液滴的接触角[55]。基于上述电润湿机理，被拒液滴的润湿行为在电压刺激下会迅速变化。对于基于电润湿的电响应液体浸润表面，在导电液体和液体下方的对电极之间施加电场。当施加电场时，基板的结构不会改变，但表面上的被拒液滴的接触角会发生变化。同时，被拒液滴与基材之间的静电吸引力会降低润滑剂的厚度。因此，电响应液体浸润表面在电场作用下从光滑状态可逆变为不光滑状态。如图 6.10 所示，在没有施加电压的情况下，由于存在薄薄的润滑剂层，液滴很容易滑动。但是，当施加电压时，在被拒液滴和基材之间存在经典吸引力，从而降低了润滑剂层的厚度，结果液滴被“钉”在表面上[56]。

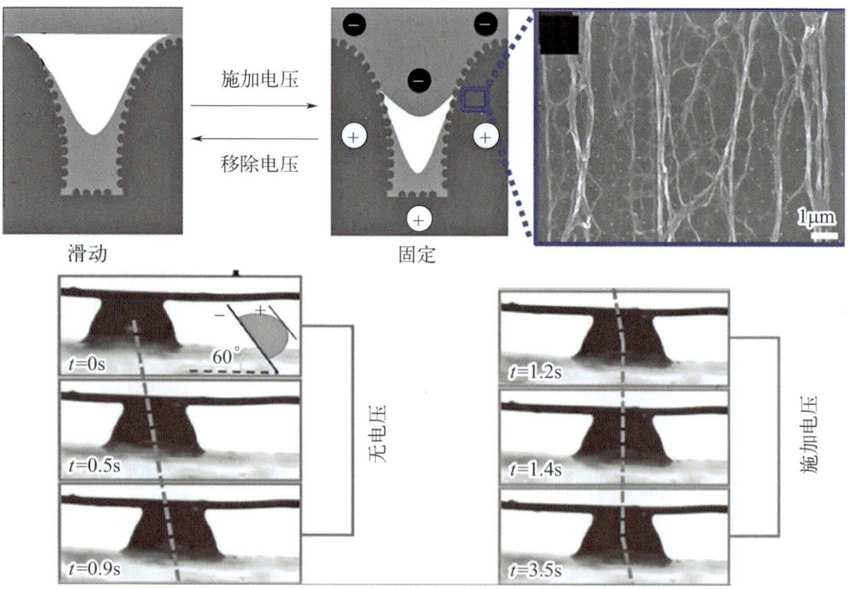


**图 6.10** 电响应液体浸润表面上液滴的运动行为切换[56]

Ohl 等人开发了一种多层结构基材，在电压下其形状可以动态变化[57]。当高压电场直接施加在表面上时，基材的导电层之间会存在静电吸引力。具体而言，当没有施加电压时，表面覆盖了润滑层，表面光滑，水滴很容易滑动，如图 6.11 所示。当施加高压时，基材会膨胀，润滑剂落入膨胀的多孔空间中，形成没有润滑剂覆盖的粗糙界面，结果液滴被钉在表面上。该基材展示了电压刺激下液滴运动行为的动态控制。

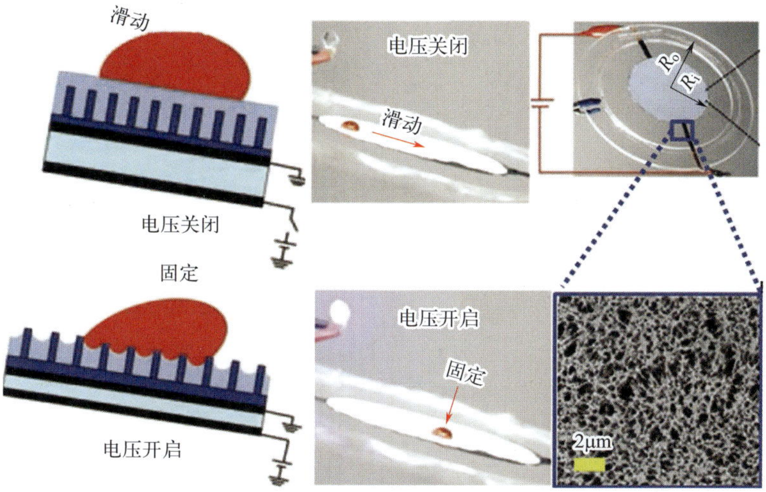


**图 6.11** 液滴在电响应液体浸润表面上的运动[57]

类似地，Wang 等人提出了一种基于形状记忆聚合物改性的石墨烯海绵的电热响应性液体浸润表面[52]。在一定的压缩下，注入的润滑剂会从石墨烯海绵中出

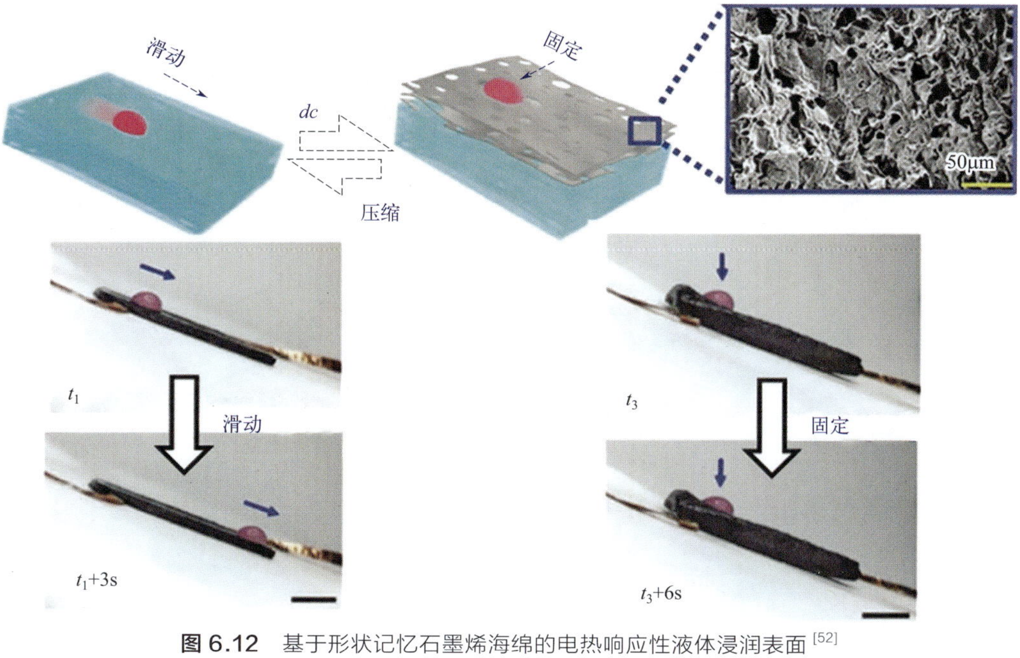


**图 6.12** 基于形状记忆石墨烯海绵的电热响应性液体浸润表面[52]

来，并在基材顶部形成光滑的润滑剂层，如图 6.12 所示。当施加电压时，石墨烯海绵通过电热和形状记忆效应恢复到其原始形状。结果，润滑剂渗透到石墨烯海绵中，导致水滴被“钉”在表面上。

虽然已经开发了一系列基于电润湿机理的电响应液体浸润表面，但需要合适的化学环境，如导电基底、导电液滴、液体接触电极，甚至导电润滑剂，以实现润湿转化。这些限制是其进入实际应用的主要障碍。

### 6.4.3 光响应

光是最重要的外部刺激之一，可以很容易地触发刺激响应性材料，且具有操作简单、可远程调控、成本低和对环境影响小等优点。Wang 等人基于 p-n 异质薄膜开发了光电响应性液体浸润表面，以实现复杂环境中的液滴运动控制 [41]。如图 6.13 所示，当表面倾斜 40°时，可以通过施加光照来控制水滴从滑动到钉住。由于光生电子现象，表面的电荷密度增加，结果，增加的静电力使液滴被“钉”在表面上。

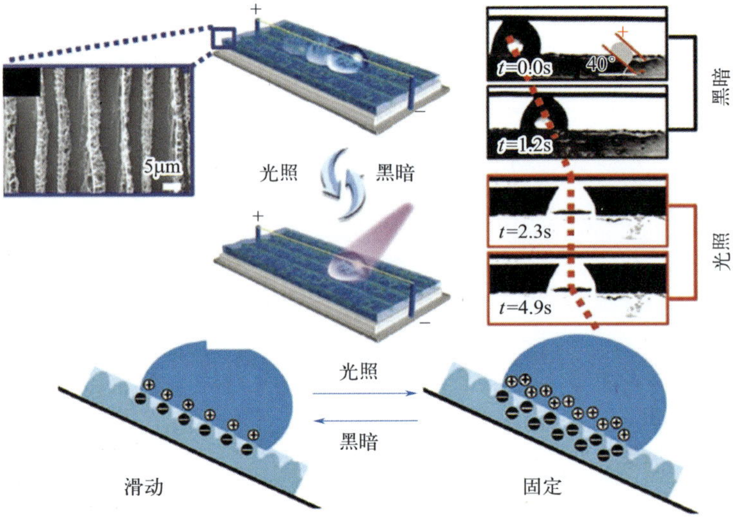


图 6.13 各向异性光电协同响应性液体浸润表面 [41]

### 6.4.4 温度响应

温度响应液体浸润表面被认为是一种有前途的表面，典型的热响应材料包括石蜡、硅基油和聚甲基苯基硅氧烷可作为响应性润滑剂。通常，具有熔融温度（$T_m$）的相变材料用作热响应润滑剂。当环境温度降低到低于 $T_m$ 时，相变材料会从液相变为固相。此时，表面实际上失去了光滑的润滑层，随着环境温度的降低，表面从光滑状态变为不光滑状态。2013 年，Yao 等人开发出基于 *n*- 石蜡浸润有机凝胶的温度响应液体浸润表面，如图 6.14 所示[58]。当环境温度高于 $T_m$ 时，*n*- 石蜡处于液态。浮在有机凝胶顶部的液体石蜡充当润滑剂，表面上的水滴处于低黏附滑动状态。相反，当温度降低至低于 $T_m$ 时，*n*- 石蜡固化并成为固体基材的一部分，表面上的水滴处于高黏附状态，液滴固定在 90°倾斜的表面上。

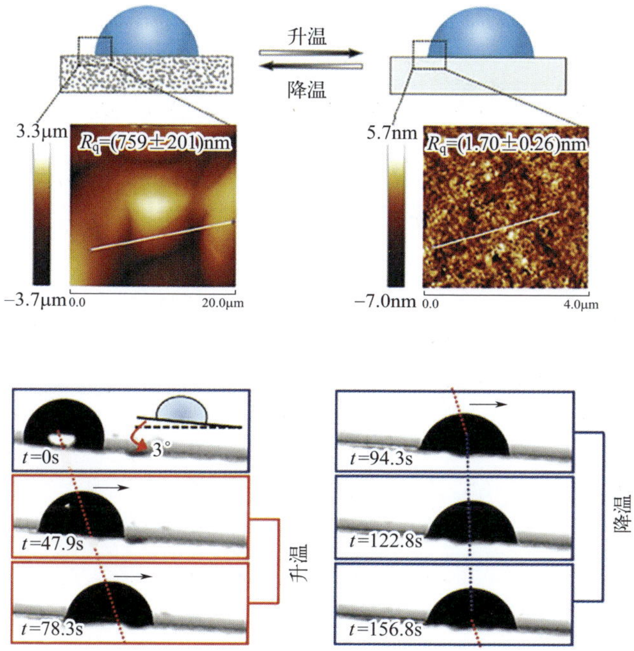


**图 6.14** 温度响应液体浸润表面上滑动或固定[58]

上述基于石蜡的液体浸润表面通常需要较高的环境温度才能实现润湿性转换，制约了其实际应用。我们希望能在室温下实现温度响应液体浸润表面的润湿性转换。Manabe 及其同事通过逐层法制备多孔基材，然后引入可固化 / 液体石蜡混合物作为润滑剂，如图 6.15 所示[59]。通过调整可固化 / 液体石蜡的比例，可以在室温下调节水滴在表面上钉住和滑动的运动行为。例如，当可固化 / 液体石蜡的比例为 1 ∶ 25 时，$T_m$ 约为 28℃。因此，当环境温度从 22℃升高到 30℃时，液滴在表面上从固定变为滑动。

尽管已经开发了各种温度响应液体浸润表面，但其中大多数是通过少数温度敏感材料（例如石蜡）制造的。LIS 中应引入更多具有更高热灵敏度的新型材料，以通过较小的温度变化实现具有显著润湿性转变的刺激响应 LIS。

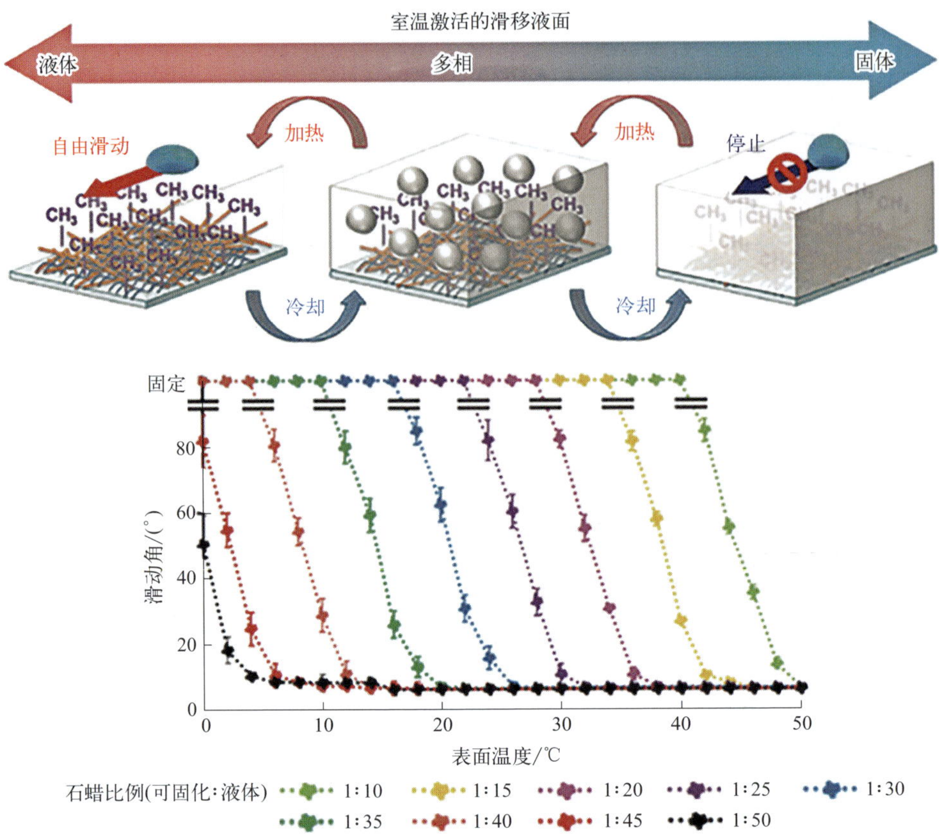


**图 6.15** 温度响应液体浸润表面在室温下控制水滴运动[59]

## 参考文献


[1] de Gennes P G, Brochard-Wyart F, Quéré D. Capillarity and wetting phenomena. New York: Springer, 2004.

[2] Feng L, Li S, Li Y, et al. Super-hydrophobic surfaces: from natural to artificial. Advanced Materials, 2002, 14 (24) : 1857-1860.

[3] Lafuma A, Quéré D. Superhydrophobic states. Nature Materials, 2003, 2 (7) : 457-460.

[4] Liu K, Yao X, Jiang L. Recent developments in bio-inspired special wettability. Chemical Society Reviews, 2010, 39 (8) : 3240.

[5] Dupuis A, Yeomans J M. Modeling droplets on superhydrophobic surfaces: equilibrium states and transitions. Langmuir, 2005, 21 (6) : 2624-2629.

[6] Guo F, Guo Z. Inspired smart materials with external stimuli responsive wettability: a review. RSC Advances, 2016, 6 (43) : 36623-36641.

[7] Tian Y, Su B, Jiang L. Interfacial material system exhibiting superwettability. Advanced Materials, 2014, 26 (40) : 6872-6897.

[8] Zhang P, Lin L, Zang D, et al. Designing bioinspired anti-biofouling surfaces based on a superwettability strategy. Small, 2017, 13 (4) : 1503334.

[9] Hao C, Liu Y, Chen X, et al. Bioinspired interfacial materials with enhanced drop mobility: from fundamentals to multifunctional applications. Small, 2016, 12 (14) : 1825-1839.

[10] Tian D, Guo Z, Wang Y, et al. Phototunable underwater oil adhesion of micro/nanoscale hierarchical-structured ZnO mesh films with switchable contact mode. Advanced Functional Materials, 2013, 24 (4) : 536-542.

[11] Shang L, Cheng Y, Zhao Y. Emerging droplet microfluidics. Chemical Reviews, 2017, 117 (12) : 7964-8040.

[12] Lee H, Lee B P, Messersmith P B. A reversible wet/dry adhesive inspired by mussels and geckos. Nature, 2007, 448 (7151) : 338-341.

[13] Wong T S, Kang S H, Tang S K Y, et al. Bioinspired self-repairing slippery surfaces with pressure-stable omniphobicity. Nature, 2011, 477 (7365) : 443-447.

[14] Wang J, Yang Q, Wang M, et al. Rose petals with a novel and steady air bubble pinning effect in aqueous media. Soft Matter, 2012, 8 (7) : 2261.

[15] Parker A R, Lawrence C R. Water capture by a desert beetle. Nature, 2001, 414 (6859) : 33-34.

[16] Lin L, Liu M, Chen L, et al. Bio-inspired hierarchical macromolecule–nanoclay hydrogels for robust underwater superoleophobicity. Advanced Materials, 2010, 22 (43) : 4826-4830.

[17] Barthlott W, Neinhuis C. Purity of the sacred lotus, or escape from contamination in biological surfaces. Planta, 1997, 202(1): 1-8.

[18] Quéré D. Non-sticking drops. Reports on Progress in Physics, 2005, 68 (11) : 2495-2532.

[19] Huang Y, Zhou J, Su B, et al. Colloidal photonic crystals with narrow stopbands assembled from low-adhesive superhydrophobic substrates. Journal of the American Chemical Society, 2012, 134 (41) : 17053-17058.

[20] Xiang T, Han Y, Guo Z, et al. Fabrication of inherent anticorrosion superhydrophobic surfaces on metals. ACS Sustainable Chemistry & Engineering, 2018, 6 (4) : 5598-5606.

[21] Chen H, Zhang P, Zhang L, et al. Continuous directional water transport on the peristome surface of Nepenthes alata. Nature, 2016, 532 (7597) : 85-89.

[22] Tenjimbayashi M, Togasawa R, Manabe K, et al. Liquid-infused smooth coating with transparency, super-durability, and extraordinary hydrophobicity. Advanced Functional Materials, 2016, 26 (37) : 6693-6702.

[23] Subramanyam S B, Rykaczewski K, Varanasi K K. Ice adhesion on lubricant-impregnated textured surfaces. Langmuir, 2013, 29 (44) : 13414-13418.

[24] Jiang J, Zhang H, He W, et al. Adhesion of microdroplets on water-repellent surfaces toward

the prevention of surface fouling and pathogen spreading by respiratory droplets. ACS Applied Materials & Interfaces, 2017, 9 (7) : 6599-6608.

[25] Guo T, Che P, Heng L, et al. Slippery surfaces: anisotropic slippery surfaces: electric-driven smart control of a drop's slide. Advanced Materials, 2016, 28 (32) : 6770.

[26] Zhang C, Zhang B, Ma H, et al. Bioinspired pressure-tolerant asymmetric slippery surface for continuous self-transport of gas bubbles in aqueous environment. ACS Nano, 2018, 12 (2) : 2048-2055.

[27] Yang S, Dai X, Stogin B B, et al. Ultrasensitive surface-enhanced Raman scattering detection in common fluids. Proceedings of the National Academy of Sciences, 2015, 113 (2) : 268-273.

[28] Leslie D C, Waterhouse A, Berthet J B, et al. A bioinspired omniphobic surface coating on medical devices prevents thrombosis and biofouling. Nature Biotechnology, 2014, 32 (11) : 1134-1140.

[29] Epstein A K, Wong T S, Belisle R A, et al. Liquid-infused structured surfaces with exceptional anti-biofouling performance. Proceedings of the National Academy of Sciences, 2012, 109 (33) : 13182-13187.

[30] Ueda E, Levkin P A. Micropatterns: emerging applications of superhydrophilic-superhydrophobic micropatterns . Advanced Materials, 2013, 25 (9) : 1368.

[31] Xiao L, Li J, Mieszkin S, et al. Slippery liquid-infused porous surfaces showing marine antibiofouling properties. ACS Applied Materials & Interfaces, 2013, 5 (20) : 10074-10080.

[32] Daniel D, Timonen J V I, Li R, et al. Oleoplaning droplets on lubricated surfaces. Nature Physics, 2017, 13 (10) : 1020-1025.

[33] Wenzel R N. Resistance of solid surfaces to wetting by water. Industrial & Engineering Chemistry, 1936, 28 (8) : 988-994.

[34] Badv M, Jaffer I H, Weitz J I, et al. An omniphobic lubricant-infused coating produced by chemical vapor deposition of hydrophobic organosilanes attenuates clotting on catheter surfaces. Scientific Reports, 2017, 7 (1) : 11639.

[35] Zhang C, Xia Y, Zhang H, et al. Surface functionalization for a nontextured liquid-infused surface with enhanced lifetime. ACS Applied Materials & Interfaces, 2018, 10 (6) : 5892-5901.

[36] Wooh S, Vollmer D. Silicone brushes: omniphobic surfaces with low sliding angles. Angewandte Chemie International Edition, 2016, 55 (24) : 6822-6824.

[37] Wang L, McCarthy T J. Covalently attached liquids: instant omniphobic surfaces with unprecedented repellency. Angewandte Chemie International Edition, 2015, 55 (1) : 244-248.

[38] Owais A, Smith-Palmer T, Gentle A, et al. Influence of long-range forces and capillarity on the function of underwater superoleophobic wrinkled surfaces. Soft Matter, 2018, 14 (32) : 6627-6634.

[39] Smith J D, Dhiman R, Anand S, et al. Droplet mobility on lubricant-impregnated surfaces. Soft

Matter, 2013, 9 (6) : 1772-1780.

[40] Sotiri I, Tajik A, Lai Y, et al. Tunability of liquid-infused silicone materials for biointerfaces. Biointerphases, 2018, 13 (6) : 06D401.

[41] Wang Z, Liu Y, Guo P, et al. Porous films: photoelectric synergetic responsive slippery surfaces based on tailored anisotropic films generated by interfacial directional freezing. Advanced Functional Materials, 2018, 28 (49) : 1801310.

[42] Cui W, Pakkanen T A. Icephobic performance of one-step silicone-oil-infused slippery coatings: effects of surface energy, oil and nanoparticle contents. Journal of Colloid and Interface Science, 2020, 558: 251-258.

[43] Peppou-Chapman S, Hong J K, Waterhouse A, et al. Life and death of liquid-infused surfaces: a review on the choice, analysis and fate of the infused liquid layer. Chemical Society Reviews, 2020, 49 (11) : 3688-3715.

[44] Basu S, Hanh B M, Isaiah Chua J Q, et al. Green biolubricant infused slippery surfaces to combat marine biofouling. Journal of Colloid and Interface Science, 2020, 568: 185-197.

[45] Urata C, Dunderdale G J, England M W, et al. Self-lubricating organogels (SLUGs) with exceptional syneresis-induced anti-sticking properties against viscous emulsions and ices. Journal of Materials Chemistry A, 2015, 3 (24) : 12626-12630.

[46] Adamo K. US pat. marks the spot (part 1) [patent marking]. World Patent Information, 1996, 18 (1) : 48.

[47] Gleirscher M, Wolfberger A, Schlögl S, et al. Accelerated thermo-catalytic degradation of perfluoropolyether (PFPE) lubricants for space applications. Lubricants, 2023, 11 (2) : 81.

[48] Ban G H, Lee J, Choi C H, et al. Nano-patterned aluminum surface with oil-impregnation for improved antibacterial performance. LWT, 2017, 84: 359-363.

[49] Irajizad P, Hasnain M, Farokhnia N, et al. Magnetic slippery extreme icephobic surfaces. Nature Communications, 2016, 7 (1) : 13395.

[50] Ahmed A, Hassan I, Mosa I M, et al. An ultra-shapeable, smart sensing platform based on a multimodal ferrofluid-infused surface. Advanced Materials, 2019, 31 (11) : 1807201.

[51] Khalil K S, Mahmoudi S R, Abu-dheir N, et al. Active surfaces: ferrofluid-impregnated surfaces for active manipulation of droplets. Applied Physics Letters, 2014, 105 (4) : 041604.

[52] Wang J, Sun L, Zou M, et al. Bioinspired shape-memory graphene film with tunable wettability. Science Advances, 2017, 3 (6) :e1700004.

[53] Tian D, Zhang N, Zheng X, et al. Fast responsive and controllable liquid transport on a magnetic fluid/nanoarray composite interface. ACS Nano, 2016, 10 (6) : 6220-6226.

[54] Wang W, Timonen J V I, Carlson A, et al. Multifunctional ferrofluid-infused surfaces with reconfigurable multiscale topography. Nature, 2018, 559 (7712) : 77-82.

[55] Tian D, He L, Zhang N, et al. Directional motion: electric field and gradient microstructure

for cooperative driving of directional motion of underwater oil droplets. Advanced Functional Materials, 2016, 26 (44) : 8148.

[56] Wang Z, Heng L, Jiang L. Effect of lubricant viscosity on the self-healing properties and electrically driven sliding of droplets on anisotropic slippery surfaces. Journal of Materials Chemistry A, 2018, 6 (8) : 3414-3421.

[57] Oh I, Keplinger C, Cui J, et al. Droplet dynamics: dynamically actuated liquid-infused poroelastic film with precise control over droplet dynamics. Advanced Functional Materials, 2018, 28 (39) : 1802632.

[58] Yao X, Ju J, Yang S, et al. Organogels: temperature-driven switching of water adhesion on organogel surface. Advanced Materials, 2014, 26 (12) : 1894.

[59] Manabe K, Matsubayashi T, Tenjimbayashi M, et al. Controllable broadband optical transparency and wettability switching of temperature-activated solid/liquid-infused nanofibrous membranes. ACS Nano, 2016, 10 (10) : 9387-9396.

# 第 7 章

# 黏附机制及测试方法

# 7.1
# 黏附机制

界面黏附是固体表面的核心特性，受到材料表面的化学组成和复杂的微观结构的深刻影响。在本章中，探讨了多种表面相互作用机制，包括表面和场力（如范德瓦耳斯力、电静力和磁力）、材料桥接机制（如毛细力、扩散和机械嵌合）、液体表面张力、吸附力以及化学键[1]。接下来，将深入分析基于不同黏附系统的独特表面黏附模型，包括固 - 液、液 - 液以及固 - 液 - 固黏附系统。

## 7.1.1 各种类型的界面相互作用

### 7.1.1.1 表面力和场力

表面力和场力指的是在界面上起作用的多种力，影响物体的相互作用和运动。典型的表面力和场力包括范德瓦耳斯力、电静力、磁力和表面张力。

(1) 范德瓦耳斯力

范德瓦耳斯力（图 7.1）是分子之间的吸引力，类似于重力，通常包括伦敦分散力（诱导偶极 - 诱导偶极相互作用）、Keesom 力（偶极 - 偶极相互作用）和 Debye 力（偶极 - 诱导偶极相互作用）[2, 3]。由于伦敦相互作用的普遍性，范德瓦耳斯力在所有接触系统中都存在，其作用范围通常为 0.2 ～ 40nm[3]。自然界中通过范德瓦耳斯力实现高效可逆黏附的著名例子是壁虎的足垫。然而，基于范德瓦耳斯力的黏附常受环境条件的限制。例如，在潮湿条件或水下，由于水合作用，黏附可能会失效[4]。

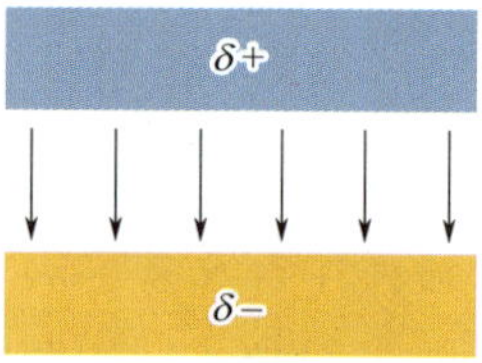


图 7.1 范德瓦耳斯力作用示意

(2) 静电力

静电力是由电荷产生电磁场而导致的外部力，其结果是相互作用：一种磁力相互作用。与范德瓦耳斯力不同，静电相互作用可以是吸引的，也可以是排斥的，发生在带有相反或相同电荷的表面之间（图 7.2）[5-7]。静电相互作用即使在几微米的距离下也能发挥作用，通常比范德瓦耳斯力影响更大。通过摩擦导致的电荷转移可以实现这种静电相互作用。研究表明，静电力可用于增强干性黏附的强度[8]。当带有静电的物体接近没有静电的物体时，静电感应使未带电物体靠近的

图 7.2 静电力作用示意

一侧积聚与带电物体相反极性的电荷（而远侧积聚相同极性的电荷），这种相反电荷之间的吸引力称为“静电吸附”[9]。然而，这种静电吸附特性使得相应的仿生干性胶黏剂容易吸引环境中的微小灰尘颗粒，从而降低黏附性能。

(3) 磁力

与分子之间的静电力相比，磁力相对较弱，其强度随着磁偶极子之间距离的立方反比而减弱（图 7.3）[10]。然而，随着分子或颗粒体积的增加，磁力的作用逐渐增强，使其在较大分子或颗粒中尤为重要。通过在聚合物预聚物中掺入铁磁颗粒可以创造出具有磁性黏附的胶黏剂。在这种仿生胶黏剂中，磁性吸附通常通过两种方式作用在黏合界面上：①将铁磁颗粒分布在整个胶黏剂主体中，并利用外部磁场施加额外的吸引力或排斥力，从而调节黏合强度。②将铁磁颗粒整合到胶黏剂的微纳米纤毛结构中，并利用外部磁场改变接触纤毛的分布，从而改变胶黏剂与表面的接触情况，调节黏附力。这种胶黏剂可以在空气中、潮湿环境和水下工作，其主要限制是需要外部磁场。

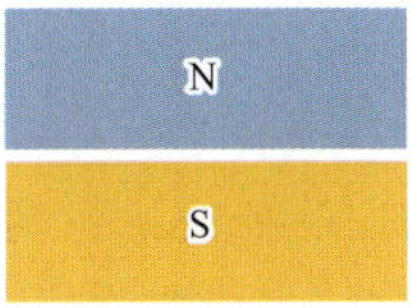

**图 7.3** 磁力作用示意

(4) 表面张力

表面张力是存在于物理和 / 或化学不同表面之间的界面能[11]。它可以出现在气体与固体之间、两种不同固体之间或同一流体的液体和蒸气相之间。这里主要关注液体表面张力（液体 / 蒸气、液体 / 固体和液体 1/ 液体 2 界面），这是液体表面的特性，使其具备一定的张力，从而在外界干扰下保持一定的稳定性[12, 13]。尽管液体中存在多种吸引和排斥作用，但表面分子只能与内部和周围的分子相互作用，导致表面分子向内收缩。这种倾向使液体表面能够抵抗外部干扰，形成相对稳定的表面。液体表面张力的大小取决于与液体形成界面的物质的性质，还受到温度等因素的影响。通常，较高的表面张力使液体表面对破坏的抵抗力更强，从而形成更稳定的液滴或液体界面。这一特性在诸多应用中具有重要意义，如液滴在固体表面上的形成（例如，莲叶表面的自清洁特性，蜘蛛丝和仙人掌刺的集水能力，以及水黾在水面上的漂浮能力），水中气泡 / 油滴的稳定性，以及界面液体吸附等（图 7.4）[14]。

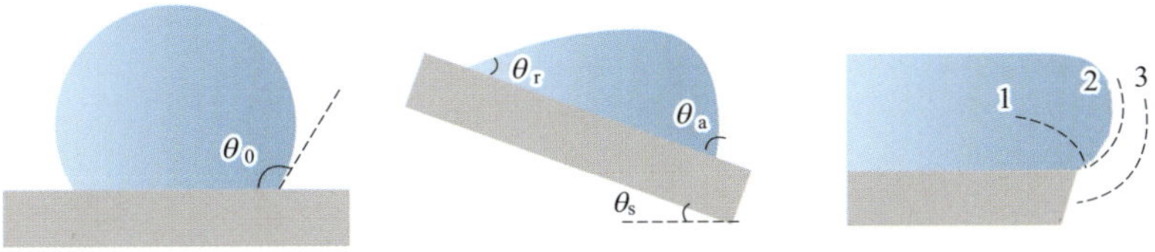

**图 7.4** 表面张力作用示意

1—后退接触角 $\theta_r$，接触线将要向左回退前能达到的最小角；2—静态接触角 $\theta$，未受打扰时的角度（$\theta_0$ 的位置）；3—前进接触角 $\theta_a$，接触线将要向右前进前能达到的最大角；$\theta_s$—滚动角

### 7.1.1.2 材料桥接

材料桥接涉及由材料本身作为媒介所产生的界面力。这包括由分子扩散引起的缠结、液体介质引发的毛细力，以及由微结构的机械嵌合产生的摩擦力。

(1) 扩散

扩散主要发生在两种相容聚合物之间，通过链的缠结，导致界面黏附力显著增强（图 7.5），这种现象通常出现在固 - 固黏附界面中。这种机制广泛应用于各种研究领域，包括自愈合聚合物的研究和界面韧性的增强[3, 15, 16]。然而，这种黏附机制通常仅限于特定的胶黏剂和被粘物的组合，因此广泛应用具有挑战性。

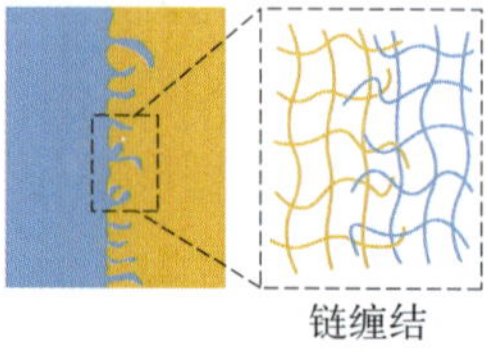


**图 7.5** 扩散示意图

(2) 毛细力

毛细力（图 7.6）在液体占据两个表面之间的空间时出现，并可能显著增强黏附力[17, 18]。一个典型的自然界中通过毛细力实现高效可逆黏附的例子是树蛙的足垫。毛细力的原理来源于润湿和热力学吸附理论。成功的润湿表明液体与固体表面之间的亲和力很强，黏附性能优异。这种黏附机制有效解决了基于范德瓦耳斯力的仿壁虎干性黏附在水合作用下失效的问题。然而，其最大黏附能力无法与基于壁虎足垫的干性黏附相媲美。

**图 7.6** 毛细力示意图

(3) 机械嵌合

机械嵌合指的是一种额外的力，即摩擦力，它抵抗两个固体的分离（图 7.7）。这种嵌合形式用途广泛，能够在不受表面化学特性和环境条件限制的情况下应用，因此可以出现在固 - 固黏附系统和固 - 液 - 固黏附系统中。自然界中促进嵌合的表面结构包括某些植物果实的钩状结构、蜻蜓的头 - 身体嵌合器以及甲虫的翼 - 身体嵌合器[19, 20]。这种黏附机制用途广泛，适用于多种材料，便于推广。然而，它通常需要胶黏剂和被粘物表面的特定特性，如形状、大小和微结构特征。

**图 7.7** 机械嵌合示意图

### 7.1.1.3 吸附力

吸附力（图 7.8）是通过将吸盘的表面积乘以其内部与外界环境之间的压力差来确定的。这种力非常强大，可以用于可靠地黏附到目标表面。许多生物体利用吸附力附着在基质上，例如章鱼的吸盘和攀岩鱼的口吸盘[21, 22]。然而，这种黏附机制的有效性受限于吸盘的制造技术，通常涉及复杂的黏合结构制造。此外，这种方法通常更适合液体环境，因为液体比空气更难压缩，因而由压力差形成的黏附力更加稳定。

#### 7.1.1.4 化学键

化学键（图 7.9）是指两个或多个相邻原子（或离子）在分子或晶体中的强相互作用，例如共价键（长度为 0.1 ～ 0.2nm）、金属键和离子键，每种键由不同的机制形成[3]。这些键源于电子和原子核之间的静电吸引和排斥。虽然化学键通常非常强大（200 ～ 400kJ/mol），但其形成需要黏附系统中相互作用界面具备特定的物理化学性质。海洋贻贝是通过化学键实现黏附的典型例子[23]。这些贻贝通过分泌六种主要的黏附蛋白（Mfp-1 至 Mfp-6）迅速附着在海水中的各种表面上，形成足丝。这些贻贝足丝蛋白富含多巴（Dopa），通过氧化共价键增强黏附力。最初，多巴被氧化为多巴醌，随后逐渐与伯胺和巯基形成共价键，从而实现高效黏附。尽管化学键非常稳定且可靠，但通常缺乏可逆性。

**图 7.8** 吸附力示意图

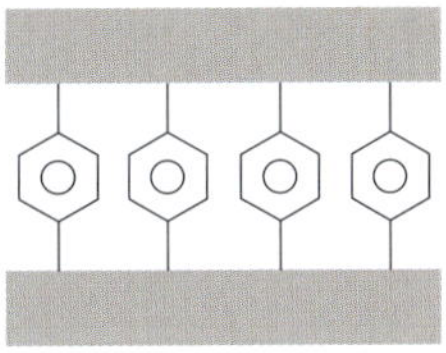

**图 7.9** 化学键示意图

## 7.1.2 界面黏附模型

为了定量表征黏附系统在接触界面的黏附行为，我们探讨了适用于固 - 液、固 - 固以及固 - 液 - 固黏附系统的各种黏附模型。这些模型包括与固 - 液黏附系统相关的 Cassie 模型、过渡模型和壁虎模型；对于固 - 固黏附系统，我们将研究 Kendall 模型、JKR 模型、吸附模型以及机械嵌合和摩擦模型。此外，针对固 - 液 - 固黏附系统，我们引入了毛细模型、黏附分泌模型（化学键）和水下吸附模型。这些模型为不同界面配置下的黏附力学提供了宝贵的见解。

#### 7.1.2.1 固 - 液界面黏附模型

在讨论固 - 液系统的黏附行为时，必须考虑液体在固体表面上的润湿动力学。当液滴沉积在光滑的固体表面上时［图 7.10（a）］，它迅速达到平衡状态，可通过 Thomas Young 提出的固有接触角（$\theta$）进行量化[24]。在这种理想条件下（固体表面是平坦的、化学均匀的、均质的、理想刚性的)，显然液滴在固体表面上的接触角越小，黏附力越大。然而，真实的固体表面往往具有粗糙度，导致液体与固体界面之间出现不同的接触状态。这些状态包括完全润湿的 Wenzel 状态［图 7.10 (b)］，液体仅润湿固体表面顶部的 Cassie-Baxter 状态［图 7.10 (c)］，以及部分实现微结构润湿的过渡状态［图 7.10 (d)］。在这种情况下，仅基于接触角定义液体对固体表面的黏附变得具有挑战性。例如，在猪笼草的捕虫笼表面，较小的接触角往往伴随较低的表面黏附力 [25]，这一特性有助于猎物滑落至消化液中；然而巨型蕨类植物的研究表明，较大的接触角却能促成更强的表面黏附性能 [26]，这种看似矛盾的现象揭示了生物表面功能适应性的多样性——前者通过低黏附实现高效捕食，后者则依赖高接触角下的特殊微结构获得稳固的附着能力。

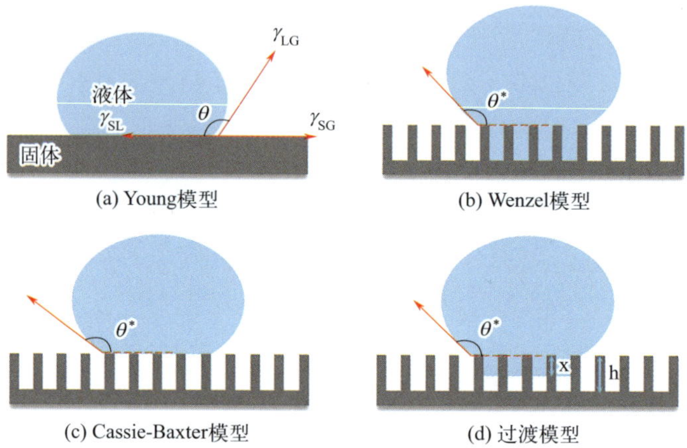


**图 7.10** 固 - 液系统的界面黏附模型

液滴与表面之间的黏附力可以通过接触角滞后（CAH）来量化，CAH 由固体表面的粗糙度、不均匀的化学成分和污染物引起。CAH 的上限定义为前进接触角（$\theta_{Adv}$），下限定义为后退接触角（$\theta_{Rec}$）。换句话说，前进角是当液体在固体表面扩展时形成的接触角，此时固 - 液界面取代固 - 气界面。相反，后退角是当液体从固体表面撤退时形成的接触角，此时固 - 气界面取代固 - 液界面。通常，$\theta_{Adv}$ 的值始终高于 $\theta_{Rec}$，它们的差值（$\theta_{Adv}-\theta_{Rec}$）代表接触角滞后，决定液滴从倾斜固体表面滚落的难易程度。较大的滞后表明液滴在表面移动的可能性较小。滑动角（$\alpha$）是指液滴在特定体积下开始在固体表面移动所需的最小倾斜角，直观地反映了 CAH 的影响（在超疏水结构上，液滴的状态更形象地描述为滚动，因此也称为滚动角)。Furmidge 方程描述了滑动角与前进和后退接触角之间的关系 [27]，如下：

$$mg\sin\alpha = \gamma_{LG} W(\cos\theta_{Rec} - \cos\theta_{Adv}) \tag{7.1}$$

式中，$m$ 为液滴质量；$g$ 为重力加速度；$\gamma_{LG}$ 为液 - 气界面张力；$W$ 为液滴在固体表面的接触直径。因此，我们可以得知，较小的接触角滞后（低黏附力）会导致滚动角相应降低。

这里，我们将从结构角度介绍三种可能导致液滴在超疏水固体表面上表现出高黏附行为的接触模型，分别是 Wenzel 模型、过渡（Wenzel-Cassie）模型以及“壁虎”模型（图 7.11）。在 Wenzel 状态［图 7.10（b）］，液滴紧密附着于表面，导致显著的接触角滞后（强黏附力，“红花瓣”状态被认为是 Wenzel 状态的特殊情况）[28]。在 Cassie 状态［图 7.10（c）］，液滴并未完全接触整个表面，空气存在于液滴和固体表面凹槽的底部之间，使液滴易于移动，产生较小的接触角滞后（弱黏附力，“荷叶效应”被视为 Cassie 状态的特殊情况）。在这种情况下，滑动角只能反映 Cassie 状态下的接触角滞后（黏附行为），而不能反映液滴被钉扎在表面（高黏附力）的 Wenzel 状态。然而，即使在表现为 Cassie 状态的表面上，个别的微观或纳米结构的存在仍可能导致高接触角滞后，类似于该区域的钉扎状态。因此，滑动角只能代表整个系统的接触角滞后（黏附行为），无法考虑这些钉扎结构的存在 [29, 30]。

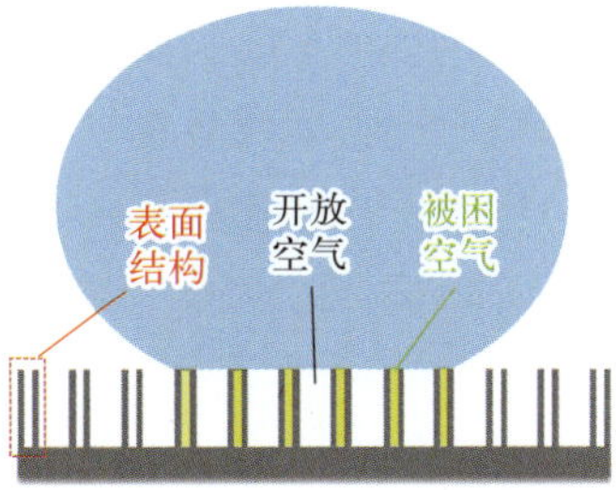

**图 7.11** 固 - 液系统的界面黏附模型（“壁虎”模型）

此外，当液滴与实际样品接触时，整个系统通常处于亚稳态［过渡状态，图 7.10（d）］，此时 Wenzel 状态和 Cassie-Baxter 状态共存。在这种情况下，液体润湿表面的一部分，而结构中的其他部分被空气填充。在这种表面上，液滴会经历阻碍 Cassie-Baxter 状态和 Wenzel 状态之间转换的能量壁垒。当超疏水状态从 Cassie-Baxter 状态向 Wenzel 状态转变时，液滴会渗入固体表面的微观结构，导致液体与表面之间的黏附力增加 [31]。最近，研究人员提出了一些增强模型来探索 Wenzel 状态和 Cassie-Baxter 状态之间的共存与转变 [32, 33]。这些新颖的模型为设计和预测具有特定黏附性能的功能表面提供了新途径 [34, 35]。例如，Patankar 发现粗糙度使液滴可以拥有多个亚稳平衡位置，并且当对应的能量壁垒被克服时，液滴可以在这些位置之间转变 [36]。Cassie 配置代表了开放状态下的最低能量状态，而 Wenzel 配置则对应于湿疏水状态下的最低能量状态。Cassie 和 Wenzel 配置都是局部能量最小状态，液滴的黏附行为取决于哪个状态的能量较低 [37]。如果 Cassie 状态的接触角大于 Wenzel 状态的接触角，液滴的能量会高于 Wenzel 状态。根据能量壁垒原理，可能会在 Cassie 和 Wenzel 状态之间的转变。

为了制造具有足够高液体黏附力的超疏水表面以实现无损液体传输，Jin 等人采用疏水性聚苯乙烯（PS）作为原材料，并利用多孔氧化铝模板法合成了一层包含约每平方毫米 600 万个对齐纳米管的聚苯乙烯（PS）纳米管层，类似于壁虎脚上的刷毛。由此产生的超疏水高黏附力被称为“壁虎”状态（图 7.11）[38]。与 Cassie 状态（低黏附力）不同，虽然在这种润湿状态下液滴与表面凹槽底部之间也存在气层，但其对液滴表现出极高的黏附力。在 Cassie 状态下，外界大气与表面凹槽内的气囊相连，被定义为“开放状态”。而在“壁虎”状态下，可以在 PS 纳米管内观察到两种不同类型的气囊：纳米管内的完全封闭气囊和与大气相连的表面凹槽中的开放气囊。在这种结构中，开放气囊内的滞留空气有助于形成较高的接触角，而封闭气囊内的毛细力则导致极高的黏附力。

### 7.1.2.2 固 - 固界面黏附模型

固 - 固界面黏附在我们的日常生活中十分常见，是最常见的黏附系统之一。为了阐明其接触界面的黏附动力学，常用的模型包括 Kendall 模型、JKR 模型、吸附模型（将在固 - 液 - 固界面黏附模型部分介绍）以及机械嵌合与摩擦模型。

（1）Kendall 模型

Kendall 模型作为一种基础的黏附模型，常用于描述薄黏附膜的剥离过程。鉴于自然界生物的剥离机制与胶带剥离的相似性，研究人员受到启发，将黏附垫简化为单条胶带。如图 7.12 所示，当宽度为 $B$ 的胶带以固定的剥离角度（$\theta$）从被粘物表面剥离时，相应的剥离力符合 Kendall 方程[39]:

图 7.12　Kendall 模型

$$F = \frac{B\gamma}{1-\sin\theta} \tag{7.2}$$

式中，$\gamma$ 是单位面积的胶带黏附能量，其与作用在胶带上的剥离力 $F$ 成正比。由于剥离角度能够在广泛的范围内变化，剥离力可以从较大值减小到较小值。这种剥离力的可变性解释了为什么许多自然界生物（如壁虎、树蛙等）能够通过保持较小的拉角来增强黏附力，并通过较大的剥离角实现脱离[40, 41]。

（2）Johnson-Kendall-Roberts（JKR）模型

传统的赫兹（Hertz）接触模型解释了两个弹性球体在外力作用下的接触动力学。然而，由于忽略了界面吸引力，赫兹模型无法充分描述和预测接触界面的黏附力。JKR 模型通过将表面吸引力纳入两个球体的相互作用中，改进了赫兹模型，能够描述将半径为 $R$ 的弹性球体从平面上分离所需的力。当处理具有微观和纳米级接触结构的黏附表面时，黏附通常被视为球体接触情况（图 7.13）。在这种情况下，黏附力可以通过 JKR 方程确定[42]：

$$F=\frac{-3\pi R\gamma}{2} \tag{7.3}$$

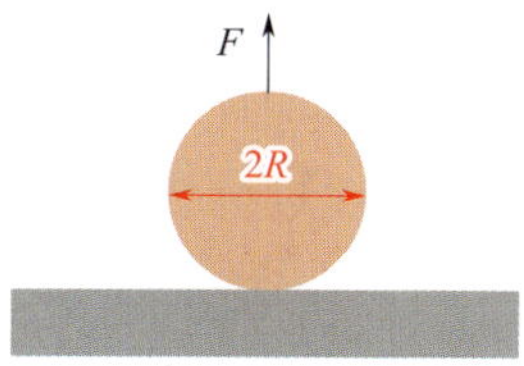


**图 7.13** Johnson-Kendall-Roberts（JKR）模型

式中，$R$ 为球体半径；$\gamma$ 为单位面积的界面黏附能量。2003 年，Arzt 等人进一步改进了 JKR 模型，考虑了通过将接触元素细分为更小的次接触所带来的黏附增强。相应的方程如下[31]：

$$F=-\frac{3}{4}\pi D^2\tau\sqrt{N_A} \tag{7.4}$$

式中，$\tau$ 为单位面积的黏附能量；$D$ 为总表观接触直径的尺寸参数；$N_A$ 为接触元素的面密度。因此，随着接触元素面密度的增加，黏附力 $F$ 也会增加。

基于 JKR 模型的原理，生物黏附系统的界面黏附强度（$\sigma_{ad}$）是黏附力（$F$）与黏附面积（$S$）的比值[43]。因此，$\sigma_{ad}$ 可表示为：

$$\sigma_{ad}=\frac{F}{S}=\frac{F}{\pi R^2}=\frac{-3\gamma}{2R}$$

从这个方程可以看出，对于具有微纳黏附结构的黏附体系，随着末端黏附结构尺寸的增大，其界面黏附强度会下降。这一公式有效解释了为什么随着动物体重的增加，脚掌上的黏附单元结构会变得更小，因为较小的黏附结构尺寸对应于较大的 $\sigma_{ad}$ 值。该概念被称为“接触分裂”，它有效阐明了生物黏附单元结构的尺寸与其质量之间的关系。值得注意的是，在 JKR 模型中，由于变形高度（$z$）的定义，出现了一个悖论。$z$ 被定义

$$z=\frac{r^2}{2R}$$

式中，$r$ 为接触界面的半径。根据这一变形高度的定义，JKR 模型预测，随着接触物体尺寸的减小，相应的界面结合强度将无限增加。然而，这一预测是不合理的，因为黏附结构的结合强度不应超过范德瓦耳斯力的理论极限。为了解决 JKR 模型的缺陷，Gao 等人提出了一种修改方法，其中变形高度表示为 $z=R-\sqrt{R^2-r^2}$。因此，修正后的 JKR 模型可表示为[44]：

$$\frac{F}{\pi R^2\sigma_0}=\begin{cases}2\eta-\eta^2,\eta<1\\1,\eta\geqslant 1\end{cases} \tag{7.5}$$

式中，$\sigma_0$ 代表范德瓦耳斯相互作用的理论强度，而 $\eta$ 定义为 $\Delta\gamma/(R\sigma_0)$，$\Delta\gamma$ 代表范德瓦耳斯相互作用能量。因此，黏附强度受到范德瓦耳斯相互作用理论强度的限制。此外，还需注意的是，JKR 模型主要适用于干燥条件下微纳尺度的弹性固 - 固接触的描述。

(3) 机械嵌合与摩擦模型

生物表面还可以通过其微纳结构与基底不规则表面之间的机械嵌合和摩擦来增强黏附力（图 7.14）。由于生物表面微纳结构的多样性及嵌合作用的复杂性，目前尚未有统一的机械嵌合黏附模型。例如，Seong 等人 [45] 提出了一种基于特定微钩黏附系统的理论，该系统涉及机械嵌合。两个带有微钩的基底相互作用时，法向（$F_{\perp}$）和切向（$F_{/\!/}$）嵌合黏附力的方程如下：

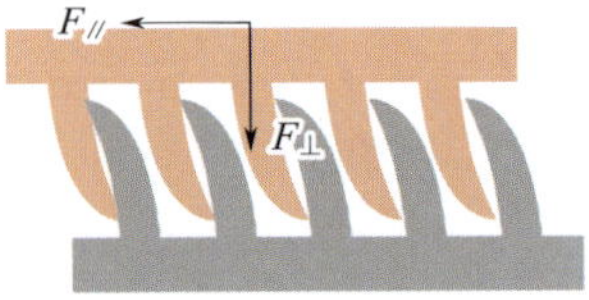

**图 7.14** 机械嵌合与摩擦模型

$$F_{\perp} = nF_{\text{ext}} = n\left(F_{\text{b,t}} + \frac{1}{3}F_{\text{ad}} + f_1 + f_2\right) \tag{7.6}$$

$$F_{/\!/} = nF_{\text{ext}}\cos\theta_{\text{ext}} = n\left[F_x\cos\left(\frac{\pi}{2} - \theta_{\text{p}}\right) + F_y\cos\theta_{\text{p}}\right] \tag{7.7}$$

式中，$n$ 和 $\theta_{\text{p}}$ 分别为微钩的数量和倾斜角度；$\theta_{\text{ext}}$ 为外力相对于水平面的角度；$f_1$ 和 $f_2$ 分别为嵌合微钩的摩擦力（不同结构）；$F_{\text{ext}}$ 为作用于单个微钩的外力；$F_x$ 和 $F_y$ 分别为沿 $x$ 和 $y$ 方向的外力；$F_{\text{b,t}}$ 为微钩末端的弯曲力；$F_{\text{ad}}$ 为表面与基底之间的黏附力。

### 7.1.2.3 固 - 液 - 固界面黏附模型

除了在空气中发生的黏附，水下环境中也有相当一部分黏附现象，常见于贻贝、藤壶、章鱼等生物。此外，一些生物如树蛙、蜗牛和甲虫虽然主要在陆地上活动，但也会从它们的足底分泌黏液。因此，黏附系统从固 - 固转变为固 - 液 - 固配置。此类黏附系统的模型主要包括毛细作用与斯蒂芬黏附模型、化学黏附分泌模型和吸盘模型。

(1) 毛细作用与斯蒂芬黏附模型

在复杂的自然环境中，接触界面之间常存在液体，这使得 JKR 模型不再适用。因此，建立适用于潮湿环境的黏附接触模型变得尤为重要。当外力作用于两个由液滴隔开的表面时，液滴由于表面张力和拉普拉斯压力的作用会在两表面之间扩展，形成液膜，阻止两固体表面之间的间隙增大。这个液膜防止固体表面分离的力被称为毛细力（图 7.15），表示为 $F_c$。对于被两平面夹住的圆柱形液体，杨 - 拉普拉斯压力 $P$ 可表示为 [46]：

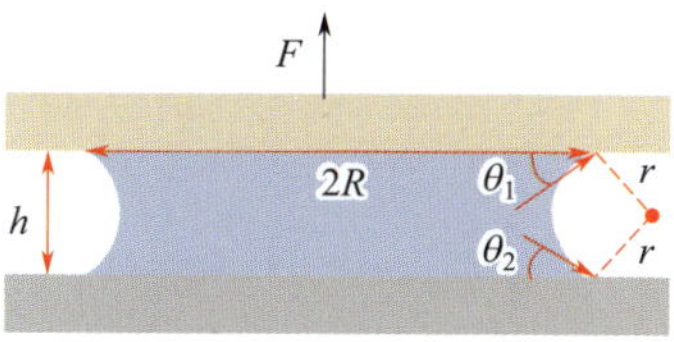

图 7.15　毛细作用模型

$$P=-\gamma\left(\frac{1}{R}+\frac{1}{r}\right) \tag{7.8}$$

式中，$R$ 为液体的曲率半径；$r$ 为液桥的半径；$\gamma$ 为黏液的表面张力。根据几何关系，曲率半径 $R$ 可以表示为 $R=\dfrac{h}{\cos\theta_1+\cos\theta_2}$ [47]。因此，毛细力 $F_C$ 可以表示为 [48, 49]：

$$\begin{aligned}F_C&=\pi r^2 P=\pi r^2\left[-\gamma\left(\frac{1}{R}+\frac{1}{r}\right)\right]=\pi r^2\left[-\gamma\left(\frac{\cos\theta_1+\cos\theta_2}{h}+\frac{1}{r}\right)\right]\\&=-\pi r^2\gamma\frac{\cos\theta_1+\cos\theta_2}{h}-\pi r\gamma\end{aligned} \tag{7.9}$$

式中，$h$ 为黏液膜的厚度；$\theta_1$ 和 $\theta_2$ 分别为黏液与足垫 / 基底的接触角。根据该方程可以得知，随着极薄液桥的存在，毛细力会显著增加，这解释了为什么树蛙需要通过专门的通道排出多余液体，在趾垫上保持极薄的液桥。

⑵　化学黏附分泌模型

在水下环境中，毛细作用与斯蒂芬黏附模型的适用性降低，因为生物主要依赖吸盘作用或分泌黏附蛋白来实现水下黏附。当在水下条件下使用这种液体分泌物时，基底与黏附剂之间接触界面的环境在决定分子接触特性方面起着关键作用。例如，液体分泌物施加的压力可以影响间隙水的排出动力学。当界面在低分离状态下存在液体时，可能会出现流体动力（图 7.16）。这种力可以用雷诺方程来量化 [50]：

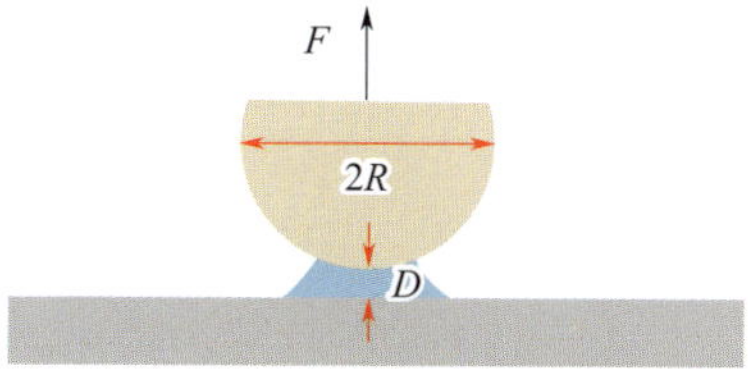

图 7.16　化学黏附分泌模型

$$F=\frac{6\pi R^2\eta v}{D} \tag{7.10}$$

式中，$R$ 为黏附液滴的半径；$\eta$ 为黏附液滴的黏度；$v$ 为液滴与黏附表面之间的相对运动速度；$D$ 为黏附表面与液滴之间的最小距离。在流体动力的作用下，分泌的液体将置换黏附剂与被粘物之间的初始液体，通过氢键、超分子相互作用、配位和络合等物理力产生初步黏附。随着时间的延长，分泌的黏附液体将通过后续的化学反应在黏附剂与被粘物之间形成强力黏附。

(3) 吸盘模型

吸盘黏附模型最初用于描述章鱼及其他鱼类的水下黏附表面，这些生物的结构类似于章鱼的吸盘，但尺寸较小。这些水生生物通常通过吸力来实现水下黏附，主要来自吸盘内外的压力差。该黏附模型同样适用于空气环境，然而，由于密封效果的限制，其在空气中的黏附力远小于在水中的黏附力。如图 7.17 所示，单个吸盘的对应吸附公式如下 [17, 20]：

$$F = (P_0 - P_c)\pi R^2 k \tag{7.11}$$

式中，$P_c$ 为吸盘腔体内的压力；$P_0$ 为环境压力；$R$ 为接触表面的半径；$k$ 为吸盘的屈服率（用于确定吸盘实际接触面积的参数）。当吸盘附着在基底上时，会产生一定的变形，导致实际接触面积小于吸盘的原始面积。因此，我们用 $k$ 来反映吸盘的相应屈服率，$k\pi R^2$ 为吸盘与基底之间的实际接触面积。从式 (7.11) 可以看出，吸盘的吸力与其实际接触面积成正比。此外，在吸盘结构和尺寸不变的情况下，压力差和吸盘的屈服率成为影响吸力的关键因素。因此，吸盘的密封功能具有至关重要的作用，相关生物能够实现的黏附强度是它们用来黏附的所有吸盘所产生的黏附力的总和。

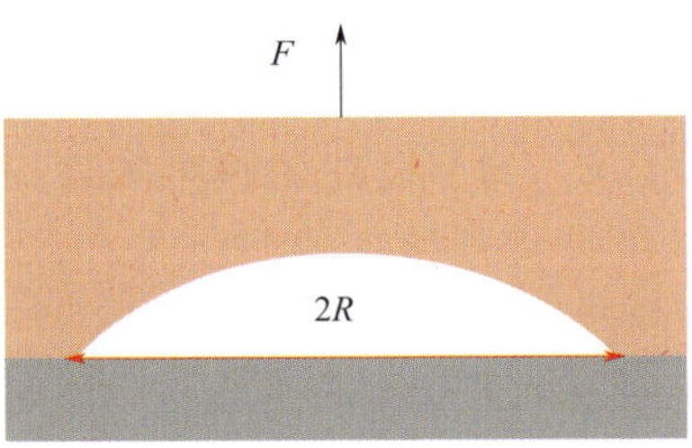


**图 7.17** 吸盘模型

总之，经过几十年的发展，研究人员已经建立了一个涵盖固 - 液、固 - 固和固 - 液 - 固黏附系统的全面界面黏附体系。对于固 - 液黏附系统，科学家主要通过调控表面润湿性来实现 Cassie 和 Wenzel 润湿模型之间的转换，从而控制液滴的黏附行为。接近 Wenzel 模型的润湿状态会产生更大的液滴黏附力，而接近 Cassie 模型的润湿状态则会产生较小的黏附力。因此，在设计润湿表面时，可以根据目标润湿状态来实现所需的黏附行为。在固 - 液 - 固黏附系统中，主要的黏附模型包括毛细作用与斯蒂芬模型、吸盘模型和黏附分泌模型。每种模型都针对特定的结构或组成具有高度的特异性。例如，毛细模型通常用于模仿树蛙湿润黏附的仿生黏附剂，吸盘模型用于模仿章鱼吸盘吸附的黏附剂，而黏附分泌模型则用于那些开始时为液体，随着时间推移逐渐固化的黏附剂。

与这两种黏附系统相比，固 - 固黏附系统相对复杂，因为可能发生的相互作用类型更加多样。例如，当整个仿生黏附剂（如仿贻贝水凝胶胶带）接触被粘物时，Kendall 黏附模型最适合用来表征其黏附强度。而对于具有大量微纳结构的仿生黏附剂（如仿壁虎黏附剂），主要黏附作用发生在这些微纳结构上，因此需要使用 JKR 模型进行准确表征。此外，如果黏附剂涉及提供机械嵌合和摩擦的仿生结构，还必须考虑这些因素的模型。

# 7.2 界面黏附表征

固体材料之间的界面黏附（包括固 - 固黏附系统和固 - 液 - 固黏附系统）通常通过黏附强度和黏附韧性来评估。前者量化的是每单位面积所能承受的最大力，而后者指的是启动分离所需的每单位面积的能量。对于固 - 液黏附系统，接触角滞后通常被用于实际中反映界面黏附行为。随着研究人员多年来在黏附领域的深入研究，已经报道了一系列适用于不同界面黏附系统的黏附测量新方法。即使是相同的黏附系统，由于几何形状影响的分离机制不同，也可能导致黏附性的变化。例如，黏附剂的脱粘与剥离有所不同，而剥离又与密封黏附剂在爆破压力下的失效不同。本节将探讨几种常见的界面黏附分析技术，包括几何示意图、力 - 距离曲线以及典型使用场景。

## 7.2.1 固 - 液黏附表征

为了评估液滴与固体基底之间的黏附性能，已经开发了多种技术，包括前进角和后退角（$\theta_{Adv}$ 和 $\theta_{Rec}$）、滑动角（SA）测量方法，以及在特定情况下直接使用高灵敏度微机电平衡测试黏附力 [51, 52]。这些方法用于量化接触角滞后（能够反映界面黏附强度的参数）或黏附力。在大多数情况下，我们使用接触角滞后参数来反馈固体与液体之间的黏附情况。接触角滞后值（$\theta_{Adv}-\theta_{Rec}$）可以通过液体注射器逐渐向固体表面的液滴中添加或移除液体来确定。典型的测量程序包括使用液体注射器控制液滴体积，同时捕捉连续图像。当液滴体积增加或减少时，相应的前进角或后退角也随之测量［图 7.18（a）］[53]。如果液滴在倾斜的固体表面上发生移动，滑动角（SA）也可以作为评估液滴与固体表面之间黏附性能的指标。滑

动角表示为 $\alpha$ ，代表了当液滴开始在倾斜表面上滑动或滚动时，倾斜表面与水平面之间形成的临界角。为了评估滑动角，将液滴放置在固体倾斜表面上，直到它达到滑动前的临界状态，此时固体表面的倾斜角度 $\alpha$ 即为滑动角，这也可以反映固体与液滴之间的黏附强度［图 7.18（b）］。对于可以完全从表面脱离的液滴情况，可以直接使用分辨率为微牛顿（μN）的高灵敏度微机电平衡来表征固体表面与液滴之间的界面黏附力 [1, 54, 55]。

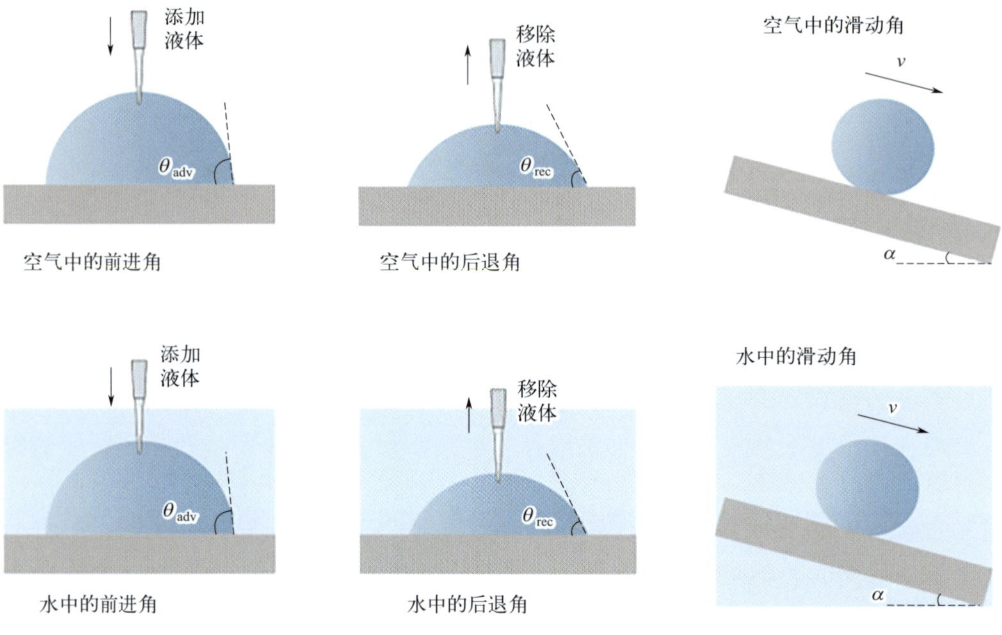


(a) 液滴前进角和后退角测试 (b) 液滴滑动角测试

**图 7.18** 常用的固 - 液界面黏附测试方法示意图

由于铜具有较高的表面张力，液滴往往容易附着在其表面，因此铜适合作为测试材料。为进行测量，将液滴附着在铜环上［图 7.19（a)］。使用该设备进行液滴黏附测试的典型曲线如图 7.19（b）所示。首先，基底以恒定速度逐渐靠近液滴，直到它们接触［图 7.19（b）中的蓝色力 - 距离曲线］。如果不研究预加载力对液 - 基底黏附的影响，基底在此时停止移动；如果需要考虑预加载力的影响，则基底继续向液滴方向移动，直到达到目标预加载力。接下来，基底以恒定速度返回原始位置［图 7.19（b）中的红色力 - 距离曲线］。如果液滴与基底之间存在黏附，当基底远离时，液滴会发生变形。这种变形持续到液滴从基底脱离为止。脱离前后力的变化表明了液滴与基底之间的黏附力 [56]。最后，基底返回到原始位置。

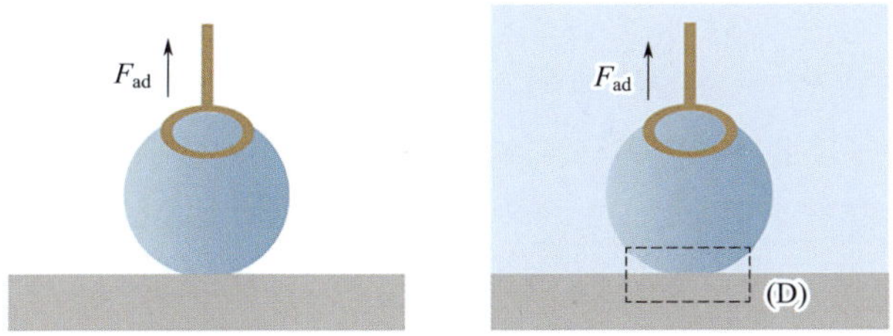


(a) 液滴黏附力测试

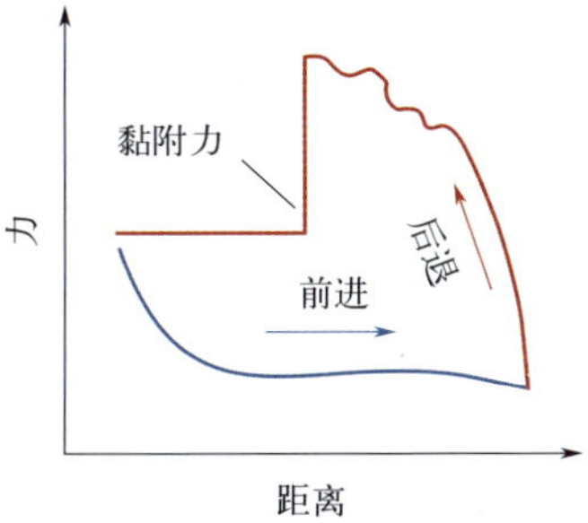


(b) 液滴黏附力测试的典型力-距离曲线

**图 7.19** 常用的固 - 液界面黏附测试方法示意图

### 7.2.2 固 - 固 / 固 - 液 - 固黏附表征

固 - 固黏附系统和固 - 液 - 固黏附系统主要在固 - 固界面上测量黏附力。虽然环境因素或特定的黏附类型可能在该界面引入液膜，但这并不影响不同固体界面之间黏附力的基本反应。例如，液膜可以作为环境介质存在，并不直接影响固 - 固界面的黏附。然而，它可能影响界面之间的相互作用，从而改变相应的黏附力。例如，水合作用可能会使固 - 固界面内的范德瓦耳斯力、超分子相互作用和氢键等物理相互作用失效 [23, 57]。因此，此时测量的应是两固体之间的黏附力。相反，液膜也可能成为固 - 固界面黏附的主要贡献者，充当材料桥梁，正如树蛙和蜗牛的湿黏附一样 [58]。在这种情况下，液膜可以归因于固 - 固界面之间的特定黏附促进机制。因此，即使在固 - 液 - 固黏附系统中，我们仍认为测量的力主要反映固 - 固界面的黏附力。用于评估固 - 固和固 - 液 - 固黏附的测试方法主要基于两个因素：①测试目的；②测试的特定黏附特性，包括黏附强度和韧性。因此，我们将评估不同固体之间黏附性能的方法分为以下几类：测量黏附强度的方法，测量黏附韧性的方法，研究接触行为对黏附性能影响的方法（压痕测试），以及其他特殊的界面黏附测试方法。空气和水环境下不同黏附测试的预处理步骤见图 7.20。

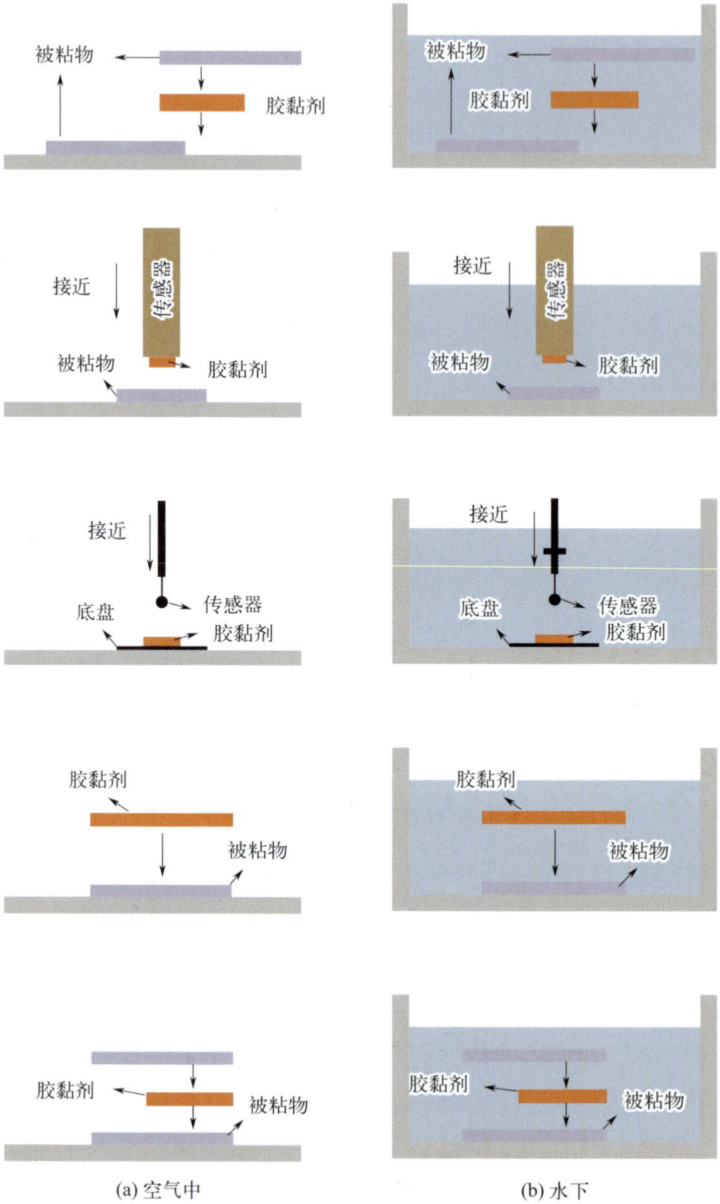


**图 7.20** 常用的不同黏附测试的预处理步骤

### 7.2.2.1 黏附强度

拉伸拔离测试是一种常见的评估黏附强度的方法（图 7.21）。该测试方法涉及将两个被黏附物直接通过黏合剂黏合，然后垂直于界面施加拉力，直到达到最大拔离力并导致两者分离。在发生位移时监测施加的拉伸力，最大拔离力即为分离时的力。将此拔离力归一化为接触面积后，得到以压力单位表示的黏附强度。尽管能量可以通过力 - 位移曲线下的面积计算，但拉伸测试主要关注拔离力，作为黏附强度的指标 [59]。值得注意的是，虽然该测试的实验装置相对简单，但为了获得准确的结果，通常需要精确对齐试样并仔细施加力，以避免引入附加应力（如弯曲和剥离应力），并确保应力在试样上的均匀分布。

此外，黏合剂在实际应用中经常遇到剪切应力，例如，局部黏合剂在基底拉伸时可能会受到剪切应力。因此，开发了搭接剪切黏附测试方法，其中两个表面通过重叠一定面积来连接（图 7.22）。与拉伸测试不同，剪切测试中的接头受到平行于黏合界面的拉力，分离时的最大拉力用于确定剪切黏附强度，该强度通过将力除以对应的黏合面积来计算 [60, 61]。搭接剪切测试通过对黏合剂连接的两个被黏附物施加剪切力，评估黏合剂抵抗平面内应力的能力。虽然该测试常用于可靠地评估黏合剂的性能，但需要考虑几何因素，如黏合剂的厚度和长度，这些因素可能显著影响测试结果 [62]。总之，拉伸和搭接剪切黏附测试分别提供了在不同条件和几何结构下的黏附强度的互补见解。

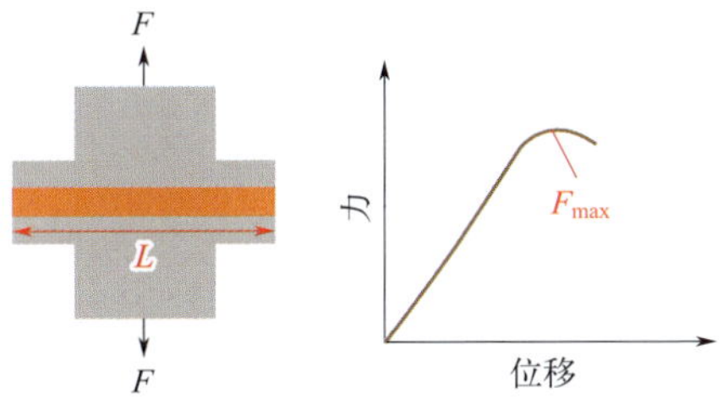


**图 7.21** 拉伸拔离测试

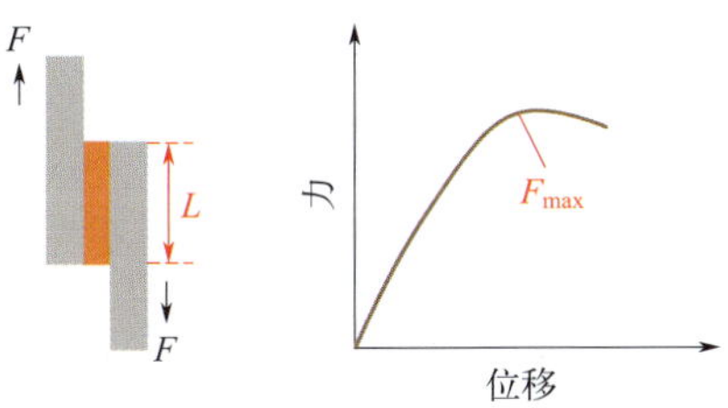


**图 7.22** 搭接剪切测试

### 7.2.2.2 黏附韧性（剥离测试）

剥离测试是一种广泛应用于评估黏附韧性的方法，通常通过归一化的平均剥离力（以宽度归一化）来量化［图 7.23（a）和（b）］。该测试特别适用于软性胶黏剂，尤其是在胶黏剂可能从基底剥离的情况下。虽然准备过程与剪切测试（胶黏剂的几何特征）相似，但该测试的主要目标是通过将胶带从被黏附物表面剥离，评估其黏附韧性 [62, 63]。在此过程中，胶黏剂的一端以固定角度（$\theta$）与被粘表面持续拉开，并且这一拉力通常以恒定速度施加。$\theta$ 角度的选择通常设定为 90°［图 7.23（a）］或 180°，具体取决于胶黏剂的柔韧性及实验需求。另一种变体是 T 形剥离测试［图 7.23（b）］，其中两个被粘物同时从一端拉开，模拟了两个 90° 剥离动作，这种设置在处理薄且柔性的被粘物时非常有效。

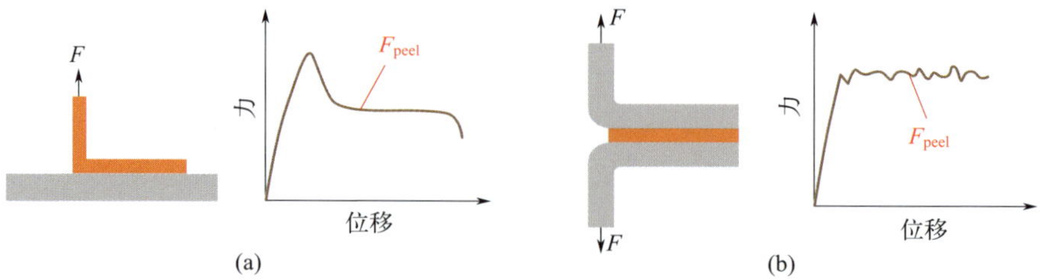


**图 7.23** （a）90° 剥离测试和（b）180° 剥离测试

从该测试获得的标准力 - 距离曲线通常显示一个力稳定的阶段，表明进入了稳定的剥离过程（$F_{peel}$）。在 180°和 T 形剥离测试中，裂纹扩展所需的能量（界面韧性）由两倍的稳态力除以胶黏剂的宽度来确定（单位为 $J/m^2$ 或 N/m）。此外，胶黏剂的界面黏附评估受胶黏剂和基底的力学性质和黏弹性影响，这意味着测试结果与分离速度密切相关。一般情况下，剥离测试中可以使用更硬的背衬材料，以减少样品在剥离过程中的拉伸变形。这一点尤为关键，因为剥离过程涉及背衬材料的弯曲和胶黏剂的变形，使其对黏合剂的力学特性和黏弹性高度敏感[64-66]。

### 7.2.2.3 压痕测试

压痕测试特别适合研究在表面或材料内部表现出异质性的材料（例如，具有多种表面化学成分的材料）。具体来说，该方法通过使用特定形状的探针向基底施加压力，直到达到预定的位移和 / 或力为止。在达到预定保留时间后（根据实验目的，保持时间可以从零到数小时不等），探针开始撤回，直到完全脱离基底。通过分析加载 - 保持 - 卸载过程中的力 - 距离和力 - 时间曲线，可以获得各种信息。例如，加载阶段可以提供关于胶黏剂力学性能的信息，如弹性模量[67]。加载和卸载阶段之间的差异可以揭示系统的滞后现象，其中与时间相关的物理或化学相互作用可能导致不同的卸载行为。值得注意的是，拔离力（类似于拉伸和搭接剪切黏附测试中的最大黏附力）是需要关注的关键参数。

在压痕测试中，研究人员通常选择改变探针的形状［可以是曲面或平面，图 7.24（a）和（b）］，同时保持基底的形状一致（平面）。在此测试过程中，胶黏剂可以附着在探针表面，以研究其形态（平面或曲面）对黏附表面的影响。或者，胶黏剂也可以附着在被压基底的表面，以评估其在不同曲率表面上的黏附性能。当使用平面冲头进行平面黏附的压痕测试时，一个关键优势是探针和基底之间的接触面积恒定且可测量。这一特点在评估胶黏剂的水下黏附时尤为有利，因为在测试过程中接触面积保持一致，无须在复杂操作条件下实时监控接

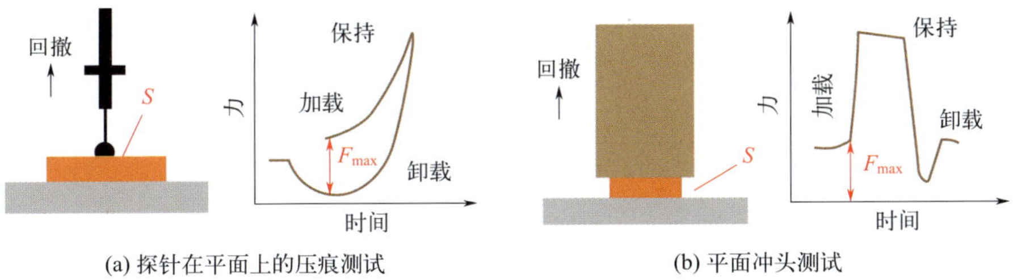


**图 7.24** （a）探针平面测试和（b）平面冲头测试

触面积。此外，测试设置的两侧都由平板构成，简化了制造过程。这种测试配置对于难以将胶黏剂制成曲面形状的情况非常有利。为了实现准确测量，需要精确对齐探针和基底平面。值得注意的是，在冲头与胶黏剂接触的边缘会产生较高的应力，导致该区域内的应变增加以及附加的黏弹性效应[68, 69]。涉及平面探针的压痕几何结构允许通过调节压缩载荷来调整接触面积。在许多研究中，玻璃或硅橡胶（聚二甲基硅氧烷，PDMS）探针被用于压痕研究表面。重要的是，胶黏剂本身可以被制成探针，用于压痕其他材料，从而提供关于胶黏剂与各种表面相互作用的认知。将胶黏剂用作探针特别有利于研究难以制成其他形状的材料（如组织）的黏附。由此产生的压痕数据可以在接触力学的背景下进行分析。

### 7.2.2.4 其他特殊界面黏附测试方法

尽管上述方法对胶黏剂的比较和帮助选择最适合特定应用的胶黏剂具有重要意义，但它们往往无法全面代表广泛的被粘物特性和使用环境。因此，可能需要采用其他测试模型来模拟特定场景或条件，以进行更好的胶黏剂评估。

（1）破裂压力

在许多胶黏剂应用中，一个关键的力学特性是破裂压力，即指用胶黏剂封闭组织后，导致组织破裂或爆裂的最小压力（图 7.25）。这一特性在防止肺部和心脏等重要组织的空气泄漏或出血的应用场景中特别重要。为了评估破裂压力，通常通过向封闭的组织结构中引入空气或水等流体施加压力，并在组织破裂前达到的最大压力，被认为是破裂压力[65]。虽然该方法有助于比较不同的胶黏剂并选择最适合实际应用的产品，但它并不评估胶黏剂在实际体内环境中使用的适用性。因此，模拟破裂组织的功能状态，进一步评估相应的黏附性

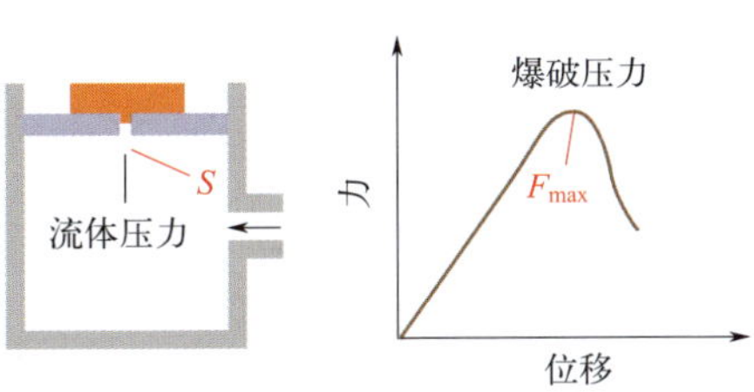


**图 7.25** 破裂压力测试

能是必要的。例如，用于修复受损胃组织的黏合剂可能会经历反复的机械变形和胃酸腐蚀，因此需要进行循环机械测试和耐酸腐蚀评估，以评估其在这些环境下的失效可能性。

(2) 双悬臂梁（DCB）

当将胶黏剂粘接的接头应用于承载结构时，准确评估黏合强度至关重要。为此，广泛使用的一种技术是双悬臂梁（DCB）测试，通常用于评估粘接材料的断裂能量（图 7.26）。通过使用线性弹性断裂力学评估裂纹扩展相关的能量变化，确定关键断裂能量。通常在使用 DCB 评估胶黏剂断裂能量时，首选较软、薄且平坦的金属 DCB 基材作为被粘物，以提高测试精度。这是因为极硬（厚）的金属基材会阻碍软质胶黏剂中的裂纹持续扩展。该过程涉及在粘接间隙中插入尖端楔块，然后在楔块末端施加负荷，以恒定速度（通常为 1 ～ 5mm/min）向前推动楔块，直到层间裂纹增长到 3 ～ 5mm[37, 66]。测试过程中记录的负荷 - 位移曲线上最大负荷点表示黏合强度。此外，还可以采用修正梁理论、顺应校准法和修正顺应校准法等技术进一步计算胶黏剂的层间断裂韧性。需要注意的是，若被粘物发生显著变形，可能由于塑性变形导致能量耗散，从而导致断裂能量的高估。为减轻这一问题，通常选择弹簧钢作为被粘物。

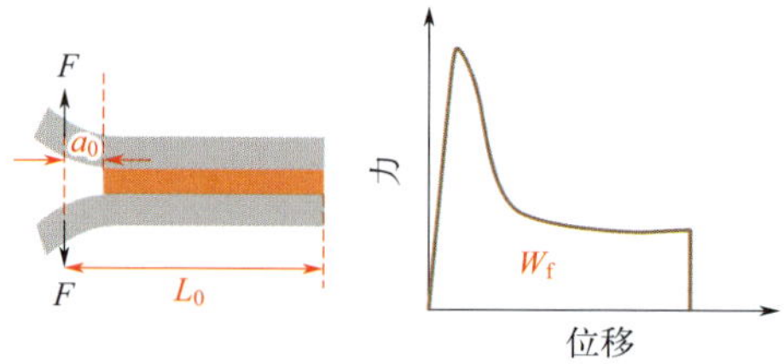


**图 7.26** 双悬臂梁（DCB）测试

## 参考文献


[1] Gu Z, Li S, Zhang F, et al. Understanding surface adhesion in nature: a peeling model. Advanced Science, 2016, 3 (7): 1500327.

[2] London F. The general theory of molecular forces. Transactions of the Faraday Society, 1937, 33: 8b.

[3] Da Silva, Lucas F M, Andreas Öchsner, et al. Handbook of adhesion technology. Heidelberg: Springer, 2011.

[4] Hu S, Xia Z. Rational design and nanofabrication of gecko-inspired fibrillar adhesives. Small, 2012, 8 (16) : 2464-2468.

[5] Mittal K L, Ravi Jaiswal. Particle adhesion and removal. John Wiley & Sons, 2015.

[6] Horn R G, Smith D T. Contact electrification and adhesion between dissimilar materials. Science, 1992, 256 (5055): 362-364.

[7] Horn R G, Smith D T, Grabbe A. Contact electrification induced by monolayer modification of a surface and relation to acid–base interactions. Nature, 1993, 366 (6454) : 442-443.

[8] Ruffatto D, Parness A, Spenko M. Improving controllable adhesion on both rough and smooth surfaces with a hybrid electrostatic/gecko-like adhesive. Journal of The Royal Society Interface, 2014, 11 (93) : 20131089.

[9] Regalbuto J R. Electrostatic adsorption. //Synthesis of solid catalysts. Hoboken: Wiley, 2009: 33-58.

[10] Pake G E. Nuclear resonance absorption in hydrated crystals: fine structure of the proton line. The Journal of Chemical Physics, 1948, 16 (4) : 327-336.

[11] Rayleigh. Surface tension. Nature, 1891, 43 (1115) : 437-439.

[12] Li M, Li C, Blackman B R K, et al. Mimicking nature to control bio-material surface wetting and adhesion. International Materials Reviews, 2021, 67 (6) : 658-681.

[13] Li C, Li M, Ni Z, et al. Stimuli-responsive surfaces for switchable wettability and adhesion. Journal of The Royal Society Interface, 2021, 18 (179) : 20210162.

[14] Li M, Zhou S, Guan Q, et al. Robust underwater oil-repellent biomimetic ceramic surfaces: combining the stability and reproducibility of functional structures. ACS Applied Materials & Interfaces, 2022, 14 (40) : 46077-46085.

[15] Faghihnejad A, Feldman K E, Yu J, et al. Adhesion and surface interactions of a self-healing polymer with multiple hydrogen-bonding groups. Advanced Functional Materials, 2014, 24 (16) : 2322-2333.

[16] Brown H. The adhesion between polymers. Annual Review of Materials Research, 1991, 21 (1) : 463-489.

[17] Green D M, Barber D L. The ventral adhesive disc of the clingfish *Gobiesox maeandricus*: integumental structure and adhesive mechanisms. Canadian Journal of Zoology, 1988, 66 (7) : 1610-1619.

[18] Michalski M C, Desobry S, Hardy J. Food materials adhesion: a review. Critical Reviews in Food Science and Nutrition, 1997, 37 (7): 591-619.

[19] Gorb S N, Popov V L. Probabilistic fasteners with parabolic elements: biological system, artificial model and theoretical considerations. Philosophical Transactions of the Royal Society of London. Series A: Mathematical, Physical and Engineering Sciences, 2002, 360 (1791) : 211-225.

[20] Gorb S N, Varenberg M. Mushroom-shaped geometry of contact elements in biological adhesive systems. Journal of Adhesion Science and Technology, 2007, 21 (12-13): 1175-1183.

[21] Wang K, Wang W, Zhang H, et al. Suction force of vibrating suction method based on pi theorem: analysis and experiment. Vacuum, 2012, 86 (12) : 1783-1788.

[22] Maie T, Schoenfuss H L, Blob R W. Performance and scaling of a novel locomotor structure:

adhesive capacity of climbing gobiid fishes. Journal of Experimental Biology, 2012, 215 (22) : 3925-3936.

[23] Chen J, Peng Q, Liu J, et al. Mussel-inspired cation-π interactions: wet adhesion and biomimetic materials. Langmuir, 2023, 39 (49) : 17600-17610.

[24] Young T. An essay on the cohesion of fluids. Philosophical Transactions of the Royal Society of London, 1805, 95: 65-87.

[25] Chen H, Zhang P, Zhang L, et al. Continuous directional water transport on the peristome surface of nepenthes alata. Nature, 2016, 532 (7597) : 85-89.

[26] Barthlott W, Schimmel T, Wiersch S, et al. The *Salvinia* Paradox: superhydrophobic surfaces with hydrophilic pins for air retention under water. Advanced Materials, 2010, 22 (21) : 2325-2328.

[27] Furmidge C G L. Studies at phase interfaces. I. The sliding of liquid drops on solid surfaces and a theory for spray retention. Journal of Colloid Science, 1962, 17 (4) : 309-324.

[28] Feng L, Zhang Y, Xi J, et al. Petal effect: a superhydrophobic state with high adhesive force. Langmuir, 2008, 24 (8) : 4114-4119.

[29] Feng L, Li S, Li Y, et al. Super-hydrophobic surfaces: from natural to artificial. Advanced Materials, 2002, 14 (24) : 1857-1860.

[30] Gao L, McCarthy T J. The "Lotus effect" explained: two reasons why two length scales of topography are important. Langmuir, 2006, 22 (7) : 2966-2967.

[31] Lafuma A, Quéré D. Superhydrophobic states. Nature Materials, 2003, 2 (7) : 457-460.

[32] Xia F, Jiang L. Bio-inspired, smart, multiscale interfacial materials. Advanced Materials, 2008, 20 (15) : 2842-2858.

[33] Wang S, Jiang L. Definition of superhydrophobic states. Advanced Materials, 2007, 19 (21) : 3423-3424.

[34] Søgaard E, Andersen N K, Smistrup K, et al. Study of transitions between wetting states on microcavity arrays by optical transmission microscopy. Langmuir, 2014, 30 (43) : 12960-12968.

[35] Ran C, Ding G, Liu W, et al. Wetting on nanoporous alumina surface: transition between wenzel and cassie states controlled by surface structure. Langmuir, 2008, 24 (18) : 9952-9955.

[36] Patankar N A. Transition between superhydrophobic states on rough surfaces. Langmuir, 2004, 20 (17) : 7097-7102.

[37] Wang S, Liu K, Yao X, et al. Bioinspired surfaces with superwettability: new insight on theory, design, and applications. Chemical Reviews, 2015, 115 (16) : 8230-8293.

[38] Barbieri L, Wagner E, Hoffmann P. Water wetting transition parameters of perfluorinated substrates with periodically distributed flat-top microscale obstacles. Langmuir, 2007, 23 (4) : 1723-1734.

[39] Marmur A. The Lotus effect: superhydrophobicity and metastability. Langmuir, 2004, 20 (9) : 3517-3519.

[40] Autumn K, Hsieh S T, Dudek D M, et al. Dynamics of geckos running vertically. Journal of Experimental Biology, 2006, 209 (2) : 260-272.

[41] Endlein T, Ji A, Samuel D, et al. Sticking like sticky tape: tree frogs use friction forces to enhance attachment on overhanging surfaces. Journal of The Royal Society Interface, 2013, 10 (80) : 20120838.

[42] Johnson K L, Kendall K, Roberts A D. Surface energy and the contact of elastic solids. Proceedings of the Royal Society of London. Serise A, Mathematical and Physical Sciences, 1971, 324 (1558) : 301-313.

[43] Mittal K L. Adhesion measurement of thin films, thick films, and bulk coatings. Active and Passive Electronic Components, 1976, 3 (1) : 21-42.

[44] Gao H, Wang X, Yao H, et al. Mechanics of hierarchical adhesion structures of geckos. Mechanics of Materials, 2005, 37 (2-3) : 275-285.

[45] Park H H, Seong M, Sun K, et al. Flexible and shape-reconfigurable hydrogel interlocking adhesives for high adhesion in wet environments based on anisotropic swelling of hydrogel microstructures. ACS Macro Letters, 2017, 6 (12) : 1325-1330.

[46] Butt H J, Kappl M. Normal capillary forces. Advances in Colloid and Interface Science, 2009, 146 (1-2) : 48-60.

[47] de Gennes P G, Brochard-Wyart F, Quéré D. Capillarity and wetting phenomena. New York: Springer, 2004.

[48] Noble G K, Jaeckle M E. The digital pads of the tree frogs. A study of the phylogenesis of an adaptive structure. Journal of Morphology, 1928, 45 (1) : 259-292.

[49] Slater D M, Vogel M J, Macner A M, et al. Beetle-inspired adhesion by capillary-bridge arrays: pull-off detachment. Journal of Adhesion Science and Technology, 2012, 28 (3-4) : 273-289.

[50] Narayanan A, Dhinojwala A, Joy A. Design principles for creating synthetic underwater adhesives. Chemical Society Reviews, 2021, 50 (23) : 13321-13345.

[51] Ferrari M, Ravera F, Rao S, et al. Surfactant adsorption at superhydrophobic surfaces. Applied Physics Letters, 2006, 89 (5) .

[52] Gao L, McCarthy T J. A perfectly hydrophobic surface ($\theta_A/\theta_R$ = 180°/180°). Journal of the American Chemical Society, 2006, 128 (28) : 9052-9053.

[53] Good R J. Contact angle, wetting, and adhesion: a critical review. Journal of Adhesion Science and Technology, 1992, 6 (12) : 1269-1302.

[54] Liu X, Zhou J, Xue Z, et al. Clam's shell inspired high-energy inorganic coatings with underwater low adhesive superoleophobicity. Advanced Materials, 2012, 24 (25) : 3401-3405.

[55] Lin L, Liu M, Chen L, et al. Bio-inspired hierarchical macromolecule-nanoclay hydrogels for robust underwater superoleophobicity. Advanced Materials, 2010, 22 (43) : 4826-4830.

[56] Chen Y, Meng J, Zhu Z, et al. Bio-inspired underwater super oil-repellent coatings for anti-oil

pollution. Langmuir, 2018, 34 (21) : 6063-6069.

[57] Li M, Li W, Guan Q, et al. A tough reversible biomimetic transparent adhesive tape with pressure-sensitive and wet-cleaning properties. ACS Nano, 2021, 15 (12) : 19194-19201.

[58] Chen Y, Zhu Z, Steinhart M, et al. Bio-inspired adhesion control with liquids. iScience, 2022, 25 (3) : 103864.

[59] Gan D, Xing W, Jiang L, et al. Plant-inspired adhesive and tough hydrogel based on Ag-lignin nanoparticles-triggered dynamic redox catechol chemistry. Nature Communications, 2019, 10 (1) .

[60] Karami P, Wyss C S, Khoushabi A, et al. Composite double-network hydrogels to improve adhesion on biological surfaces. ACS Applied Materials & Interfaces, 2018, 10 (45) : 38692-38699.

[61] Bradley L C, Bade N D, Mariani L M, et al. Rough adhesive hydrogels (RAd gels) for underwater adhesion. ACS Applied Materials & Interfaces, 2017, 9 (33) : 27409-27413.

[62] Yang J, Bai R, Chen B, et al. Hydrogel adhesion: a supramolecular synergy of chemistry, topology, and mechanics. Advanced Functional Materials, 2019, 30 (2) : 1901693.

[63] Blacklow S O, Li J, Freedman B R, et al. Bioinspired mechanically active adhesive dressings to accelerate wound closure. Science Advances, 2019, 5 (7) : eaaw3963.

[64] Zhang T, Yuk H, Lin S, et al. Tough and tunable adhesion of hydrogels: experiments and models. Acta Mechanica Sinica, 2017, 33 (3) : 543-554.

[65] Li W, Zhou R, Ouyang Y, et al. Harnessing biomimicry for controlled adhesion on material surfaces. Small, 2024, 20 (45) : 2401859.

[66] Li M, Mao A, Guan Q, et al. Nature-inspired adhesive systems. Chemical Society Reviews, 2024, 53 (16) : 8240-8305.

[67] Shull K R. Contact mechanics and the adhesion of soft solids. Materials Science and Engineering: R: Reports, 2002, 36 (1) : 1-45.

[68] Webber R E, Shull K R. Strain dependence of the viscoelastic properties of alginate hydrogels. Macromolecules, 2004, 37(16): 6153-6160.

[69] Sekiguchi Y, Katano M, Sato C. Experimental study of the mode Ⅰ adhesive fracture energy in DCB specimens bonded with a polyurethane adhesive. The Journal of Adhesion, 2015, 93(3): 235-255.

# 第 8 章 典型的黏附失效模式与坚韧黏附的设计原则

# 8.1
# 典型的黏附失效模式

## 8.1.1 黏附失效

黏附失效是一个受多种因素影响的复杂现象，包括聚合物化学性质、表面拓扑结构和机械力。在特定的粘接界面内，多种元素共同作用，如粘接表面的化学性质、胶黏剂聚合物的内聚力，以及胶黏剂的物理特性及其与基底的相互作用。因此，即使胶黏剂成功锚定在被粘物上，后续的失效仍可能由于基底与胶黏剂之间的弱粘接（界面失效）、胶黏剂材料本身的断裂（内聚失效）或两者的组合而发生。此外，外部因素如被粘物的性质也可能对失效过程有所贡献。

对于包括水凝胶和弹性体在内的代表性软质胶黏剂，其界面韧性已经通过多种实验技术进行评估。这些方法包括搭接剪切测试以及90°和180°剥离测试。例如，在90°剥离测试中，将厚度为$T$、宽度为$W$、长度为$L$（$L \gg W \gg T$）的黏合带黏附在被粘物上，并在界面沿长度方向引入分离缺口（图8.1）[1, 2]。随后，将已分离的部分胶黏剂垂直剥离基底。在剥离过程稳定后，测得的力达到平台阶段（$F_{plateau}$），并通过将平台力$F_{plateau}$除以黏合带的宽度$W$来计算界面韧性，表达式为$\Gamma_{inter}=F_{plateau}/W$。

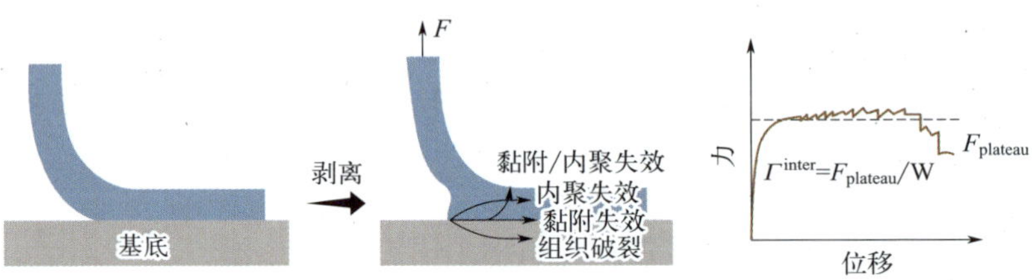


**图8.1** 界面韧性概念及相关的界面韧性测试过程（90°剥离）

如果胶黏剂通过稀疏分布的弱物理交联（如氢键和静电相互作用）附着在基底上，其界面韧性可能较低，可能导致黏合失效［图8.2（a）］。相反，在具有常规聚合物网络的胶黏剂与基底形成强键合（如通过共价键）时，界面韧性与胶黏剂的断裂韧性或其固有断裂能量$\Gamma_0$相匹配。这种等价性发生在胶黏剂的断裂韧性设定了界面韧性的最大限度，可能导致内聚失效［图8.2（b）］。此外，某些胶黏剂（如通过物理相互作用而无化学交联形成的黏性水凝胶）可能由于黏合失效和内聚失效的组合而发生脱粘［图 8.2（c）］[1, 2]。如果被粘物的内聚强度低于界面黏附强度和胶黏剂的内聚强度，在施加剥离力时，被粘物可能发生破裂［图 8.2（d）］。

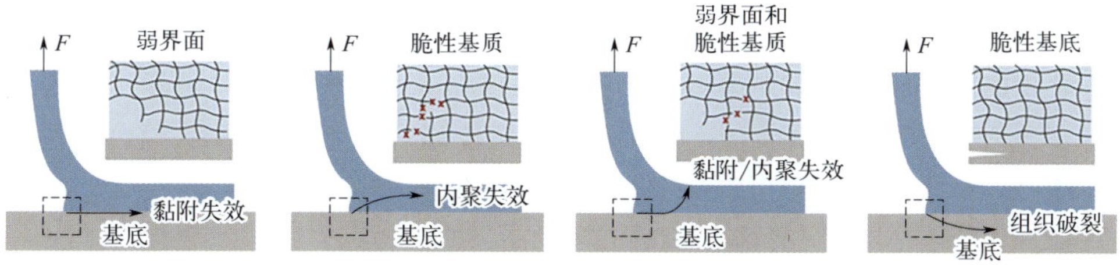


(a) 黏合失效　(b) 内聚失效　(c) 黏合失效和内聚失效的组合　(d) 被粘物破裂

**图 8.2**　不同的界面黏附失效模式

## 8.1.2　增强黏附力的胶黏剂设计原理

如前所述，当胶黏剂通过弱且稀疏的物理交联网络黏附在被粘物表面时，裂纹容易沿胶黏剂 - 被粘物界面扩展，导致界面韧性下降［图 8.2（a）］。因此，有效设计具有韧性黏附力的胶黏剂需要在胶黏剂与被粘物之间建立牢固的界面连接［图 8.3（a）］。这可以通过共价键、牢固的物理交联、中间连接聚合物以及机械锁合机制来实现[3-9]。此外，考虑到界面裂纹可能进入胶黏剂内部并导致内聚失效［图 8.2（b）］，在胶黏剂设计中，提高胶黏剂基体的断裂韧性显得尤为重要［图 8.3（b）］。

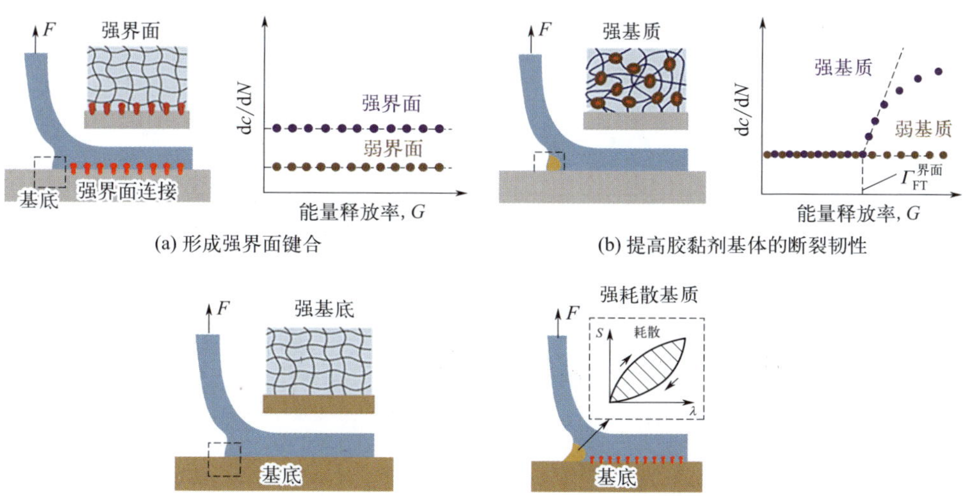


(a) 形成强界面键合　(b) 提高胶黏剂基体的断裂韧性

(c) 使用坚固的基底(被粘物)　(d) 结合具有耗能性能的坚韧胶黏剂、强界面键合和坚固的基底

**图 8.3**　解决不同界面黏附失效模式的策略

被粘物的强内聚力及其不可破裂性也在构建强界面黏附中起着重要作用［图 8.3（c）］。本质上，增强界面韧性的胶黏剂系统的基本设计原理在于将韧性胶黏剂基体与牢固的界面连接相结合［图 8.3（d）］。当胶黏剂与基底分离时，坚固的界面连接可以阻止界面裂纹的扩展，从而使胶黏剂形成一个显著的机械耗散区，称为过程区。数学上，总的界面韧性可以表示为：$\Gamma_{inter}=\Gamma_0^{inter}+\Gamma_D^{inter}$。其中，$\Gamma_{inter}$ 表示总的界面韧性，$\Gamma_0^{inter}$ 表示来自强界面连接的固有界面韧性，$\Gamma_D^{inter}$ 表示过程区内机械耗散对总界面韧性的贡献[1]。为了实现合成胶黏剂在金属、陶瓷、玻璃、硅胶、弹性体、水凝胶以及生物组织等多种基底材料上的持久黏附力，这种设计原理至关重要。

# 8.2 生物和仿生黏附的特征参数

## 8.2.1 典型生物体的黏附参数

实现自适应黏附是一个极具挑战性的任务，因为仿生材料与天然生物体在力学性能和结构特性方面存在显著差异。图 8.4 提供了两者之间的全面定量概览和对比，总结了相关特性，如体重［图 8.4（a）］、足垫面积［图 8.4（b）］、正常范围的黏附强度［图 8.4（c）］。在图 8.4（a）中，展示了典型生物体（包括昆虫、

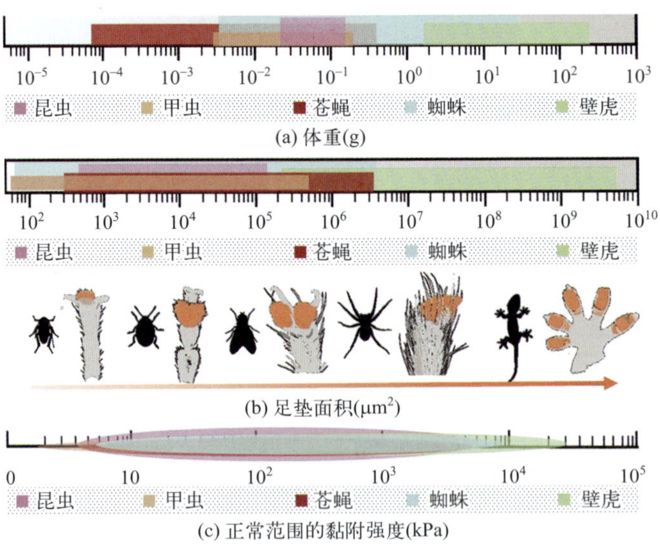


**图 8.4** 不同生物体足垫面积及黏附性能的变化范围

甲虫、苍蝇、蜘蛛和壁虎）的体重变化范围，表明不同生物体的体重差异显著，这进一步影响了实际黏附性能。由于在统计分析某些其他黏附生物特性时存在挑战或缺少相关参数，我们在此重点讨论和总结具有代表性的案例[10]。

图 8.4（c）展示了几种典型生物体能够实现的黏附强度范围，从 $10^{-5}$g 到 $10^{2}$g 不等。为了维持足垫面积与体重的比例，需要显著的形态学适应。假设动物的长度相等，为了满足黏附需求，总的足垫面积需要增加约 200 倍。如此极端的形态变化可能对依赖黏附攀爬的生物体的大小设定了限制。如果将节肢动物和小型脊椎动物的相对足垫面积按比例放大到一个身高 180cm、体重 80kg 的人类，那么所需的黏附垫面积将达到 0.81$m^2$，大约是人体可用表面积（约 2$m^2$）的五分之一[11, 12]。实现如此大规模的形态学变化，即便可能，也将是一个巨大的挑战，且难以在短时间内完成。

## 8.2.2 仿生材料黏附参数

以壁虎为例，其脚趾上的数百万根高长径比的细毛（setae）由 $\beta$- 角蛋白构成，这是一种刚性材料，杨氏模量约为 2GPa[13]。当材料的特征尺寸减小到纳米级时，它们不再遵循经典的 Griffith 断裂理论，因为裂纹尖端的应力集中消失，裂纹扩展将停止［图 8.5（a）］。这意味着壁虎脚趾的纳米级细毛具有很高的缺陷容

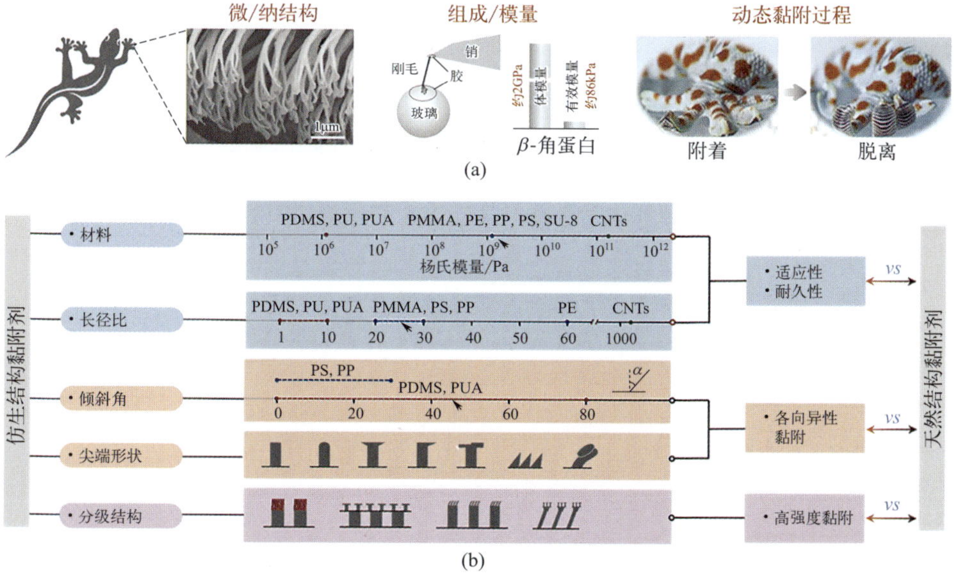


**图 8.5** 壁虎及其仿生结构胶黏剂在力学性能和结构精度方面的比较[13]

（a）壁虎脚掌的微观 / 纳米结构、模量及其动态过程；（b）在设计仿生结构时需要考虑的几个主要因素：材料、长径比、倾斜角、尖端形状和分级结构

忍度，即使在粗糙表面上也能保持强大的黏附性能[14-16]。因此，在设计仿壁虎结构黏附材料时，必须同时考虑高刚性以维持稳定性以及足够的柔性以形成足够的接触。此外，还需要具有一定倾斜角度和特定形状的精细尖端结构，以实现各向异性黏附，这对材料的可加工性提出了很高的要求［图 8.5（b）］[17, 18]。

到目前为止，仿生壁虎胶黏剂的材料大致可以分为以下几类：①低模量聚合物，如聚二甲基硅氧烷（PDMS）、聚氨酯和聚氨酯丙烯酸酯（PUA）；②高模量聚合物，如聚甲基丙烯酸甲酯、聚乙烯、聚丙烯、聚苯乙烯和 SU-8；③碳纳米管（CNTs）［图 8.5（b）］。其中，低模量的 PDMS 和 PUA 由于其柔软性、无毒性和易加工性使用最广泛[10]。

然而，柔软性也极大地限制了它们的机械稳定性和长径比（纵横比），因为在加工过程中不可避免地会发生断裂和塌陷。对于高模量聚合物，尽管它们的杨氏模量和/或抗拉强度与 $\beta$- 角蛋白相似，并且可以达到与壁虎趾毛相当的纵横比，但它们的耐久性和循环性能逊色于壁虎黏附系统，并且其在宏观或纳米尺度上的倾斜角度仍受限于加工技术。碳纳米管由于其卓越的机械强度、超高的纵横比和填充密度，被认为是仿生结构胶黏剂的有前景的替代材料，然而其在大规模应用中仍受限于形状/角度的可加工性差以及对预加载力的高需求。在过去的几十年里，研究人员一直尝试新的黏合结构，努力在多种性能之间找到平衡，包括适应性、耐久性、各向异性和高强度黏附力，但常常顾此失彼。或许是时候在材料及其相应的加工技术上寻求新的可能性了（图 8.6）[10]。

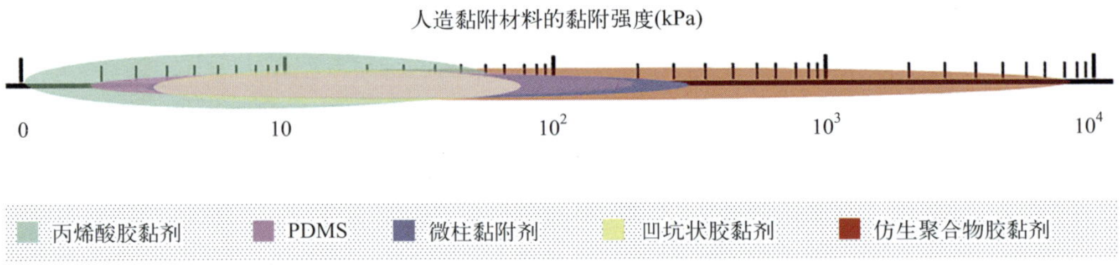


**图 8.6** 几种典型仿生黏附材料的黏附强度范围

仿生黏附材料通过借鉴天然胶黏剂的关键结构和材料特性，增强了接触、柔韧性和强度，模仿了壁虎和昆虫等生物的分层微结构。这些材料采用具有天然胶黏剂黏弹性特性的材料，通过调整黏附元件的尺寸和形状，优化了效果，在刚度与适应性之间取得了平衡。此外，适应湿度、表面纹理等环境变量，使这些黏附材料比自然模型更具多样性和效用，甚至在未来的功能性上超越天然胶黏剂。

# 8.3
## 构建仿生材料的一般方法

将仿生概念从自然范例有效转化为实用的工程材料涉及一个结构化的过程，分为四个基本步骤，如图 8.7 所示。要成功实现技术转移，每一步都必须精心处理。值得注意的是，这一过程不仅仅适用于仿生胶黏剂（图 8.7），它还可以扩展到其他各种仿生材料，因为其基本概念是相同的。

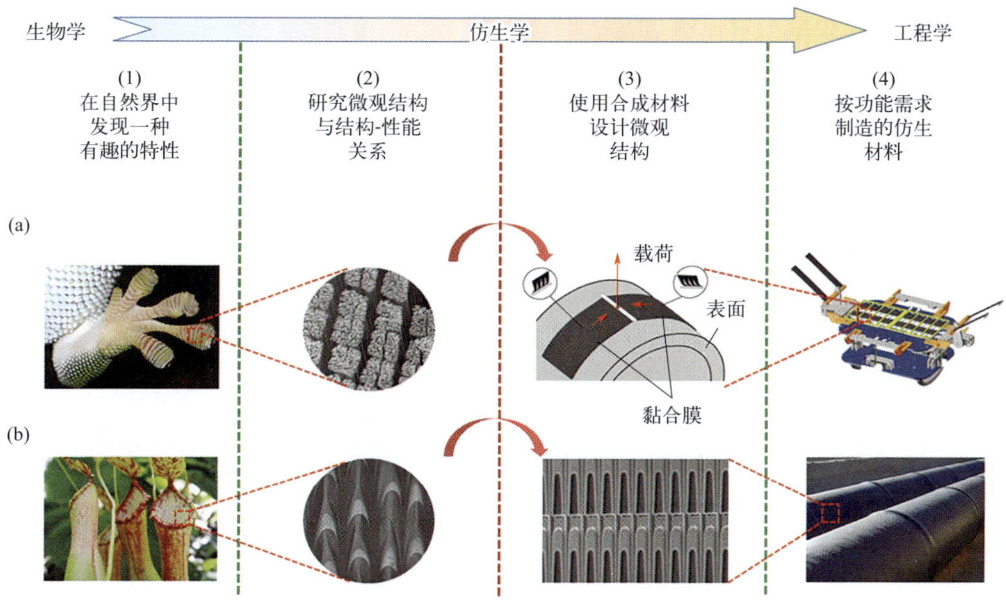


**图 8.7** 从自然现象中的发现到先进工程材料和设备的开发路线

① 确定高性能的自然原型：在这个阶段，不同的目标生物体展示出所需的结构和 / 或功能，为确定最佳原型提供了选择范围。这个生物原型能够为后续的仿生过程提供适当的原材料以及相应的结构设计。特别需要关注的是结构 - 性能 - 功能的关系，尤其是在生物材料具有多种功能的情况下，这可以帮助确定最合适的仿生原型。

② 提取关键机制、结构和设计原则：在这个阶段，重点是掌握自然模型和系统的基本原理和概念，而不仅仅是复制其结构。识别和理解自然材料性能与其优异特性的内在联系至关重要。通过从自然模型中提炼出这些见解，我们能够有效

地将其融入工程设计中。然而，由于自然材料通常具有多尺度的复杂性和分层结构，这一过程可能会非常艰巨和具有挑战性。

③ 设计仿生结构：在此阶段，主要目标是将自然原型 / 系统中的基本原理和概念融入工程材料的设计中。这涉及精心选择合适的原材料，确定仿生结构的合成方法，并优化相应的仿生设计原则和合成路径，通常还借助计算机建模技术来辅助这个过程。

④ 制造仿生材料：在前三个阶段取得进展的基础上，这个阶段涉及人工仿生材料的实际制造。然而，当使用与生物原型化学成分相似的原材料来合成人工仿生材料时，通常会遇到难以实现与自然材料相当的性能的问题。这是由于制备过程中存在技术限制，难以精确复制自然界的复杂结构。尽管如此，研究人员还是成功地生产出具有与自然生物原型相似性能的有趣产品[19]。

生物表面的黏附主要分为结构性黏附和基于生物黏附蛋白的化学成分黏附。具体来说，微纳米结构主要通过增加生物表面与基底之间的接触面积来增强黏附，如壁虎脚的干性黏附；或者通过提供额外的力，如蜉蝣幼虫钩子产生的额外摩擦力。化学成分黏附涉及黏附蛋白质，如多巴胺分子，它们通过氢键、超分子作用和动态化学键等机制，在各种表面上实现强黏附。大多数生物表面主要依赖于一种黏附机制，人工仿生黏合剂可以有效结合结构性黏附和化学成分黏附的优势，产生两者协同作用的先进黏合剂。在这一部分中，我们将分别总结基于这两种黏附机制的相应仿生表面构建技术。

## 8.3.1 微纳米结构的制造技术

结构性黏附涉及通过先进的制造技术在黏合表面构建必要的微纳米拓扑结构，这些技术包括 3D 打印、光刻（压印光刻和胶体光刻）、电化学、微流控、软复制、蚀刻、化学气相沉积（CVD）等（如图 8.8 所示）。基于这些技术的工作特性，构建适合的微纳米结构形态，如具有不同顶端形状的柱体（例如，平面、蘑菇形、多边形、吸盘形、刺状、铲形等）和其他复杂的三维结构[19]。

## 8.3.2 引入具有黏附性能的官能团的技术

化学成分黏附涉及将儿茶酚及其衍生物（包括多巴胺、二羟基苯丙氨酸、多巴、没食子酸和单宁酸）通过自聚合、共聚合或后修饰的方式引入聚合物链中，以实现所需的黏附性能（如图 8.9 所示）。

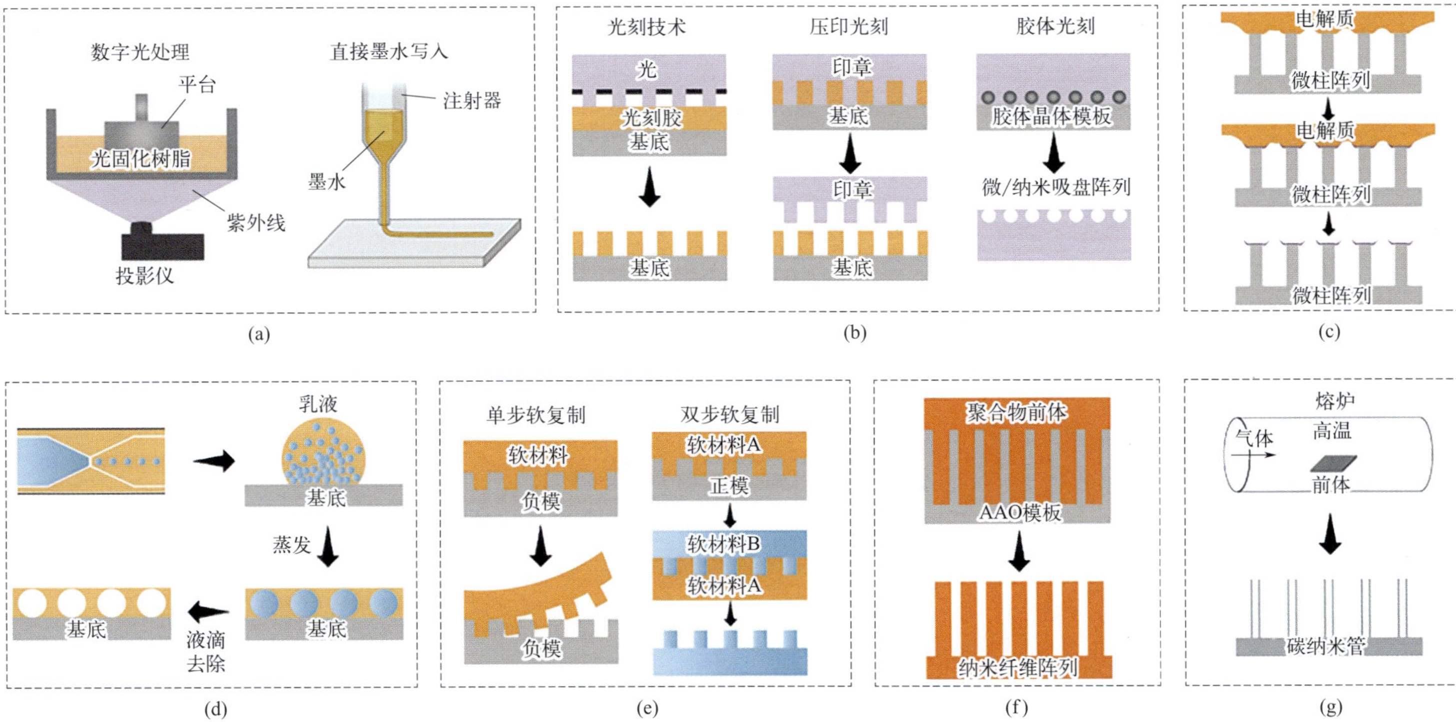


**图 8.8** 人工胶黏剂微纳米结构的典型制造方法示意图[19]

（a）3D 打印；（b）光刻技术，包括光刻、压印光刻和胶体光刻；（c）电化学；（d）微流控；（e）软复制技术，包括一步软复制和两步软复制；（f）蚀刻；（g）化学气相沉积（CVD）

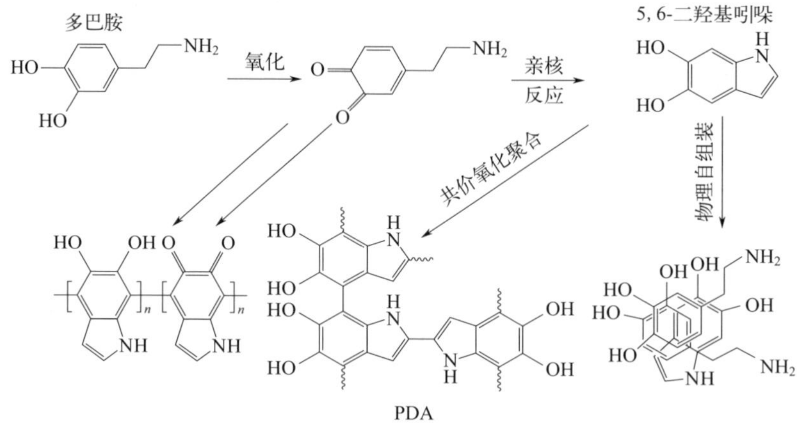

多巴胺
氧化
亲核
反应
5, 6-二羟基吲哚
共价氧化聚合
物理自组装
PDA


(a)

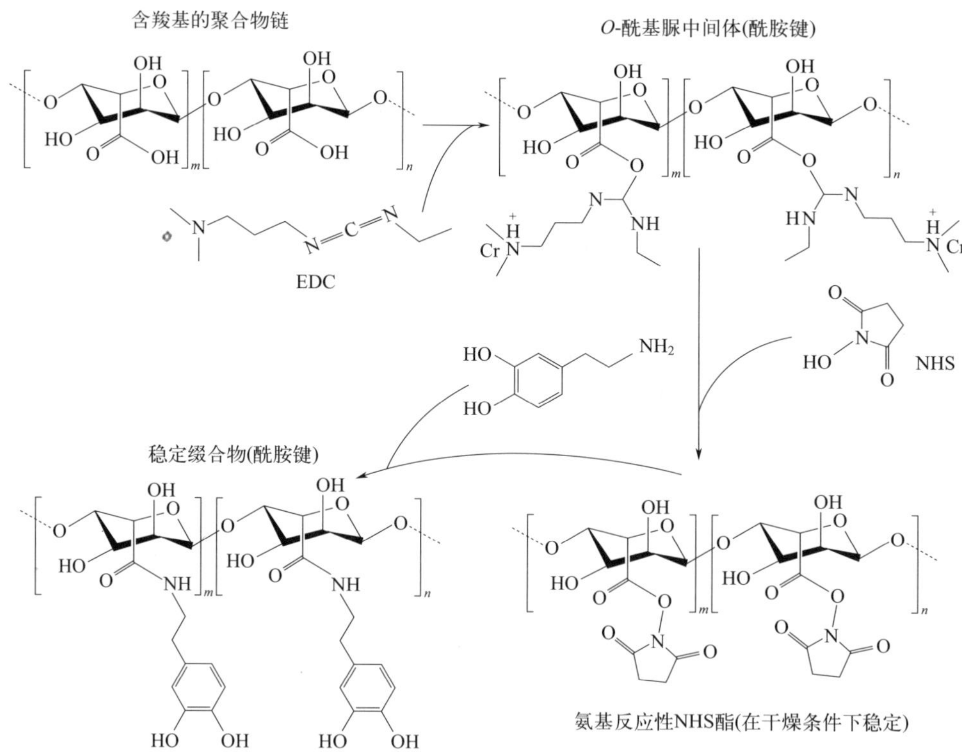

含羧基的聚合物链
O-酰基脲中间体(酰胺键)
EDC
NHS
稳定缀合物(酰胺键)
氨基反应性NHS酯(在干燥条件下稳定)


(b)

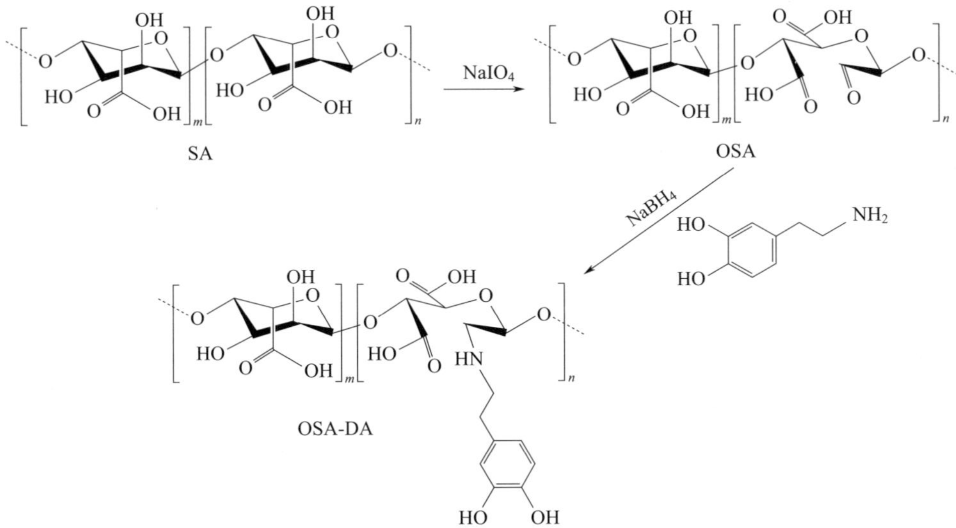


(c)

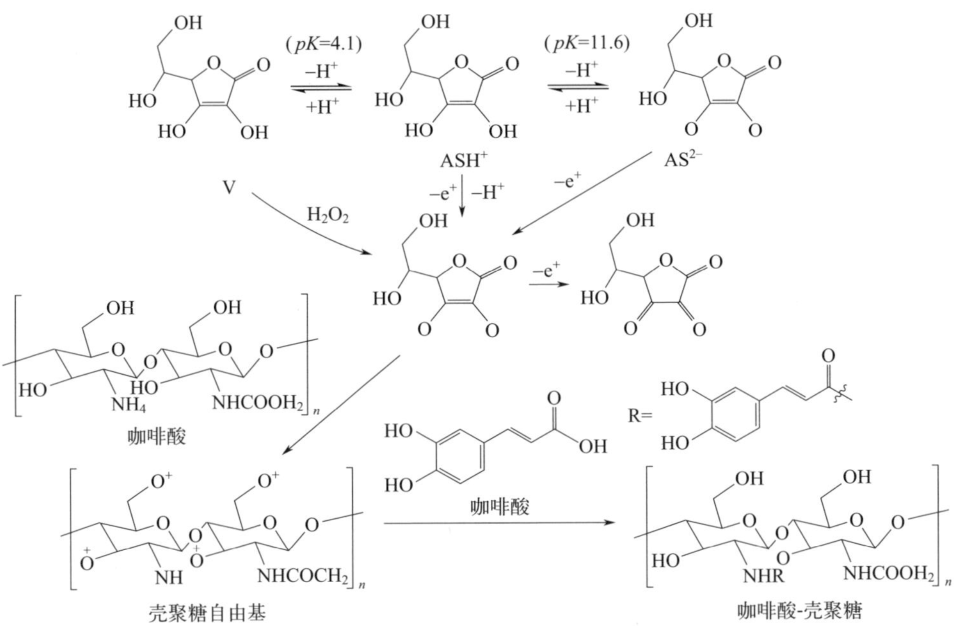


(d)

**图 8.9** 将儿茶酚及其衍生物引入聚合物的典型修饰方法示意图

（a）多巴胺的自聚合；（b）1- 乙基 -3-（3- 二甲氨基丙基）碳二亚胺 / 羟基琥珀酰亚胺（EDC/NHS）偶联化学；（c）醛胺反应化学；（d）使用抗坏血酸 /$H_2O_2$ 氧化还原系统的自由基引发接枝方法

受贻贝黏附蛋白的启发，研究人员探索了使用多巴胺来制造一种新型黏合材料，即聚多巴胺（PDA）。由于其简单性和多功能性，PDA 胶黏剂受到了越来越多的关注。然而，尽管其应用范围广泛，PDA 的确切聚合机制仍然存在争议，主要是因为聚合过程中涉及的氧化还原反应和中间体的复杂性。这里将简要概述 PDA 的形成机制和结构，如图 8.9（a）所示。

PDA 的生成通常始于碱性溶液中，在溶解氧的存在下对多巴胺进行氧化。最初的氧化反应将多巴胺的儿茶酚基团转化为醌。随后，多巴醌经历分子内环化、可逆氧化、分子内重排，以及其他相互作用，如电荷转移、氢键和 π-π 相互作用，最终形成拟议的 PDA 结构[20-22]。此外，研究还表明，多巴胺在酸性条件下也能通过类似于碱性环境的机制发生氧化自聚合反应[23, 24]。多巴胺自聚合的机制、影响因素和过程已在文献中广泛讨论，有兴趣的读者可参考其他详细解释[25-27]。多巴胺的自聚合在多种聚合物的功能化中具有特殊意义，因为它通过便捷的一步法统一了所有组分表面。此外，PDA 胶黏剂还能够通过 Michael 加成反应与胺和硫醇基团发生进一步的反应，从而形成多功能表面。除了多巴胺，其衍生物如二羟基苯丙氨酸、去甲肾上腺素、没食子酸和单宁酸也可通过自聚合技术用于改性聚合物[28-30]。

除了自聚合过程，多巴胺及其衍生物还可以通过共价键引入各种聚合物中。由于天然聚合物通常含有大量的活性官能团（如—$NH_2$、—COOH 和—OH），因此可以采用多种方法将儿茶酚或没食子基团引入聚合物。常见的改性方法包括 1- 乙基 -3-(3- 二甲氨基丙基) 碳二亚胺 / 羟基琥珀酰亚胺（EDC/NHS）偶联化学、Schiff 碱化学以及使用抗坏血酸 /$H_2O_2$ 氧化还原体系的自由基引发接枝方法等［如图 8.9（b）～（d）所示］。1- 乙基 -3-(3- 二甲氨基丙基) 碳二亚胺（EDC）与羟基琥珀酰亚胺（NHS）的偶联化学是生物大分子功能化中最常用的方法之一［图 8.9（b）］。该方法在酸性条件下通过—$NH_2$ 和—COOH 基团之间形成酰胺键[31, 32]。EDC 作为一种水溶性活化剂，能够激活—COOH 基团，生成 *O*- 酰基异脲中间体，尽管该中间体在水溶液中的稳定性较弱。然而，加入 NHS 或磺基 -NHS 能够通过将其转化为酯（更稳定）来稳定 *O*- 酰基异脲，从而提高目标反应的转化效率。大多数天然聚合物中含有丰富的氨基和羧基，因此多巴胺及相关化学物质可以通过 EDC/NHS 偶联化学轻松附着到天然聚合物（透明质酸、藻酸盐、纤维素等）上，从而制备出儿茶酚或没食子酸基聚合物共轭物[33-37]。

Schiff 碱化学提供了另一种合成儿茶酚或没食子酸基功能化聚合物的有效途径［图 8.9（c）］。该方法在温和条件下通过氨基与醛基反应形成 C=N 双键[38, 39]。通过使用 $NaIO_4$ 氧化聚合物可以生成具有双醛基的聚合物，这些聚合物可以通过 Schiff 碱化学与多巴胺及其氨基衍生物反应，生成儿茶酚或没食子酸基功能化的聚合物[35, 40]。例如，氧化后的天然聚合物（羧甲基纤维素、透明质酸和葡聚糖）生成的双醛基可以与多巴胺的氨基单元发生 Schiff 碱反应，形成多巴胺 - 聚合物共轭物。自由基引发的接枝方法，利用抗坏血酸 /$H_2O_2$ 氧化还原体系，也被用于合成儿茶酚或没食子酸基聚合物共轭物[41]。这种方法简单、成本低且环保。传统观点认为羟基自由基（•OH）在此过程中起着重要作用。然而，最近的电子顺磁共振测量显示，实际上是抗坏血酸自由基（$As^{\bullet-}$）驱动了自由基引发的接枝，而不是•OH。该方法的典型机制如图 8.9（d）所示，展示了咖啡酸 - 壳聚糖共轭物的制备[42, 43]。抗坏血酸是一种水溶性化合物，含有两个可电离的—OH 基团，可生成抗坏血酸单阴离子（$AsH^-$），进一步电离为抗坏血酸二阴离子（$As^{2-}$）。在生理 pH 条件下，$AsH^-$ 是主要存在的物种。值得注意的是，$AsH^-$是一种强还原剂，通过单电子氧化反应生成 $As^{\bullet-}$ 自由基。随后，$As^{\bullet-}$ 自由基再失去一个电子，生成脱氢抗坏血酸。$H_2O_2$ 促进了抗坏血酸的氧化，从而生成更多的 $As^{\bullet-}$自由基。这些自由基能够攻击壳聚糖中的氢原子，形成壳聚糖大分子自由基，这些自由基可以与咖啡酸反应，生成儿茶酚 - 壳聚糖共轭物。该自由基引发的接枝技术还可扩展用于将单宁酸、没食子酸及相关化合物引入聚合物，从而获得具有抗氧化性能的没食子酸基聚合物共轭物[28, 44, 45]。

## 参考文献


[1] Yuk H, Zhang T, Lin S, et al. Tough bonding of hydrogels to diverse non-porous surfaces. Nature Materials, 2015, 15 (2) : 190-196.

[2] Creton C, Ciccotti M. Fracture and adhesion of soft materials: a review. Reports on Progress in Physics, 2016, 79 (4) : 046601.

[3] Yuk H, Zhang T, Parada G A, et al. Skin-inspired hydrogel-elastomer hybrids with robust interfaces and functional microstructures. Nature Communications, 2016, 7 (1) : 12028.

[4] Li M, Li W, Guan Q, et al. Sweat-resistant bioelectronic skin sensor. Device, 2023, 1 (1) : 100006.

[5] Rose S, Prevoteau A, Elzière P, et al. Nanoparticle solutions as adhesives for gels and biological tissues. Nature, 2013, 505 (7483) : 382-385.

[6] Liu J, Lin S, Liu X, et al. Fatigue-resistant adhesion of hydrogels. Nature Communications, 2020, 11 (1) : 1071.

[7] Yuk H, Lin S, Ma C, et al. Hydraulic hydrogel actuators and robots optically and sonically camouflaged in water. Nature Communications, 2017, 8 (1) : 14230.

[8] Wirthl D, Pichler R, Drack M, et al. Instant tough bonding of hydrogels for soft machines and electronics. Science Advances, 2017, 3 (6) : e1700053.

[9] Yang J, Bai R, Suo Z. Topological adhesion of wet materials. Advanced Materials, 2018, 30 (25) :

1800671.

[10] Li W, Zhou R, Ouyang Y, et al. Harnessing biomimicry for controlled adhesion on material surfaces. Small, 2024, 20 (45) : 2401859.

[11] Labonte D, Clemente C J, Dittrich A, et al. Extreme positive allometry of animal adhesive pads and the size limits of adhesion-based climbing. Proceedings of the National Academy of Sciences, 2016, 113 (5) : 1297-1302.

[12] Hawkes E W, Eason E V, Christensen D L, et al. Human climbing with efficiently scaled gecko-inspired dry adhesives. Journal of The Royal Society Interface, 2015, 12 (102) : 20140675.

[13] Peattie A M, Majidi C, Corder A, et al. Ancestrally high elastic modulus of gecko setal $\beta$-keratin. Journal of The Royal Society Interface, 2007, 4 (17) : 1071-1076.

[14] Gdalin B E, Bermesheva E V, Shandryuk G A, et al. Effect of temperature on probe tack adhesion: extension of the dahlquist criterion of tack. The Journal of Adhesion, 2011, 87 (2) : 111-138.

[15] Gao H, Yao H. Shape insensitive optimal adhesion of nanoscale fibrillar structures. Proceedings of the National Academy of Sciences, 2004, 101 (21) : 7851-7856.

[16] Gao H, Ji B, Jäger I L, et al. Materials become insensitive to flaws at nanoscale: lessons from nature. Proceedings of the National Academy of Sciences, 2003, 100 (10) : 5597-5600.

[17] Buehler M J, Yao H, Gao H, et al. Cracking and adhesion at small scales: atomistic and continuum studies of flaw tolerant nanostructures. Modelling and Simulation in Materials Science and Engineering, 2006, 14 (5) : 799-816.

[18] Wan X, Wang Z, Liu M, et al. Bioinspired structural adhesives: a decades-old science but emerging materials. Matter, 2024, 7 (5) : 1710-1723.

[19] Li M, Mao A, Guan Q, et al. Nature-inspired adhesive systems. Chemical Society Reviews, 2024, 53 (16) : 8240-8305.

[20] Cheng W, Zeng X, Chen H, et al. Versatile polydopamine platforms: synthesis and promising applications for surface modification and advanced nanomedicine. ACS Nano, 2019, 13 (8) : 8537-8565.

[21] Saiz-Poseu J, Mancebo-Aracil J, Nador F, et al. The chemistry behind catechol-based adhesion. Angewandte Chemie International Edition, 2018, 58 (3) : 696-714.

[22] Xu L Q, Neoh K G, Kang E T. Natural polyphenols as versatile platforms for material engineering and surface functionalization. Progress in Polymer Science, 2018, 87: 165-196.

[23] Cui C, Liu W. Recent advances in wet adhesives: adhesion mechanism, design principle and applications. Progress in Polymer Science, 2021, 116: 101388.

[24] Chen T P, Liu T, Su T L, et al. Self-polymerization of dopamine in acidic environments without oxygen. Langmuir, 2017, 33 (23) : 5863-5871.

[25] Xie C, Wang X, He H, et al. Mussel-inspired hydrogels for self-adhesive bioelectronics. Advanced Functional Materials, 2020, 30 (25) : 1909954.

[26] Lee H A, Ma Y, Zhou F, et al. Material-independent surface chemistry beyond polydopamine coating. Accounts of Chemical Research, 2019, 52 (3) : 704-713.

[27] Lee Y H, Song I, Kim S H, et al. Perovskite photodetectors: perovskite granular wire photodetectors with ultrahigh photodetectivity. Advanced Materials, 2020, 32 (32) : 2070238.

[28] Liang H, Zhou B, Wu D, et al. Supramolecular design and applications of polyphenol-based architecture: a review. Advances in Colloid and Interface Science, 2019, 272: 102019.

[29] Guo J, Tardy B L, Christofferson A J, et al. Modular assembly of superstructures from polyphenol-functionalized building blocks. Nature Nanotechnology, 2016, 11 (12) : 1105-1111.

[30] Ejima H, Richardson J J, Liang K, et al. One-step assembly of coordination complexes for versatile film and particle engineering. Science, 2013, 341 (6142) : 154-157.

[31] Olson R A, Korpusik A B, Sumerlin B S. Enlightening advances in polymer bioconjugate chemistry: light-based techniques for grafting to and from biomacromolecules. Chemical Science, 2020, 11 (20) : 5142-5156.

[32] Song H Q, Fan Y, Hu Y, et al. Polysaccharide-peptide conjugates: a versatile material platform for biomedical applications. Advanced Functional Materials, 2021, 31 (6) : 2005978.

[33] Lee Y, Sugihara K, Gillilland M G, et al. Hyaluronic acid–bilirubin nanomedicine for targeted modulation of dysregulated intestinal barrier, microbiome and immune responses in colitis. Nature Materials, 2019, 19 (1) : 118-126.

[34] Nguyen L T B, Hsu C C, Ye H, et al. Development of an in situ injectable hydrogel containing hyaluronic acid for neural regeneration. Biomedical Materials, 2020, 15 (5) : 055005.

[35] Zhou D, Li S, Pei M, et al. Dopamine-modified hyaluronic acid hydrogel adhesives with fast-forming and high tissue adhesion. ACS Applied Materials & Interfaces, 2020, 12 (16) : 18225-18234.

[36] Zhou C, Ao H Y, Han X, et al. Engineering a novel antibacterial agent with multifunction: protocatechuic acid-grafted-quaternized chitosan. Carbohydrate Polymers, 2021, 258: 117683.

[37] Zhang S, Hou J, Yuan Q, et al. Arginine derivatives assist dopamine-hyaluronic acid hybrid hydrogels to have enhanced antioxidant activity for wound healing. Chemical Engineering Journal, 2020, 392: 123775.

[38] Talebian S, Mehrali M, Taebnia N, et al. Self-healable hydrogels: self-healing hydrogels: the next paradigm shift in tissue engineering?. Advanced Science, 2019, 6 (16) : 1801664.

[39] Mohamed M A, Fallahi A, El-Sokkary A M A, et al. Stimuli-responsive hydrogels for manipulation of cell microenvironment: from chemistry to biofabrication technology. Progress in Polymer Science, 2019, 98: 101147.

[40] Hu C, Long L, Cao J, et al. Dual-crosslinked mussel-inspired smart hydrogels with enhanced antibacterial and angiogenic properties for chronic infected diabetic wound treatment via pH-responsive quick cargo release. Chemical Engineering Journal, 2021, 411: 128564.

[41] Liu J, Yong H, Liu Y, et al. Recent advances in the preparation, structural characteristics, biological properties and applications of gallic acid grafted polysaccharides. International Journal of Biological Macromolecules, 2020, 156: 1539-1555.

[42] Curcio M, Puoci F, Iemma F, et al. Covalent insertion of antioxidant molecules on chitosan by a free radical grafting procedure. Journal of Agricultural and Food Chemistry, 2009, 57 (13) : 5933-5938.

[43] Arizmendi-Cotero D, Gómez-Espinosa R M, Dublán García O, et al. Electron paramagnetic resonance study of hydrogen peroxide/ascorbic acid ratio as initiator redox pair in the inulin-gallic acid molecular grafting reaction. Carbohydrate Polymers, 2016, 136: 350-357.

[44] Nguyen D D, Luo L J, Lue S J, et al. The role of aromatic ring number in phenolic compound-conjugated chitosan injectables for sustained therapeutic antiglaucoma efficacy. Carbohydrate Polymers, 2020, 231: 115770.

[45] Jing Y, Diao Y, Yu X. Free radical-mediated conjugation of chitosan with tannic acid: characterization and antioxidant capacity. Reactive and Functional Polymers, 2019, 135: 16-22.

第 9 章

# 现有的仿生黏附材料

# 9.1
# 仿生黏附材料设计及合成原则

根据第 8 章中概述的合成方法，已经设计出大量仿生人工胶黏剂，这些胶黏剂利用了表面微纳米结构和 / 或化学成分来实现黏附效果。本章将探讨基于各种生物黏附机制开发的仿生人工黏附材料。这包括结构仿生胶黏剂，如仿壁虎毛状阵列、树蛙多边形阵列、章鱼吸盘和其他生物的微尺度钩状阵列等。此外，还将讨论化学仿生胶黏剂，这些胶黏剂具有受贻贝启发的特定化学官能团。

## 9.1.1 结构仿生胶黏剂

近年来，众多仿生人工结构胶黏剂被设计出来，旨在复制自然界中所观察到的非凡黏附能力，包括壁虎足垫、树蛙足垫、章鱼吸盘以及其他生物的黏附结构（如图 9.1 所示）。尽管这些人工胶黏剂在界面黏附强度方面取得了显著进展，但它们在恶劣环境中（如多尘或粗糙表面）往往表现出较差的黏附性能[1]。这里我们将探讨受多种黏附结构启发的仿生黏附表面的研究进展。

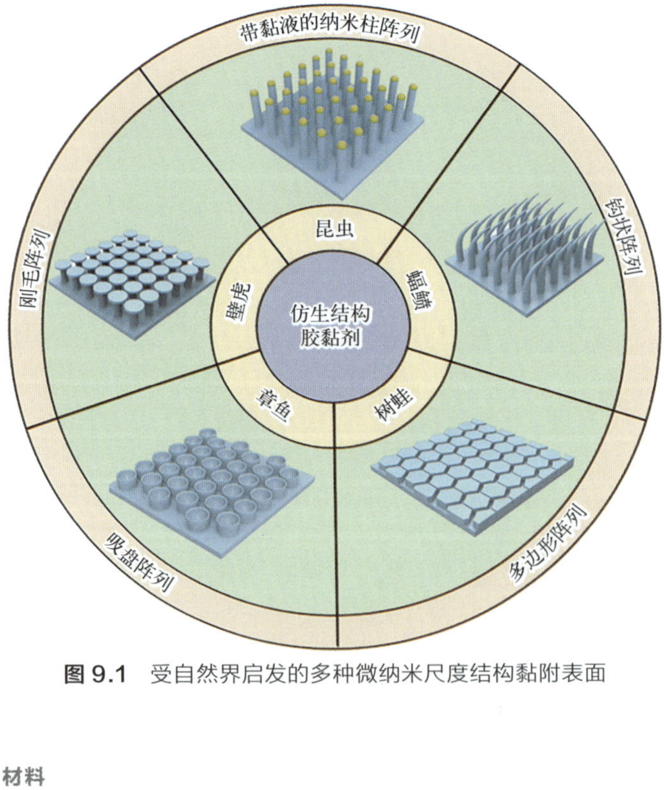


图 9.1　受自然界启发的多种微纳米尺度结构黏附表面

### 9.1.1.1 受壁虎启发的毛状阵列

受壁虎启发的毛状阵列是干性胶黏剂的典型例子，专为固体与固体接触设计。这种排列方式促进了两个固体界面之间的直接相互作用，从而通过相邻分子之间的分子相互作用生成范德瓦耳斯力。这些力在促进正常黏附中起着至关重要的作用，使人工胶黏剂能够实现有效的附着。值得注意的是，均匀的应力分布有助于增强黏附力，而应力集中可能导致界面裂纹的形成，并可能在整个接触界面中扩展。因此，通过精心的结构和尺寸设计实现大接触面积和均匀的应力分布，可以增强壁虎启发的黏合表面的黏附强度。早期在这一领域的探索揭示了一个一致的设计轨迹，旨在模仿壁虎脚趾垫结构的几何特征（如图 9.2 所示）。总体而言，这一演变可以分为五个不同的阶段：①制造独立的垂直排列的微纳米纤维阵列［图 9.2（a）］；②多样化顶端形状［图 9.2（b）］；③改变纤维茎的形状［图 9.2（c）］；④引入各向异性几何形状，如角度纤维茎、倾斜顶端或两者的结合［图 9.2（d）］；⑤建立层次结构［图 9.2（e）］。

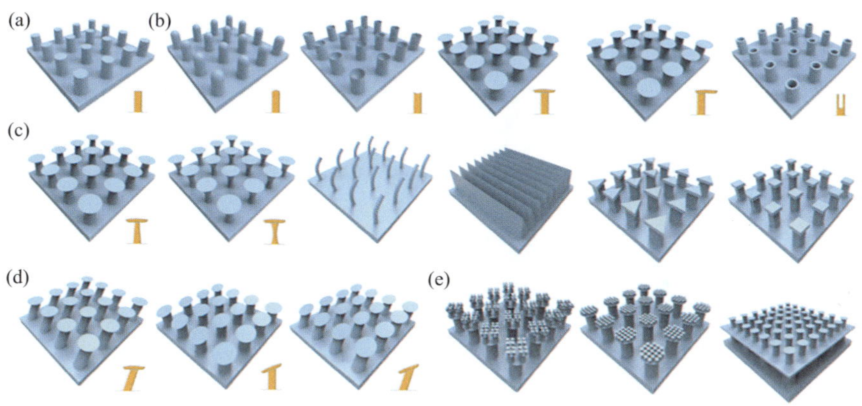


**图 9.2** 受壁虎启发的干性黏合结构的发展

（a）垂直排列的微纳米纤维；（b）不同形状的顶端；（c）不同形状的纤维茎；（d）各向异性结构，包括倾斜纤维茎、倾斜顶端及两者的组合；（e）层次结构

为了研究结构对受壁虎启发胶黏剂的影响，Campo 等人[2]采用油墨打印固化技术，制作了具有不同几何形状的垂直阵列，如平面、球形、带圆角的平面、铲状、蘑菇形和凹形顶端。研究表明，与其他顶端形状的控制组相比，蘑菇形和铲状顶端的阵列表现出显著更强的黏附性。同样，Xue 等人[3]的研究也得出了相似的结论，他们发现，当使用刚性聚合物时，带有半球形顶端的垂直阵列缺乏可检测的黏附性，而带有蘑菇形顶端的阵列表现出了黏附特性。蘑菇形顶端垂直阵列

的黏附性能提升可归因于伞状结构，它有效地缓解了应力集中，从而阻止了裂纹在接触界面中的形成和扩展[4]。此外，这种伞状结构还表现出对尘粒和表面缺陷的更大抗性，增强了对基底粗糙度的适应性，并确保形成符合性接触。因此，为了找到最佳黏附形状参数，Carbone 等人[5]系统地研究了伞帽的几何参数，特别是伞帽半径（$R_e$）与柱体半径（$R_i$）之间的比值（$R_e/R_i$）以及柱体厚度与半径之间的比值（$s/R_i$），以优化蘑菇形顶端。他们发现，当 $s/R_i$ 的范围在 0.2～0.3 之间，且 $R_e/R_i$ 超过 2 时，可以获得最佳性能。

另外，JKR 模型表明，随着接触半径的增加，黏附强度会下降，这为设计壁虎启发的黏合表面提供了基本框架。在 Greiner 等人[6]的研究中，系统地研究了不同半径纤维的黏附性能，结果显示，随着纤维半径的减小，界面黏附性显著增强，这与 JKR 模型的预测一致。此外，超薄的柱体，尤其是纳米尺度的柱体，可能表现出另一个优势，即它们对接触界面干扰的敏感性较低[7, 8]。因此，具有纳米级柱体的壁虎启发毛状阵列表现出更高的容尘性和对表面缺陷的耐受性，展示出卓越的适应性[9]。

此外，壁虎启发的微 / 纳米柱的黏附性能与其纵横比密切相关。通过有限元仿真，Aksak 等人[10]揭示了降低纵横比显著增强了结构刚性。然而，刚性增加可能会削弱与基底的符合接触，降低对粗糙表面的适应性。这一现象可能解释了自然干性黏附系统中低纵横比结构的稀有性，因为大多数黏附系统中通常不需要这种设计目标。相反，研究表明，较高的纵横比可以增强界面黏附性。然而，细长的纤维可能由于界面相互作用力的作用，容易黏附在邻近纤维上，导致黏附失效[10, 11]。此外，受壁虎倾斜毛状结构的启发，人工胶黏剂中的倾斜阵列和倾斜顶端都表现出显著的摩擦和黏附各向异性，促进了附着与脱离之间的顺畅过渡。同时，多项研究表明，层次结构能够降低胶黏剂的刚性，使其与粗糙表面形成复合接触，从而增强对表面粗糙度的适应性[12, 13]。

### 9.1.1.2 树蛙启发的多边形图案

树蛙脚趾上的多边形微柱几何结构使其能够在潮湿环境中生存。除了这些微柱与固体表面直接接触产生的范德瓦耳斯力外，还存在湿性黏附，主要源于液体桥在微柱与接触表面之间形成的毛细力。根据式（7.9），毛细力的大小在很大程度上取决于液膜的厚度，记为 $h$。液膜的整体形态和均匀性在很大程度上受多边形微柱阵列配置的影响，因为这种排列决定了液体在微柱之间的流动和排水。因此，优化树蛙启发的胶黏剂几何结构对于增强其在湿润条件下的黏附能力至关重要。关于模仿树蛙足垫的仿生湿性胶黏剂的研究主要集中在微柱的形状、尺寸和层次结构（如图 9.3 所示）。

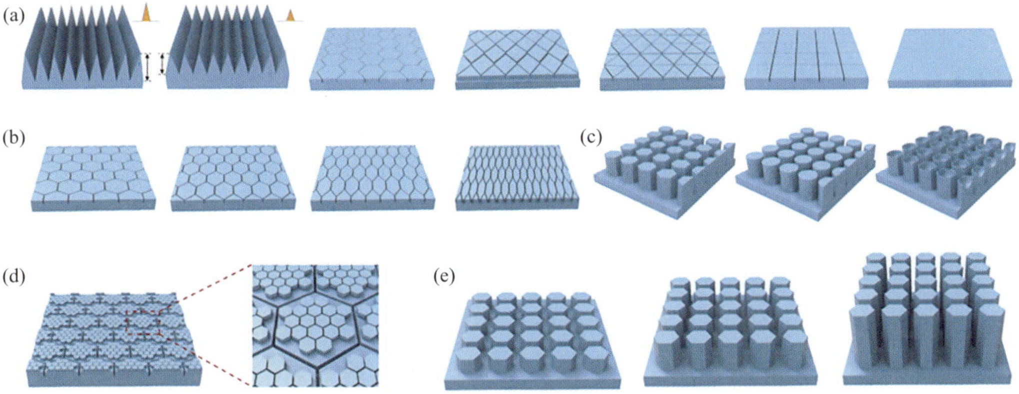


**图 9.3** 树蛙启发的湿性黏合结构的发展

（a）同形状的多边形微柱，包括不同高度的牙形结构（0.5mm 和 1mm）、六边形柱体、菱形柱体、三角形柱体、四边形柱体和光滑表面；（b）顶角不同的六边形微柱，包括 120°、90°、60° 和 30°；（c）不同末端形状的六边形微柱，如平面、T 形和凹形顶端；（d）层次化六边形微柱；（e）不同高度的六边形微柱（5μm、10μm 和 20μm）

由于在树蛙脚趾垫上观察到的多种多边形微柱，Chen 等人 [14] 对七种不同表面图案的摩擦力进行了系统比较，如图 9.3（a）所示，结果表明，六边形微柱表现出最佳的黏附性能 [14]。这种优越性源于微柱结构直接影响通道的排水能力，这对通道内液体的流动动力学具有重要影响。六边形通道具有更好的排水效果，防止液体积聚并进入接触界面，从而减小液膜的厚度，增强摩擦力和黏附力。此外，Iturri 等人 [15] 对拉长和规则六边形微柱的摩擦力进行了比较，如图 9.3（b）所示。结果表明，在潮湿条件下，拉长结构由于其较低的弯曲刚度和沿移动方向增加的边缘密度，表现出比规则结构更大的摩擦力。在探索顶端形状对黏附的影响时，Drotlef 等人 [16] 设计了带有平面、T 形和凹形顶端的六边形微柱 [16]，如图 9.3（c）所示。界面黏附测量结果表明，在湿润环境中，毛细相互作用起着主导作用，而终端结构对湿性黏附力的影响较小。此外，层次化六边形微柱有助于将液体自分裂成更小的单元［图 9.3（d）］，促进液体在微柱之间的均匀分布，从而形成更薄且更均匀的液膜，增强毛细力。

此外，湿性黏附能力在很大程度上受微柱和纳米柱尺寸的影响。Xie 等人 [17] 广泛研究了额外参数对六边形结构黏附性能的影响［如图 9.3（e）所示］，发现高度、宽度和长度比例的相互作用对黏附性能有显著影响，挑战了单一主导参数的观点。多个参数的共同作用影响了两界面之间的有效接触面积和通道的排水能力。另外，Zhang 等人 [18] 提出的六边形微柱设计中，当 $V_p \approx V_c$ 时，湿性黏附得到增强，其中 $V_p$ 代表当界面液膜厚度等于通道宽度时每个微结构上附着的液膜体积，$V_c$ 表示当液膜厚度为零时每个微柱周围通道中的液体体积[18]。这种尺寸优化促进了液体的自分裂，导致更均匀的液体分布和增大的毛细区域，部分解释了组合参数对黏附性能的显著影响。然而，由于环境的复杂性，目前尚无完整理论揭示不同多边形结构的黏附机制，这限制了相关仿生胶黏剂的进一步发展。

#### 9.1.1.3 章鱼启发的吸盘

章鱼是利用吸盘在水中实现可靠黏附的典型海洋生物。其水下黏附能力的一个重要因素是吸力，而吸力直接受到压力差和有效接触面积的影响。因此，确保良好的密封性和与接触界面的适应性对于最大化压力差和有效接触面积至关重要，也有助于实现优异的黏附效果。针对模拟章鱼吸盘的仿生胶黏剂的研究，主要集中在研究腔体的曲率、形状、尺寸和层次结构（如图 9.4 所示）等方向。

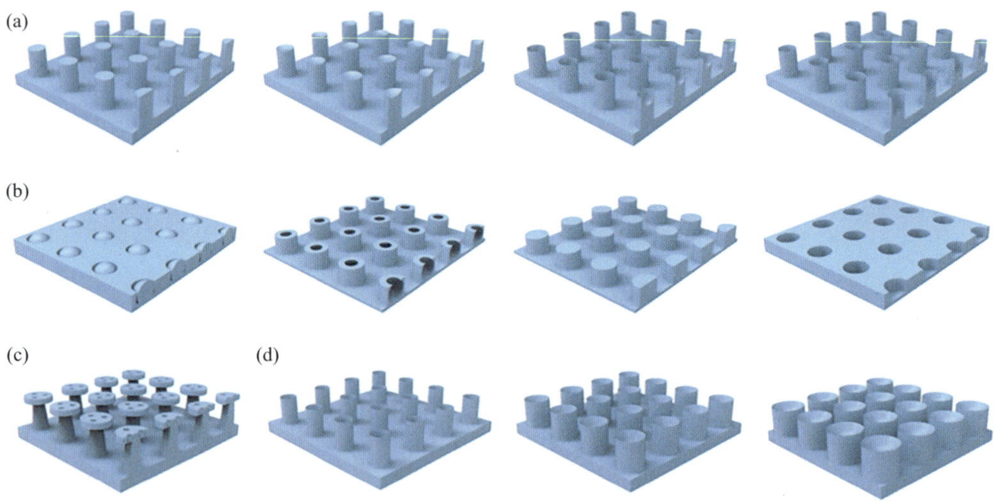


**图 9.4** 章鱼启发的湿性黏合结构的发展

（a）不同曲率半径的吸盘（约 1.00、0.66、0.84、0.93）；（b）不同形状的吸盘，包括章鱼启发的结构、穿孔圆柱体、圆柱形柱体和圆柱形孔；（c）顶端带有吸盘的层次化微柱；（d）不同直径尺寸的吸盘（直径分别为 15μm、50μm 和 500μm），曲率约为 0.93

研究发现，仿照真实章鱼吸盘设计的人工吸盘展示出增强的黏附能力。Baik 等人[19]成功复制了章鱼吸盘的漏斗状结构和周边边缘，制备了相应的仿生吸盘，这些吸盘在水中表现出卓越的适应性和稳定的黏附性能。这些吸盘内部具有弯曲的腔体，以降低边缘模量，从而实现与基底的符合接触，并确保有效的密封。此外，他们还研究了曲率半径对这些吸盘的影响［图 9.4（a）］，结果表明，曲率为 0.93 的吸盘相比其他曲率，具有更大的有效接触面积和最佳的可切换黏附能力。进一步地，他们通过模仿章鱼吸盘顶部的凸起结构，将微穹顶融入吸盘结构中［图 9.4（b）］，这些微穹顶通过液体分子间的凝聚力产生的毛细辅助吸附效应，增强了湿润环境下的黏附力。Lee 等人 [20] 的另一项研究指出，吸盘中的微穹顶能够防止外壁塌陷，从而确保水下黏附的稳定性。大气条件下，由于空气的可压缩性，吸盘装置的界面黏附强度有限，通常压力差在（10 ～ 40）kPa 之间。相比之下，这些装置在水或油等不可压缩介质中表现出显著更高的黏附强度 [20]。为了解决这一问题，Dayan 等人 [21] 采用两光子光刻技术，利用 3D 打印直接制造弹性体微结构，构建了复杂的三维黏附微结构，该结构结合了章鱼和壁虎的仿生特征［如图 9.4（c）所示］。这种仿生胶黏剂兼具章鱼和壁虎启发的微结构胶黏剂的优势，能够在湿润和干燥表面上实现强力且可逆的黏附 [21]。

关于章鱼吸盘尺寸对黏附力的影响［图 9.4（d）］，Spolenak 等人提出，吸盘产生的黏附力与其表面积成正比，这表明在恒定压力差下，水下黏附强度并不严格遵循接触分裂原理。然而，较大的吸盘由于无法实现完美的复合接触，容易发生压力泄漏，导致吸力显著下降。对此，Smith[22] 的研究提供了一个解释，他发现较小的吸盘能够产生比较大的吸盘更高的压力差，因为较小的腔体承受的环向应力较小，使其能够承受更大的压力差。不过，这一现象基于壁厚一致的假设，因为环向应力会随着腔体体积与壁厚的比率变化。

### 9.1.1.4 其他生物启发的仿生黏合结构

除了前述的典型生物黏附结构外，自然界中还存在其他生物表面的结构性黏附机制，研究人员也利用这些机制开发出仿生黏附材料。例如，一些昆虫，如甲虫和苍蝇，通过液桥诱导的毛细黏附实现湿性黏附性能。与树蛙足部的多边形柱状结构不同，这些昆虫的黏附垫结构更类似于壁虎足垫。例如，Xue 等人 [23] 通过结合毛细黏附和水合作用引起的软化技术，开发出一种仿生多孔纤维胶黏剂。该仿生胶黏剂利用由嵌段共聚物制成的纳米棒阵列作为纤维黏合元件，并连接到由相同材料制成的多孔薄膜上。值得注意的是，薄膜的连续孔隙有助于将胶黏剂内部的液体输送到纤维黏合元件的顶部。水分诱导的软化作用与注入液体提供的额外黏附力相结合，形成了固 - 固接触，由胶黏剂和被粘物之间的毛细作用支撑［图 9.5（a）］，从而大幅提高了黏附力和黏附功。这种毛细支撑的接触表明，黏附力和黏附功与外部负荷无关。在低相对湿度（RH）的条件下，毛细作用成为决定黏附功的主要因素，因为它不受湿度影响。此外，随着接触表面上液体的积聚，黏附功和液桥在胶黏剂与被粘物之间破裂的距离将相应增加。

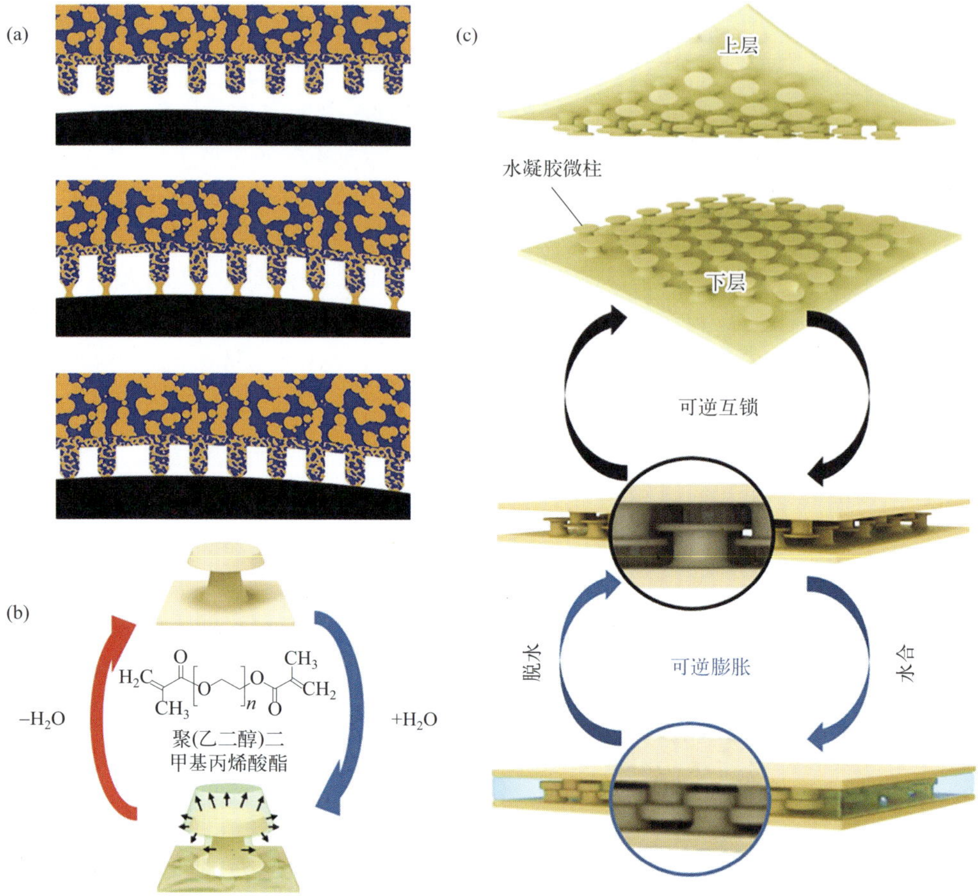


**图 9.5** 其他生物启发的仿生黏合结构的发展 [23]

（a）由毛细作用支撑的固 - 固接触形成示意图；（b）PEGDMA 微钩的可逆膨胀和收缩过程；

（c）微钩胶黏剂的示意图

此外，基于机械嵌合和摩擦策略的黏附机制在自然界中也有体现，例如棘鳍植物 [24, 25]。Park 等人 [26] 利用软光刻技术制造了基于聚乙二醇二甲基丙烯酸酯（PEGDMA）的微钩阵列，开发了一种可在潮湿环境下通过结构紧固的胶黏剂。微钩的独特结构配置，带有突出的头部，促使两个配对阵列之间实现有效的机械嵌合。接触水后，水被捕获在 PEGDMA 的三维聚合物网络中，导致其体积显著膨胀［如图 9.5（b）所示］。这种由水触发的可逆形状变化使微钩在水分移除（干燥）后恢复到初始尺寸。该湿度触发的形状重构机制使得在湿润条件下的水凝胶紧固型胶黏剂表现出强大的黏附力［如图 9.5（c）所示］。为了有效对比受不同生物结构启发的黏附表面的黏附能力，这些通过结构机制实现黏附的表面已系统地汇总于表 9.1 中。

**表 9.1　仿生结构性胶黏剂的特征**

| 仿生来源 | 材料 | 结构 | 测试方法 | 基底 | 黏附强度 |
|---|---|---|---|---|---|
| 壁虎 | PMMA，PDMS，聚酰亚胺，碳纳米管和SU8. PU 涂层 P(DMA-*co*-MEA)，PDMS 与 PAAm-PNIPAAm-PAA/Fe | 垂直纤维，层级支柱，蘑菇头，楔形结构，层级垂直支柱，层级倾斜支柱 | 平面探针，拉伸试验，剪切试验，平面冲压 | 玻璃，硅晶圆，玻璃球，铝 | 1.5 ～ 330kPa |
| 喉盘鱼 | 硅橡胶弹性体 | 带有吸盘的微柱阵列 | 平冲 | 硅橡胶弹性体 | 约 14kPa |
| 蜜蜂 | PVS | 垂直纤维 | 平冲 | 玻璃 | 140 ～ 170kPa |
| 鲫鱼 | PDMS | 垂直板片与刺 | 平冲与搭接剪切 | 玻璃 | 195 ～ 270kPa |
| 章鱼 | PDMS，pNIPAM 和 PEGDA，PUA | 吸盘带有弯曲的内腔，带有凸起状圆顶结构的微腔，圆顶状凸起结构，由弯月面控制的，不可展开的 3D 微尖端 | 搭接剪切，平冲 | 玻璃，硅片 | 约 30 ～ 120kPa |
| 章鱼与两栖类 | PDMS | 分层六角形微结构覆盖着类似章鱼的凸起结构 | 剥离和扁平冲压 | 硅片，组织 | 40 ～ 50kPa |
| 章鱼与壁虎 | 光固化树脂 | 垂直蘑菇形尖端和吸盘 | 平面探针 | 玻璃半球 | 约 52kPa |
| 吸盘 | PU | 杯状微结构 | 平冲 | 玻璃 | 0.3 ～ 1MPa |
| 钩子 | PEG-dMA | 微钩阵列 | 拉伸试验与搭接剪切 | 自身 | 80 ～ 800kPa |
| 树蛙 | PDMS，PU | 微方阵，微六边形阵列，层级六边形微结构 | 平冲，探针平面 | 玻璃，红宝石球 | 0.1 ～ 25kPa |
| 其他 | PEGDMA，聚对二甲苯，PU | 垂直纤维，随机分布的柱子，随机分布的微 / 纳米孔 | 平冲与搭接剪切与 180°剥离 | 玻璃，金，铝，陶瓷，玻璃，塑料 | 15 ～ 570kPa |

## 9.1.2 化学仿生胶黏剂（受贻贝启发的功能性化学基团）

过去几十年中，基于贻贝化学启发的化学成分胶黏剂大致可分为两类：基于胶带的和基于胶水的胶黏剂（图 9.6）。基于胶水的胶黏剂通常由液态前体溶液配制，在空气中或水下经历固化过程，在分子水平上促进界面相互作用。同时，这些液体会通过聚合和 / 或交联作用固化［图 9.6（a）］。这种胶黏剂通常具有很高的黏合强度，且常表现出内聚性破坏，表明黏合强度高于内聚力。然而，这类胶黏剂需要较长的固化时间，且形成的黏合通常是不可逆的。Fan 等人[27]已经对胶水型胶黏剂进行了全面综述，相比之下，类似胶带的胶黏剂是软固体，通过化学和 / 或物理相互作用直接黏附于干燥或潮湿的表面［图 9.6（b）］。这种胶黏剂通常提供即时且可逆的黏附性。然而，由于脱水效率低和 / 或基材表面粗糙度的影响，黏合强度往往减弱，导致界面接触不佳。因此，胶带型胶黏剂的开发通常着重于

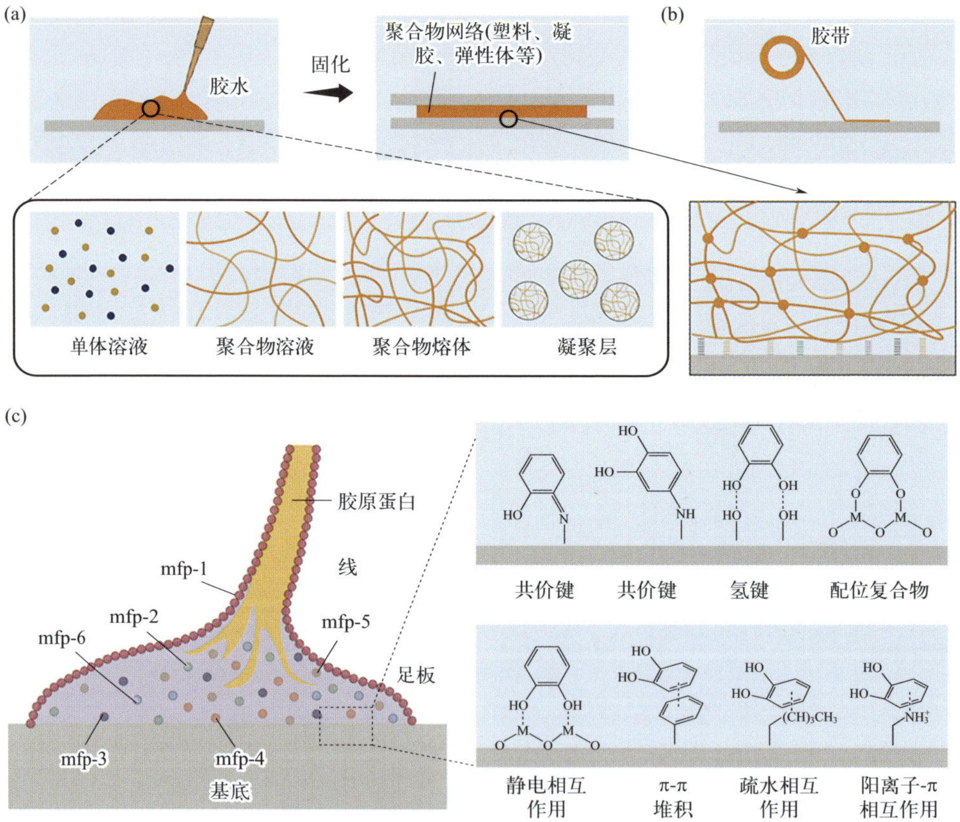


**图 9.6** 受贻贝化学启发的仿生胶黏剂[27]

（a）受贻贝化学启发的胶水型胶黏剂；（b）受贻贝化学启发的胶带型胶黏剂；

（c）展示贻贝足丝结构布局的示意图

提高脱水效率和促进稳固界面桥的形成，这一挑战涉及多个尺度。本节讨论的贻贝黏附化学启发的胶黏剂主要是胶带型胶黏剂，因为它们与前面讨论的仿生结构胶黏剂具有更大的相似性，这有助于我们比较不同仿生机制（结构和化学成分）的优缺点，并为未来的研究提供相应的方向。

借鉴贻贝中黏附蛋白的启示，儿茶酚化学已经成为在胶带型胶黏剂和基材之间建立多种界面连接的常用方法。儿茶酚具有高度的多功能性，能够与不同的功能基团进行物理和共价交联［图 9.6（c）］。例如，其羟基能够与金属氧化物发生静电相互作用，并能与亲水表面形成氢键。此外，其苯环可以与具有不同界面特性的黏附物通过阳离子-π 相互作用、疏水相互作用和 π-π 堆积作用进行结合［图 9.6（c）］。当儿茶酚被氧化为醌时，相关产物可以通过 Michael 加成与胺类和硫醇形成共价键，同时与金属氧化物建立强大的配位复合物。基于分子相互作用的仿贻贝胶带型材料包括一系列的体相胶黏剂，如纳米级聚合物涂层、塑料薄膜、弹性体和水凝胶。这些材料的黏附能力根据其材料特性和黏合机制的不同而变化，后者包括物理相互作用，如静电力、主客体相互作用和氢键，以及通过 Michael 加成、Schiff 碱反应和 C—H 插入等过程形成的化学键。总之，仿生人工胶黏剂在选择结构性黏附或化学黏附时，主要取决于其预期应用。基于结构黏附的胶黏剂，如模仿壁虎脚的胶黏剂，提供可逆的黏附性能，但易受灰尘等颗粒污染的影响[27, 28]。相反，基于贻贝化学的胶黏剂具有强大的界面黏附力，使其难以剥离。然而，结构性黏附面临黏附强度有限和环境适应性不足的问题，例如，受壁虎启发的胶黏剂在潮湿或水下环境中由于水合作用而失去效果。因此，未来的研究需要集中于结合结构性和化学黏附的优点，以开发先进的仿生人工胶黏剂。

# 9.2 现有的仿生人工黏附材料

## 9.2.1 聚合物

根据生物附着机制，可以将其归为几类主要的物理运行机制：一类是完全依赖机械原理的系统，如钩子、吸盘或摩擦装置；另一类则基于化学聚合物和胶体系统，例如各类胶黏剂。生物胶黏剂的定义为能够防止两个表面分离的黏性材料，胶水和水泥也属于此类。近年来，各类聚合物材料逐渐广泛应用于微流体设备的制造以及仿生黏附和自清洁表面的开发。常见的聚合物材料包括聚二甲基硅氧烷（PDMS）、聚氨酯（PU）、聚氨酯丙烯酸酯（PUA）、聚甲基丙烯酸甲酯

（PMMA）、聚碳酸酯（PC）、聚对苯二甲酸乙二醇酯（PET）、聚氯乙烯（PVC）和聚酯等[29-36]。其中，PDMS因其诸多优点被广泛认为是制造微流体设备的理想材料。这些优点包括优良的黏弹性、生物相容性、气体渗透性、光学透明性、便于成型的微米或亚微米结构、易于与自身或玻璃黏附、化学耐受性较好以及低廉的制造成本等。然而，PDMS本身具有较强的疏水性，这限制了其在微流体和仿生表面中的灵活应用。因此，通常需要通过表面修饰来提高PDMS的表面润湿性，以便促进液体的输送，并减少疏水物质或蛋白质的非特异性吸附[34]。目前，已有多种基于硅和聚合物材料的表面处理方法可以有效防止生物污损。然而，许多改进方法仍集中于PDMS的表面修饰领域，这一领域仍面临许多技术难题和挑战需要解决。

通过电子束光刻技术利用聚酰亚胺制备了一种相对有效的胶黏剂（见图9.7）[35]。这些由不同高度的微纳米聚酰亚胺簇组成的结构能够产生较高的法向黏附力（约$3N/m^2$）。然而，这种方法的主要缺点在于制造速度缓慢且成本较高，因而不适用于大规模生产或其他广泛应用。

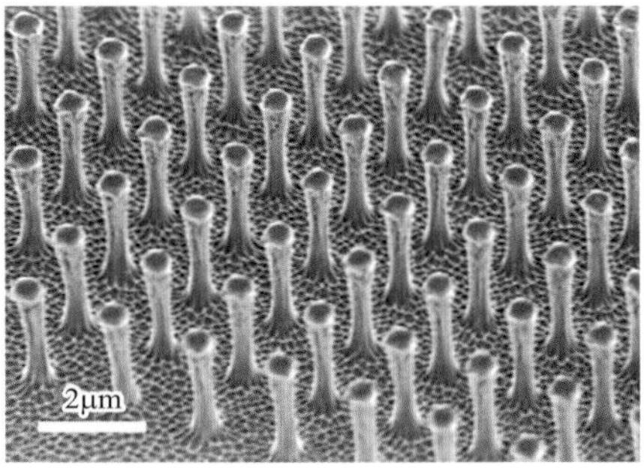


**图9.7** 用聚酰亚胺毛发制成的仿壁虎脚掌胶黏剂的扫描电镜显微镜图[35]

随后，图9.8展示了两种带悬垂帽的PDMS支柱结构[34]。这些受壁虎启发的干式黏附表面直接通过模具利用硅或光刻胶制备而成。小型盖帽的设计能够显著增强黏附力，但在某些应用中可能需要更强的定向力或更好的粗糙表面兼容性。

Lee等人[37]通过将PDMS纳米柱阵列浸入含有儿茶酚基团的聚合物溶液中，并进行提拉处理，成功制备出一种可重复使用的纳米黏附材料（如图9.9所示）。这种黏附材料在干燥和潮湿环境下的黏附性能均优于壁虎，特别是在水中的表现，约为壁虎黏附能力的15倍。随后，Glass等人[30]在Lee等人的研究基础上进一步优化了纳米柱阵列的尺寸和聚合物涂层的厚度，结果表明，复合表面的湿态黏附性能得到增强，且在无吸力作用的情况下，实现了宏观尺度上的可逆性黏附能力提升。

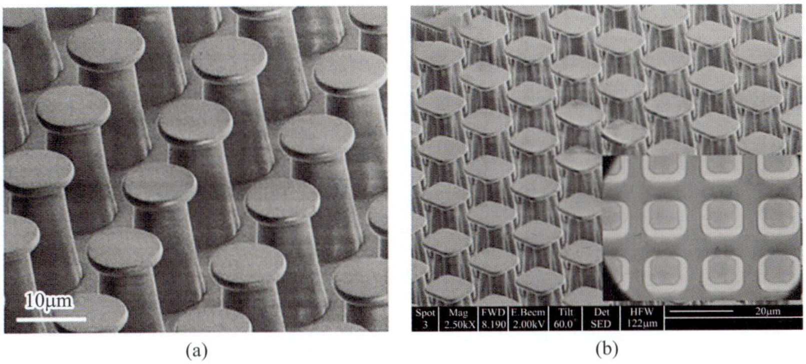


**图 9.8** 带有悬垂帽的 PDMS 胶黏剂的扫描电镜图像[34]

（a）在光刻胶模具中生产具有对称盖的各向同性胶黏剂；（b）在光致抗蚀剂基模具中形成的具有脱模帽的各向异性胶黏剂

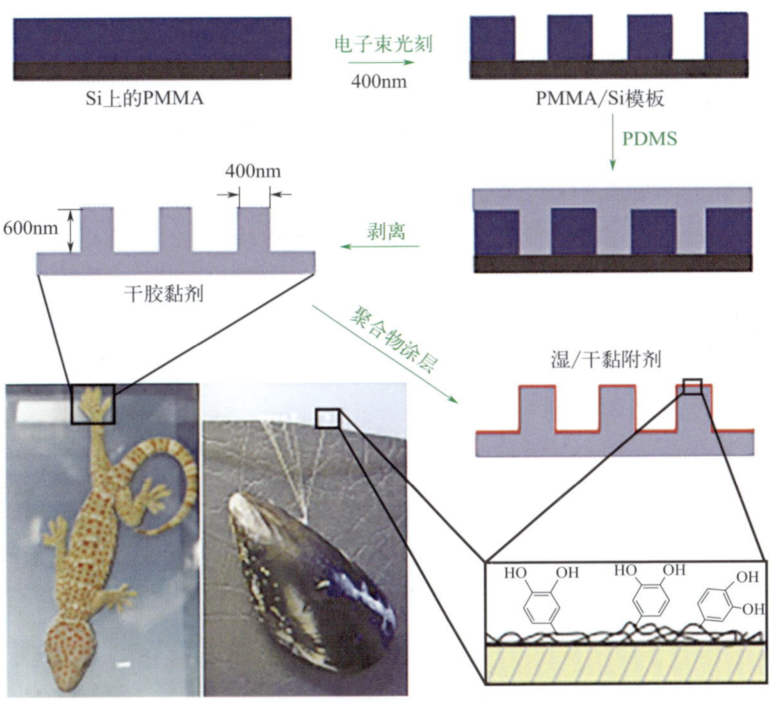


**图 9.9** 干 / 湿可逆纳米黏附材料的设计和制备[37]

## 9.2.2 水凝胶

聚合物水凝胶能够在产品设计中集成多种功能，如韧性、黏性、自修复性、导电性和响应性，因此在诸如组织工程、电子皮肤、伤口愈合、药物释放和软机器人等领域具有广泛的应用前景[38]。随着智能材料的快速发展，材料设计要求越来越灵活，不仅需要具备可拉伸性和持久稳定的黏附性，还要能够适应更广泛的应用[39-41]。除了强黏附性之外，优质的水凝胶还需要具备刚性、可恢复性以及环境稳定性等综合性能。水凝胶以其柔软、湿润的特性而著称，模拟了生物体的原始特征。近年来，已经开发了多种多官能团水凝胶，如互穿网络水凝胶[42, 43]、双网络水凝胶[28, 44]以及纳米复合水凝胶[45]等。例如，Han 等人[46]通过在聚丙烯酰胺（PAM）和黏土网络中引入聚多巴胺纳米颗粒（PDA），制备了 PDA- 黏土 -PAM 水凝胶。PDA 上的儿茶酚基团类似于贻贝丝黏附蛋白中的主要残基 DOPA，在实现类似贻贝的黏附特性中起着重要作用。引入 PDA 不仅赋予材料优良的组织黏附性，还提高了其细胞亲和力。然而，含多巴胺水凝胶的常见问题是，儿茶酚基团上的两个羟基易于氧化，导致材料的黏附性能随着时间推移逐渐下降。此外，在制备这类水凝胶时，反应条件非常苛刻。例如，当多巴胺含量较高时，它与聚合物之间的交联难以形成，从而使凝胶化过程复杂化[47, 48]。因此，多巴胺的含量和交联度严重限制了水凝胶的黏附强度。为了克服这一问题，研究人员一直在探索更加持久的黏附材料。例如，Liu 等人[49]开发了一种基于增强核碱基的黏性水凝胶，该水凝胶通过氢键、疏水相互作用、金属络合物、π-π 堆积以及阳离子 -π 相互作用与固体表面或生物组织结合。此外，最近还成功开发了一种将聚多巴胺涂层滑石纳米片集成到仿贻贝黏附化学的 PAM 水凝胶，其展现出增强的力学性能、黏附性、生物相容性和导电性[50]。然而，较低的机械强度依然限制了其进一步的潜在应用。因此，开发更廉价且具备优异性能的水凝胶材料仍是亟待解决的问题。

传统水凝胶在潮湿环境下，如汗液或水的影响，通常会导致黏附力减弱，需要借助胶带等辅助工具来保持器件与组织的贴合。然而，这类辅助工具常常增加界面电阻，进而影响信号检测的灵敏度和稳定性。因此，在提升抗疲劳性、增强界面附着力的同时，维持材料在潮湿环境下的含水量，成为关键挑战。为此，开发出性能更佳的水凝胶材料对于推动柔性可穿戴设备的创新至关重要。基于这一需求，我们设计了一种受章鱼吸盘启发的压力敏感型仿生超强黏附贴片[51]。该贴片具有无毒、可回收的特性，并展现出卓越的黏附性能（图 9.10），其静态附着力高达 120kPa，180°剥离力可达 500N/m，远远超过现有的多数人造干胶。贴片还具有优异的稳定性和透明度（超过 90%），且可通过水洗清洁，反复使用。其黏附机制依赖于两个主要因素：首先，施加预压力后，贴片表面的微纳米孔产生负压效应，从而增强黏附力；其次，胶黏剂中的官能团（如—NH、C═O、不饱和苯环等）与基材之间的分子间作用力，这些可逆的化学键进一步提升了黏附效果。在实际应用中，固体表面往往具有微观粗糙度。当未施加外力时，贴片的接触面积较小，但随着外力的增加，贴片逐渐变形并填补表面微孔，从而扩大接触面积并

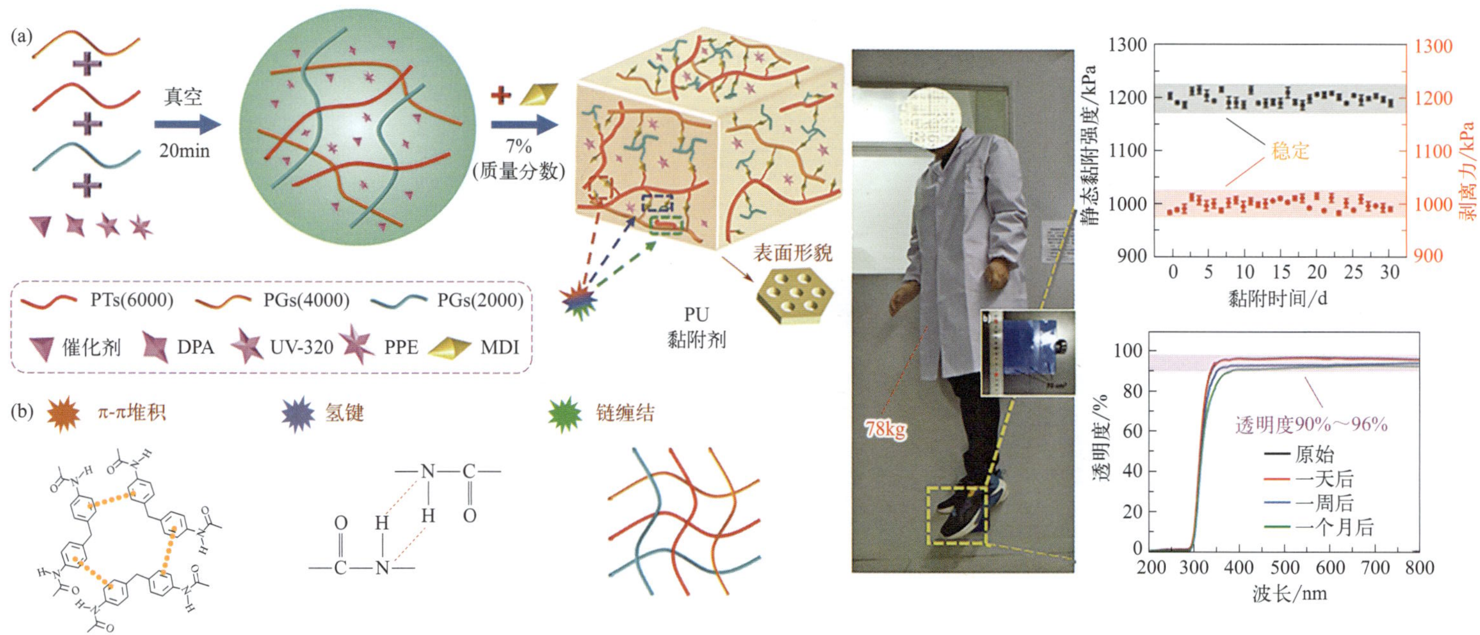


图 9.10 受章鱼吸盘启发的压力敏感型仿生超强黏附贴片 [51]

增强分子间作用力。在施加更大的压力时，胶黏剂中的微纳米孔排出气体，产生类似章鱼吸盘的负压效应，进一步提高黏附强度，达到最大接触面积和黏附力。这种具备高黏附力和长期光学透明度的贴片在电子光学器件的黏合应用中尤为重要。即使在使用 1 个月后，其透明度仍保持在 90% 以上，经过水洗清洁后，污染去除效率高达 98%。清洁后，黏附强度和透光率均能恢复至 90% 以上。此外，贴片在玻璃表面经过 100 次黏合 - 剥离循环后，其黏附性能依然保持稳定。

接下来，受海洋贻贝黏附行为的启发，我们采用了一种简便且环保的策略，成功将废弃的土豆残渣加以利用，制备出了一种力学性能卓越且具备黏附性的三元网络水凝胶——聚多巴胺 - 壳聚糖 - 废土豆残渣 - 聚丙烯酰胺（PDA-C-S-PAM）水凝胶（图 9.11）[52]。该水凝胶展现出优异的力学性能，具有高达 0.75MPa 的机械强度和超过 900% 的断裂伸长率，表现出极强的耐用性和韧性。

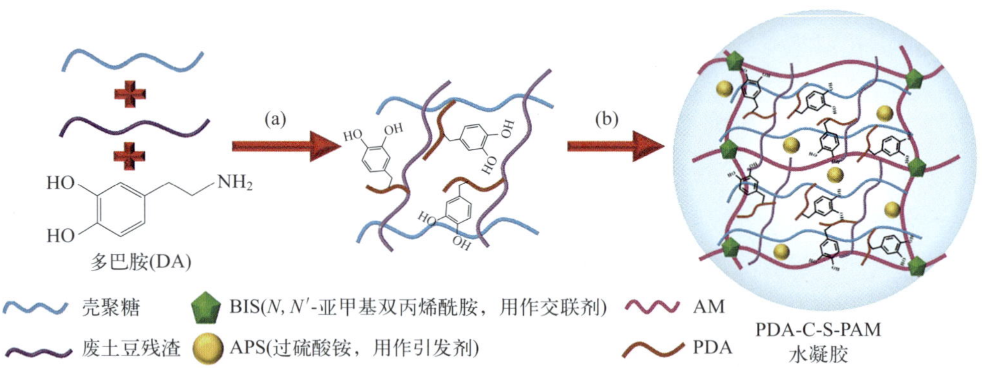


**图 9.11** 仿生高黏附性水凝胶的制备机理图 [52]

除了突出的力学性能外，该水凝胶还具备广泛的黏附适用性，能够牢固黏附于多种表面（图 9.12），包括有机材料、无机表面、金属、陶瓷、玛瑙以及生物组织。尤其是在皮肤表面的应用中，它能够随着手臂旋转保持稳定，且使用过程中和移除后均无残留或过敏反应。经过 20 次的剥离和重新黏附测试，水凝胶仍能保持稳定的黏附力；在 50 次测试后，黏附力仍保持在 18kPa 以上。该水凝胶优异的黏附性能主要归因于界面间的多重相互作用。实验数据显示，其对大肠杆菌的抗菌率高达 81.6%，而细胞存活率超过 85%，这些特性为其在生物医学领域的应用提供了广阔的前景。与此同时，该水凝胶还可以用于远程实时监测人体心律、脉搏和脑电波等生理数据，实现健康信号的实时传输，展现出其作为电子器件连接线的巨大潜力。

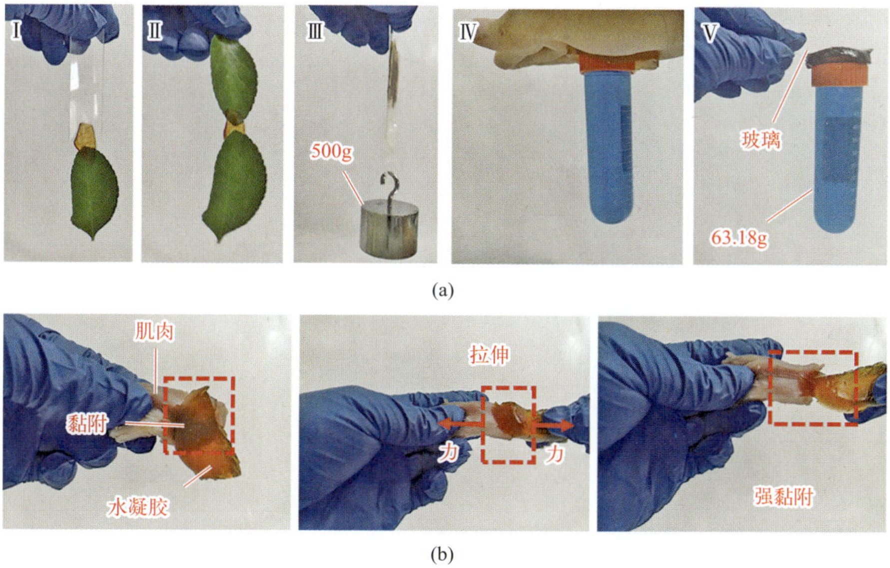


**图 9.12** 仿生高黏附性水凝胶的黏附性能展示[52]

（a）仿贻贝黏附水凝胶样品可以直接黏附生物材料，并挂起高达 500g 的钩码；

（b）展示了水凝胶材料出色的组织黏附性能

然而，上述水凝胶在以纯水为分散介质时，存在低温下无法使用以及在潮湿环境中失去黏附力的问题，这极大地限制了其在柔性传感器领域的应用。为了解决这一问题，我们通过电氧化多巴胺（AD）的方式开发了一种抗汗生物电子皮肤传感器（图 9.13）[53]。该系统表现出优异的抗冻性、导电性、黏附性和自修复性能，成功实现了多功能集成。在实际应用中，温度是影响器件性能的重要因素之一。低温下的冻结或高温下的脱水都可能导致传感器性能的显著下降。然而，我们开发的水凝胶在 -40℃的环境下仍能保持出色的拉伸性和黏附力，这得益于其网络结构中的有机溶剂。水和有机溶剂之间的氢键有效地抑制了冰晶的形成，从而保护了水凝胶的微观结构和性能。同时，水凝胶在 -40 ～ 80℃的温度范围内，仍能保持凝胶状态和弹性，确保了其在极端环境下的稳定性。导电性对应变传感器的长期稳定性至关重要。我们发现，当水凝胶部分脱水后浸泡在氯化锂（LiCl）溶液中，能够有效恢复其导电性能，这为其长期使用提供了保障。研究表明，随着 LiCl 浓度的增加，水凝胶的离子电导率呈现先增加后下降的趋势。这是因为 LiCl 的过量添加会导致形成 $Li^+(H_2O)_2$ 团簇，抑制自由离子的传输。此外，虽然引入 MXene 纳米片并未显著改变水凝胶未变形状态下的电阻率，但大幅提高了其在变形状态下的传感响应，这使得该材料在柔性传感器的应用中表现出更加敏感的响应性能。

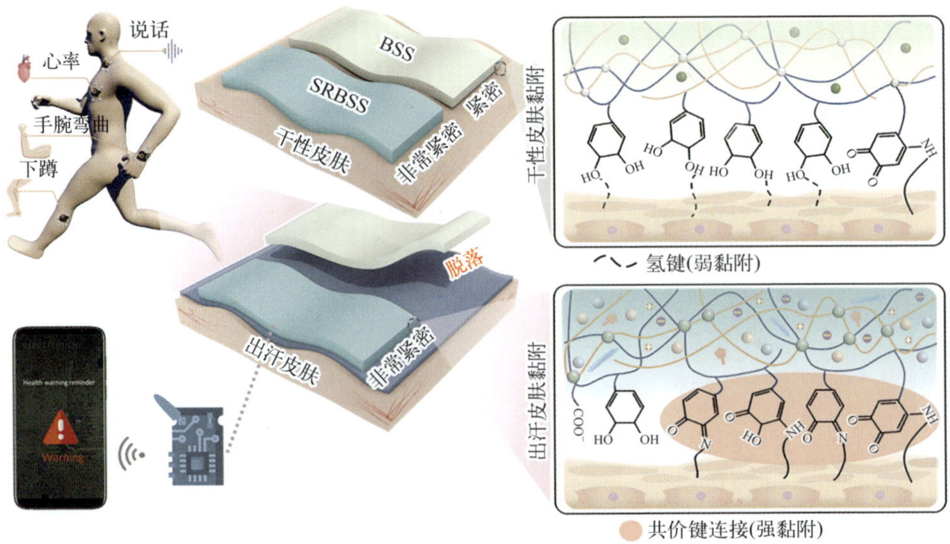


图 9.13　仿贻贝黏附的抗汗生物电子皮肤传感器 [53]

为了模拟实际使用环境，对水凝胶在不同时间和温度条件下的离子电导率进行了测试。结果显示，在 1 天的使用中，离子电导率维持在 1.52S/m，即使在 -40℃下放置 24h 后，电导率仍能保持稳定。尽管在 80℃高温储存后，由于脱水，电导率下降至约 1S/m，但整体性能依然良好。此外，通过调节 AD 的含量或控制 AD 的电氧化时间，可以进一步优化黏附强度。在干燥环境中，黏附性主要依赖于氢键和少量的共价键；而在潮湿环境下，随着氢键失效，黏附性能则主要依靠大量共价键的作用，从而使该水凝胶的黏附性能在湿度条件下优于某些商用胶带。水凝胶集成了抗冻性、导电性和黏附性等优异特性，能够作为应变传感器，直接黏附于人体部位（如手指、喉咙和静脉）上（图 9.14），实时监测人体的活动情况。该水凝胶通过稳定的电信号响应，能够准确感知手指弯曲、吞咽、说话及脉搏跳动，并在不同温度条件下精确反馈电阻和电容的变化。因此，在长期使用和储存过程中，能够稳定捕捉各种人体运动并生成电信号反馈，展现出其在长期人体运动监测和健康诊断领域的巨大应用潜力。

## 9.2.3　碳材料

### 9.2.3.1　基于碳纳米管的仿生黏附

在证明范德瓦耳斯力是壁虎足部黏附力的主要作用力后，对壁虎足部细微结构的仿生设计引发了科学界的极大兴趣。科学家们在 2003 年首次合成了由电子束

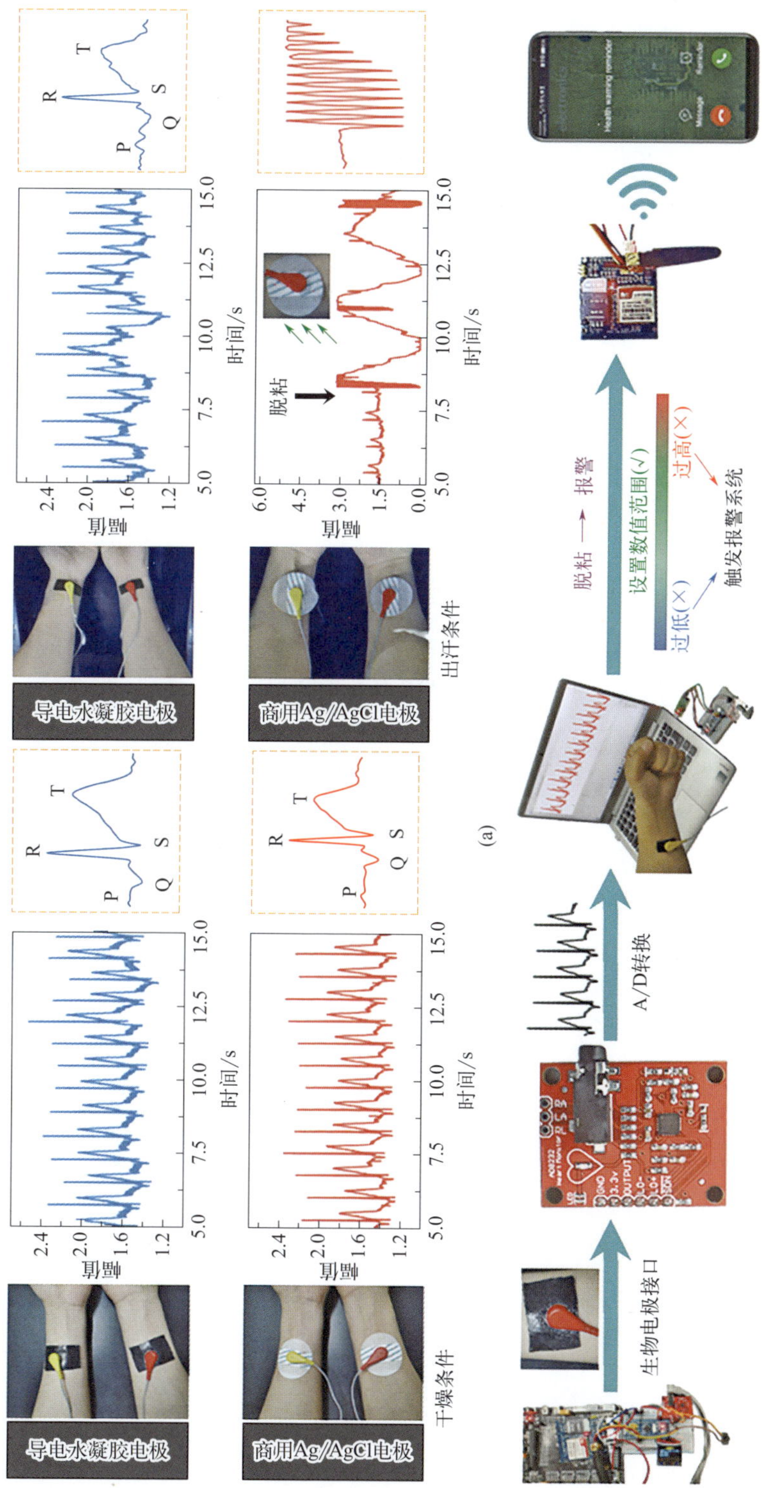


图 9.14 仿贻贝黏附的抗汗生物电子皮肤传感器的人体健康监测预警应用[53]

定义的聚合物纳米棒微观结构并证明了其具有优异的干式黏合性能[54]。目前为止，对壁虎足部干式黏合作用的仿生研究主要聚焦于两种材料，即合成聚合物和碳纳米管（CNTs）[55-58]。其中聚合物纤维的几何形态较易通过各种微纳加工技术(如铸模和光刻）进行控制，因此在早期发展阶段，聚合物成了热门选择。这种制造多样性（即“自上而下”的方法）允许将壁虎足部的复杂特征，如有角度的茎状结构、3D 末端形状和层级结构，集成到聚合物版本中[2, 4, 59-61]。然而，聚合物纤维的实际应用受限于其较差的力学性能。尽管一些聚合物［如聚甲基丙烯酸甲酯（PMMA）和聚氨酯丙烯酸酯（PUA）］的杨氏模量和 / 或抗拉强度与壁虎角蛋白刚毛相近，但聚合物纤维的循环使用耐久性仍无法与天然结构相比。纤维单体的弹性强度越高，黏合贴片的循环性能越好。

相比之下，碳纳米管因其卓越的结构和力学性能（即比壁虎铲状体“更小”且“更强”），即便在极端环境条件下（如极高或极低温度），也能用来制造强韧且可逆的纤维黏合结构[62]。由于使用垂直排列的碳纳米管（VA-CNTs）阵列通常需要施加较大的预载荷，以实现强黏附力所需的较大实际接触面积，Ge 等人[63]研究者通过沿碳纳米管束的纵向和横向逐步施加压缩载荷，系统地研究了 VA-CNTs 的机械响应（贴片尺寸：500μm×500μm 和 3mm×3mm，高度为 200～500μm）。实验表明，在纵向压缩时，得到了具有三个不同次线性区域的非线性应力 - 应变曲线（图 9.15）。有效的 / 整体的杨氏模量从最初的低值转变为较高值，然后再次回到较低值［图 9.15（a）］。相比之下，横向压缩则导致有效模量几乎单调递增［图 9.15（b）］。研究提出了一种协同变形机制，考虑了“长波屈曲”和“短波弯曲”之间的平衡，分别由相邻碳纳米管之间的约束间距和单个纳米管的弯曲刚度决定。预测的碳纳米管束在压缩下的周期性屈曲与高分辨率侧视 SEM 图像中的实验观察结果高度一致［图 9.15（c）～(f)］。在较低的应变（5%～10%）下，弯曲是可恢复的，但在较高应变下，尤其是对较薄的管（如 8nm 相对于 40nm）而言，会发生不可逆变形。在横向上，随着应变的增加，压力呈抛物线形增加，并且相邻碳纳米管之间的强黏附阻止了压缩束的恢复，表明碳纳米管贴片在严重剪切载荷下经历了不可逆的变形，这可能是限制其重复使用的主要因素之一。实验还显示，碳纳米管的屈曲可能会在界面处形成侧壁线接触，增大实际接触面积，因此法向和剪切拉力都随着预载荷的增加线性增长。

事实上，即使在非常大的压缩下，碳纳米管（CNTs）仍表现出极高的强度、弹性和韧性。垂直排列碳纳米管（VA-CNTs）自由悬挂薄膜表现出类似泡沫的超压缩性行为[64]。VA-CNTs 可被压缩至原始厚度的 15% 以下（约 860μm），但在应力解除后几乎瞬间恢复至原始状态（恢复速度＞2000μm/s）。即使在经历了数百个循环后，碳纳米管仍然能完全恢复，且在 10000 次循环后逐渐累积了最多

20% 的厚度减少。这些“泡沫状”CNTs 材料的压缩强度被确定为 12 ~ 15MPa，约为乳胶橡胶或聚氨酯聚合物开孔泡沫结构压缩强度的 10 倍。此外，压力环（即滞后现象）表明加载循环过程中吸收了大量的能量，这归因于 CNTs 之间的摩擦以及扰动空气对动态运动的可能阻尼作用。Tong 等 [65] 研究者提出了另一个关于 VA-CNTs 压缩响应的重要研究。他们利用自制的光学探测加载平台，测得了长度在 15 ~ 500μm 范围内的 CNTs 具有几乎不变的有效压缩模量（约 0.25MPa）。这一模量值符合黏性材料的 Dahlquist 标准，同时也符合壁虎趾垫阵列中发现的部分特征 [66]。作者同时还提出了一种考虑了不同屈曲模式及其与弯曲混合的连续介质模型来解释实验观察结果。结果表明，这些 VA-CNTs 的非凡力学性能使其非常适合作为壁虎仿生纤毛黏附材料。基底黏结强度和形态可调性仍需进一步改善，才能使基于 CNTs 的干性黏附剂在苛刻环境（如高 / 低温度、湿度）中表现出优异的重复使用性能，甚至超越壁虎的黏附能力。

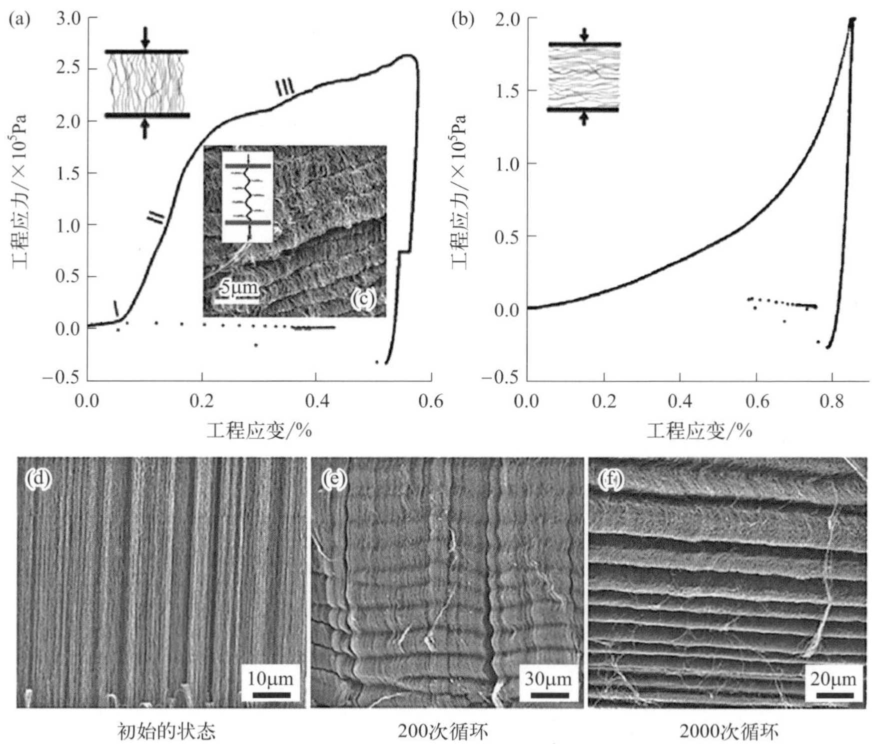


**图 9.15** 多壁垂直排列碳纳米管阵列的各向异性压缩模量 [64]

（a）平行和（b）垂直于垂直排列碳纳米管（VA-CNTs）取向时获得的应力 - 应变曲线；（c）VA-CNTs 阵列的周期性屈曲；（d）1.2mm 厚的碳纳米管膜在压缩前的图像；（e）经历 200 次循环后的图像（f）经历 2000 次循环后的图像

Kinoshita 等[67]研究者首次报道了一种厚度为 6mm 垂直排列碳纳米管（VA-CNTs）薄膜的强大摩擦力。实验表明，摩擦响应符合 Amontons-Coulomb 摩擦定律，摩擦系数高达 1.7。实验证明，碳纳米管阵列的摩擦力，主要是由纳米管在纵向压缩下发生的弯曲变形导致的。然而，这种薄膜状 VA-CNTs 阵列并未表现出黏附力，摩擦力与滑动速度（0.15 ～ 24mm/s）或探针半径（金属探针顶端半径从 4.5μm 到 30μm 不等）无关。随后，Lu 等[68]研究者证明了从阳极氧化铝（AAO）模板中挤出的更短的 VA-CNTs 阵列（约 30nm）表现出极低的摩擦力[68]。这两项研究表明，CNTs 的长度对于调节在正常压缩载荷下的摩擦力起着至关重要的作用。Dickrell 等[69]研究者利用微型摩擦计研究了多壁碳纳米管（MWCNTs）摩擦学行为的取向依赖性。在这项研究中，他们利用化学气相沉积法（CVD）在石英基板上制备了 40 ～ 80μm 厚的垂直排列 MWCNTs，并通过机械刮擦制备了 2 ～ 10μm 厚的水平排列 MWCNTs。结果显示，垂直排列的 MWCNTs 的摩擦系数高达 0.795，而水平排列的 MWCNTs 的摩擦系数却低至 0.090。因此，实验证明了通过控制纳米管的取向和形貌来调节其摩擦力的可能性。

#### 9.2.3.2 碳纳米管仿生结构的黏附力性能

Yurdumakan 等[70]研究者制备了具有高纵横比的垂直排列多壁碳纳米管（VA-MWCNTs）阵列（直径为 10 ～ 20nm，高度为 50μm），并通过嵌入和随后的刻蚀过程将其转移到 PMMA 基板上[70]。通过原子力显微镜（AFM）探针对这些 MWCNTs 阵列进行纳米级黏附力测试，结果显示其黏附力比壁虎足毛高约 200 倍。然而，这种惊人的高黏附强度主要归因于 AFM 探针（矩形硅探针，典型曲率半径小于 10nm）深入阵列时发生的侧面接触以及 CNTs 与探针尖端的缠结效应，这显著增加了脱离力。因此，当考虑到其他因素如纳米管的刚性、纵横比、间距和均匀性时，在宏观接触下可能不会观察到如此高的黏附力。实验还记录到在扫描速率从 0.50Hz 到 14Hz 的变化过程中，碳纳米管阵列表现出的黏附力性能与初速度无关的行为。

Zhao 等[71]研究者对厚度为 5 ～ 10μm 的垂直排列多壁碳纳米管（VA-MWCNTs）阵列的宏观黏附性能进行了表征（图 9.16）[71]。通过在正常方向施加预载（2kg，约 20N）并随后在正常或剪切方向拉动 VA-MWCNTs 阵列，发现对于 $4mm^2$ 的表观接触面积，最大黏附强度为 $11.7N/cm^2$，而对于 $8mm^2$ 的接触面积，摩擦强度为 $7.8N/cm^2$。该数值与壁虎足的黏附力相当，显示了使用碳纳米管作为稳固结构单元实现高宏观干式黏附力的潜力。然而，重复测试显示碳纳米管与基底之间的黏合较差，导致其生命周期有限（仅为几次）。随后，Wirth 等研究者[72]

报告了一种约 100μm 厚、面积为 $1cm^2$ 的 VA-MWCNTs 贴片在施加 100N 预载（压缩 30s）后的宏观拉拔力为约 $4N/cm^2$。这种较大的预载导致碳纳米管阵列受到严重损坏，几乎整个 VA-MWCNTs 阵列在仅一次测试后就被从硅基底上拉起，并黏附到玻璃或塑料的目标表面上。

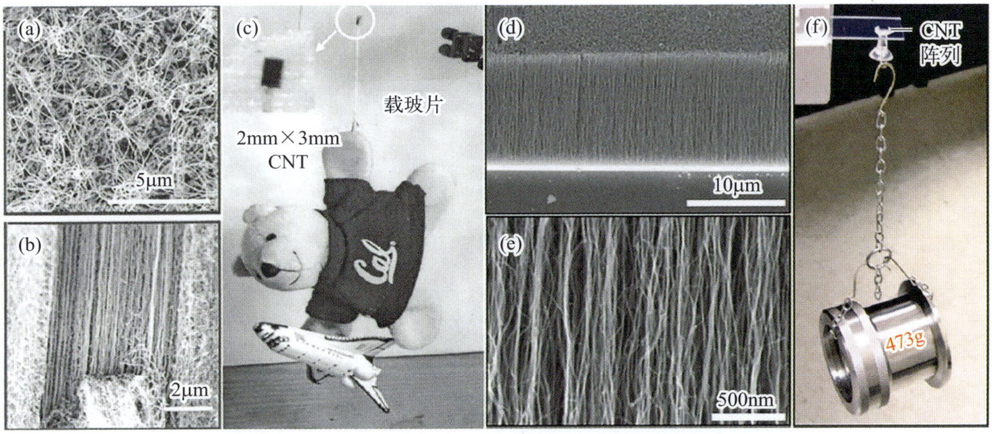


**图 9.16** 垂直排列多壁碳纳米管陈列的宏观黏附性能

（a）VA-MWCNTs 阵列的顶视图和（b）侧视图的 SEM 图像；（c）使用玩具熊（约 40g）展示其强度（2mm×3mm 贴片）；（d）VA-SWCNTs 阵列的截面图；（e）在更高放大倍率下与（d）相同的图像；（f）一块 473g 的不锈钢悬挂在由晶圆支撑的 VA-SWNTs 干性黏附膜（4mm×4mm）上的照片[71]

最近的理论研究表明，通过将尺寸缩减和形状优化与分级纤维结构相结合，可以实现最大的黏附力。Qu 等人[73]通过低压化学气相沉积（CVD）工艺创造了具有缠结纳米管段的分级垂直对齐碳纳米管（VA-CNTs）阵列，其顶部与垂直对齐的碳纳米管干段相连接［图 9.17（a）～（c）］。类似于壁虎的细毛阵列，这种两级 VA-CNTs 结构具有模仿细毛柄的笔直对齐主体，顶部则是模仿壁虎的卷曲缠结末端。在剪切载荷下，缠结的纳米管段通过其侧壁与目标表面接触，产生高达约 $100N/cm^2$ 的宏观力［图 9.17（d），为壁虎脚承受力的 10 倍］。然而，在正常拉拔过程中，每个缠结段通过“逐点”失效机制从目标表面剥离，导致正常黏附力显著降低［约 $10N/cm^2$，图 9.17（d）］。这种方向依赖性保证了沿剪切方向的强结合力，同时在正常方向上易于提起［图 9.17（e）］，这为模仿壁虎的行走提供了良好前景[58]。

模仿壁虎的黏附系统，在柔性聚合物胶带上制造了垂直排列的多壁碳纳米管（MWCNTs）图案。通过光刻技术在硅基底上定义了宽度为 50 ～ 500μm 的催化剂层方形图案，然后通过化学气相沉积（CVD）方法生长直径约为 8nm、长度为 200 ～ 500μm 的垂直排列 MWCNTs。随后，这些 MWCNTs 图案被转移到自粘胶带上。通过圆柱形滚压器施加 25 ～ 50N/cm$^2$ 的预加载力，获得了 1cm$^2$ 面积补丁的剪切力 36N。与传统的黏弹性胶带不同，“壁虎胶带”具有良好的时间独立性，能够在 8 ～ 12h 内保持强大且稳定的剪切力。通过低压 CVD 工艺合成了分级结构的垂直排列 MWCNTs 阵列。类似于壁虎的细毛阵列［图 9.18（a)］，这种两级 MWCNTs 阵列具有模仿细毛柄的直线对齐主体，以及顶部卷曲缠结的末端，模仿壁虎［图 9.18（b）～（d)］，表明分级结构在仿生干胶黏剂中的重要性[73]。

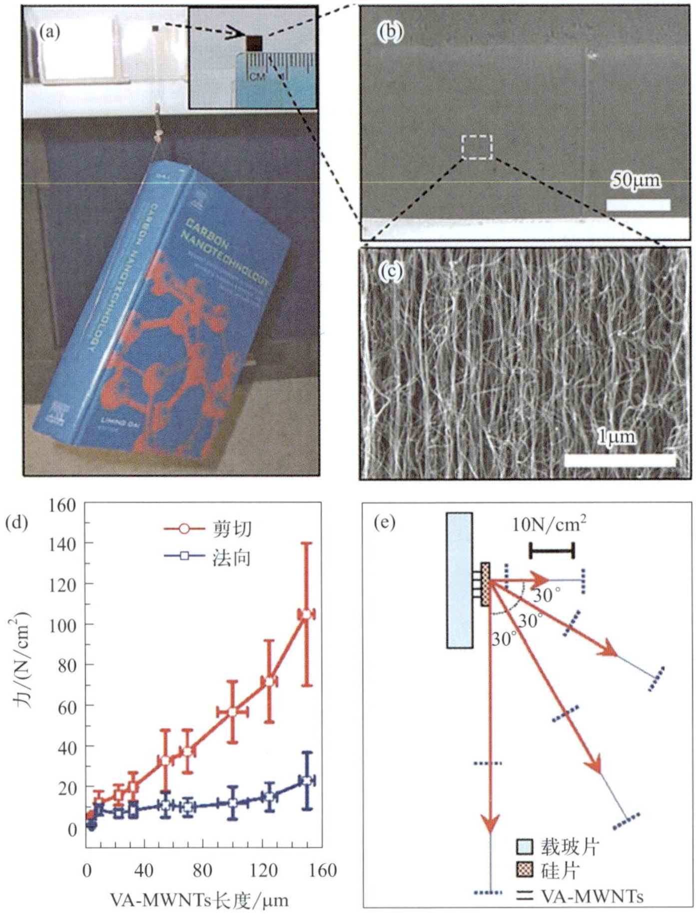


**图 9.17** 通过 CVD 工艺创造具有缠结纳米管段的分级垂直对齐碳纳米管阵列，可实现大的黏附力

（a）一本 1480g 的书通过硅片支撑的 VA-MWCNTs 悬挂在玻璃表面上；（b）、（c）在不同放大倍率下的扫描电子显微镜图像；（d）在预加载 2kg（即 20N）后，碳纳米管长度依赖的玻璃表面黏附力；（e）长度为（100±10）μm 时，在不同拉离方向的黏附强度[73]

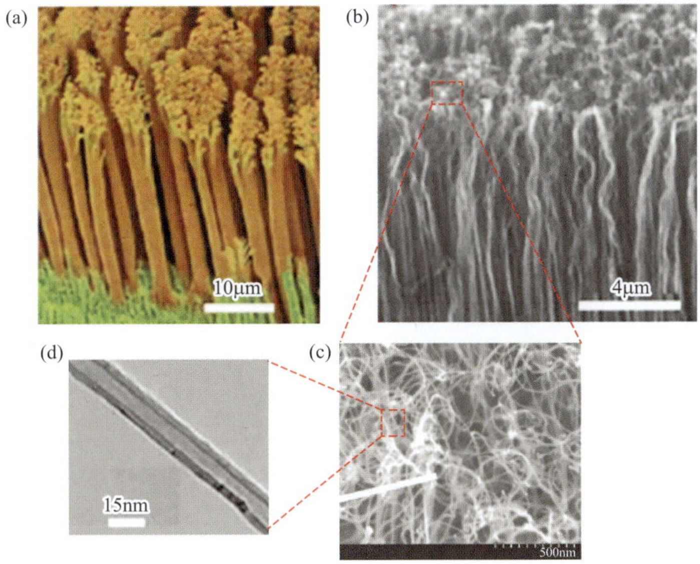


**图 9.18** 扫描电子显微镜图像展示了壁虎对齐弹性毛发与分级结构垂直排列 MWCNTs 的结构相似性[73]

## 参考文献

[1] Li M, Xu Q, Wu X, et al. Tough reversible adhesion properties of a dry self-cleaning biomimetic surface. ACS Applied Materials & Interfaces, 2018, 10 (31) : 26787-26794.

[2] del Campo A, Greiner C, Álvarez I, et al. Patterned surfaces with pillars with controlled 3D tip geometry mimicking bioattachment devices. Advanced Materials, 2007, 19 (15) : 1973-1977.

[3] Xue L, Kovalev A, Thöle F, et al. Tailoring normal adhesion of arrays of thermoplastic, spring-like polymer nanorods by shaping nanorod tips. Langmuir, 2012, 28 (29) : 10781-10788.

[4] Gorb S, Varenberg M, Peressadko A, et al. Biomimetic mushroom-shaped fibrillar adhesive microstructure. Journal of The Royal Society Interface, 2006, 4 (13) : 271-275.

[5] Carbone G, Pierro E. Sticky bio-inspired micropillars: finding the best shape[J]. Small, 2012, 8191: 1449-1454.

[6] Greiner C, del Campo A, Arzt E. Adhesion of bioinspired micropatterned surfaces: effects of pillar radius, aspcct ratio, and preload. Langmuir, 2007, 23 (7) : 3495-3502.

[7] Gao H, Ji B, Jäger I L, et al. Materials become insensitive to flaws at nanoscale: lessons from nature. Proceedings of the National Academy of Sciences, 2003, 100 (10) : 5597-5600.

[8] Gao H, Yao H. Shape insensitive optimal adhesion of nanoscale fibrillar structures. Proceedings of the National Academy of Sciences, 2004, 101 (21) : 7851-7856.

[9] Micciché M, Arzt E, Kroner E. Single macroscopic pillars as model system for bioinspired

adhesives: influence of tip dimension, aspect ratio, and tilt angle. ACS Applied Materials & Interfaces, 2014, 6 (10) : 7076-7083.

[10] Aksak B, Hui C Y, Sitti M. The effect of aspect ratio on adhesion and stiffness for soft elastic fibres. Journal of The Royal Society Interface, 2011, 8 (61) : 1166-1175.

[11] Barreau V, Hensel R, Guimard N K, et al. Fibrillar elastomeric micropatterns create tunable adhesion even to rough surfaces. Advanced Functional Materials, 2016, 26 (26) : 4687-4694.

[12] Zhou M, Tian Y, Zeng H, et al. Nanofibers: clumping criteria of vertical nanofibers on surfaces. Advanced Materials Interfaces, 2015, 2 (5) : 1400466.

[13] Parness A, Soto D, Esparza N, et al. A microfabricated wedge-shaped adhesive array displaying gecko-like dynamic adhesion, directionality and long lifetime. Journal of The Royal Society Interface, 2009, 6 (41) : 1223-1232.

[14] Chen H, Zhang L, Zhang D, et al. Bioinspired surface for surgical graspers based on the strong wet friction of tree frog toe pads. ACS Applied Materials & Interfaces, 2015, 7 (25) : 13987-13995.

[15] Iturri J, Xue L, Kappl M, et al. Torrent frog-inspired adhesives: attachment to flooded surfaces. Advanced Functional Materials, 2015, 25 (10) : 1499-1505.

[16] Drotlef D M, Stepien L, Kappl M, et al. Insights into the adhesive mechanisms of tree frogs using artificial mimics. Advanced Functional Materials, 2012, 23 (9) : 1137-1146.

[17] Xie J, Li M, Dai Q, et al. Key parameters of biomimetic patterned surface for wet adhesion. International Journal of Adhesion and Adhesives, 2018, 82: 72-78.

[18] Zhang L, Chen H, Guo Y, et al. Wet surface attachment: micro-nano hierarchical structure enhanced strong wet friction surface inspired by tree frogs. Advanced Science, 2020, 7 (20) : 2001125.

[19] Baik S, Kim J, Lee H J, et al. Biomimetic materials: highly adaptable and biocompatible octopus-like adhesive patches with meniscus-controlled unfoldable 3D microtips for underwater surface and hairy skin. Advanced Science, 2018, 5 (8) : 1800100.

[20] Lee Y W, Chun S, Son D, et al. A tissue adhesion-controllable and biocompatible small-scale hydrogel adhesive robot. Advanced Materials, 2022, 34 (13) : 2109325.

[21] Dayan C B, Chun S, Krishna-Subbaiah N, et al. 3D printing of elastomeric bioinspired complex adhesive microstructures. Advanced Materials, 2021, 33 (40) : 2103826.

[22] Smith A M. Cephalopod sucker design and the physical limits to negative pressure. Journal of Experimental Biology, 1996, 199 (4) : 949-958.

[23] Xue L, Kovalev A, Eichler-Volf A, et al. Humidity-enhanced wet adhesion on insect-inspired fibrillar adhesive pads. Nature Communications, 2015, 6 (1) : 6621.

[24] Armon S, Efrati E, Kupferman R, et al. Geometry and mechanics in the opening of chiral seed pods. Science, 2011, 333 (6050) : 1726-1730.

[25] Rafsanjani A, Brulé V, Western T L, et al. Hydro-responsive curling of the resurrection plant

selaginella lepidophylla. Scientific Reports, 2015, 5 (1) : 8064.

[26] Park H H, Seong M, Sun K, et al. Flexible and shape-reconfigurable hydrogel interlocking adhesives for high adhesion in wet environments based on anisotropic swelling of hydrogel microstructures. ACS Macro Letters, 2017, 6 (12) : 1325-1330.

[27] Fan H, Gong J P. Bioinspired underwater adhesives. Advanced aterials, 2021, 33 (44) : 2102983.

[28] Saiz-Poseu J, Mancebo-Aracil J, Nador F, et al. The chemistry behind catechol-based adhesion. Angewandte Chemie International Edition, 2018, 58 (3) : 696-714.

[29] Cheung E, Sitti M. Adhesion of biologically inspired polymer microfibers on soft surfaces. Langmuir, 2009, 25 (12) : 6613-6616.

[30] Glass P, Chung H, Washburn N R, et al. Enhanced reversible adhesion of dopamine methacrylamide-coated elastomer microfibrillar structures under wet conditions. Langmuir, 2009, 25 (12) : 6607-6612.

[31] Jeong H E, Lee S H, Kim P, et al. Stretched polymer nanohairs by nanodrawing. Nano Letters, 2006, 6 (7) : 1508-1513.

[32] Kim T-I, Pang C, Suh K Y. Shape-tunable polymer nanofibrillar structures by oblique electron beam irradiation. Langmuir, 2009, 25 (16) : 8879-8882.

[33] Sameoto D, Menon C. A low-cost, high-yield fabrication method for producing optimized biomimetic dry adhesives. Journal of Micromechanics and Microengineering, 2009, 19 (11) : 115002.

[34] Mengüç Y, Röhrig M, Abusomwan U, et al. Staying sticky: contact self-cleaning of gecko-inspired adhesives. Journal of The Royal Society Interface, 2014, 11 (94) : 20131205.

[35] Lee J, Fearing R S. Contact self-cleaning of synthetic gecko adhesive from polymer microfibers. Langmuir, 2008, 24 (19) : 10587-10591.

[36] King D R, Bartlett M D, Gilman C A, et al. Creating gecko-like adhesives for “real world” surfaces. Advanced Materials, 2014, 26 (25) : 4345-4351.

[37] Lee H, Lee B P, Messersmith P B. A reversible wet/dry adhesive inspired by mussels and geckos. Nature, 2007, 448 (7151) : 338-341.

[38] Yang X, Liu G, Peng L, et al. Highly efficient self-healableand dual responsive cellulose-based hydrogels for controlled release and 3D cell culture. Advanced Functional Materials, 2017, 27 (40) : 1703174.

[39] Lin S, Yuk H, Zhang T, et al. Stretchable hydrogel electronics and devices. Advanced Materials, 2015, 28 (22) : 4497-4505.

[40] Liu W, Song M S, Kong B, et al. Flexible and stretchable energy storage: recent advances and future perspectives. Advanced Materials, 2017, 29 (1) : 1603436.

[41] Rim Y S, Bae S H, Chen H, et al. Recent progress in materials and devices toward printable and flexible sensors. Advanced Materials, 2016, 28 (22) : 4415-4440.

[42] Boyer C, Figueiredo L, Pace R, et al. Laponite nanoparticle-associated silated hydroxypropylmethyl cellulose as an injectable reinforced interpenetrating network hydrogel for cartilage tissue engineering. Acta Biomaterialia, 2018, 65: 112-122.

[43] Feig V R, Tran H, Lee M, et al. Mechanically tunable conductive interpenetrating network hydrogels that mimic the elastic moduli of biological tissue. Nature Communications, 2018, 9 (1) : 2740.

[44] Gong Z, Zhang G, Zeng X, et al. High-strength, tough, fatigue resistant, and self-healing hydrogel based on dual physically cross-linked network. ACS Applied Materials & Interfaces, 2016, 8 (36) : 24030-24037.

[45] Liu Y, Meng H, Qian Z, et al. A moldable nanocomposite hydrogel composed of a mussel-inspired polymer and a nanosilicate as a fit-to-shape tissue sealant. Angewandte Chemie International Edition, 2017, 56 (15) : 4224-4228.

[46] Han L, Lu X, Liu K, et al. Mussel-inspired adhesive and tough hydrogel based on nanoclay confined dopamine polymerization. ACS Nano, 2017, 11 (3) : 2561-2574.

[47] Jin G J, Uddin M J, Shim J S. Bio-signal recording: biomimetic cilia-patterned rubber electrode using ultra conductive polydimethyl siloXane. Advanced Functional Materials, 2018, 28 (50) : 1870359.

[48] Han L, Yan L, Wang K, et al. Tough, self-healable and tissue-adhesive hydrogel with tunable multifunctionality. NPG Asia Materials, 2017, 9 (4) : e372.

[49] Liu X, Zhang Q, Gao Z, et al. Bioinspired adhesive hydrogel driven by adenine and thymine. ACS Applied Materials & Interfaces, 2017, 9 (20) : 17645-17652.

[50] Jing X, Mi H Y, Lin Y J, et al. Highly stretchable and biocompatible strain sensors based on mussel-inspired super-adhesive self-healing hydrogels for human motion monitoring. ACS Applied Materials & Interfaces, 2018, 10 (24) :20897-20909.

[51] Li M, Li W, Guan Q, et al. A tough reversible biomimetic transparent adhesive tape with pressure-sensitive and wet-cleaning properties. ACS Nano, 2021, 15 (12) : 19194-19201.

[52] Li W, Liu H, Mi Y, et al. Robust and conductive hydrogel based on mussel adhesive chemistry for remote monitoring of body signals. Friction, 2020, 10 (1) : 80-93.

[53] Li M, Li W, Guan Q, et al. Sweat-resistant bioelectronic skin sensor. Device, 2023, 1 (1) : 100006.

[54] Geim A K, Dubonos S V, Grigorieva I V, et al. Microfabricated adhesive mimicking gecko foot-hair. Nature Materials, 2003, 2 (7) : 461-463.

[55] Jeong H E, Suh K Y. Nanohairs and nanotubes: efficient structural elements for gecko-inspired artificial dry adhesives. Nano Today, 2009, 4 (4) : 335-346.

[56] Boesel L F, Greiner C, Arzt E, et al. Gecko-inspired surfaces: a path to strong and reversible dry adhesives. Advanced Materials, 2010, 22 (19) : 2125-2137.

[57] Kwak M K, Pang C, Jeong H E, et al. Towards the next level of bioinspired dry adhesives: new

designs and applications. Advanced Functional Materials, 2011, 21 (19) : 3606-3616.

[58] Hu S, Xia Z. Rational design and nanofabrication of gecko-inspired fibrillar adhesives. Small, 2012, 8 (16) : 2464-2468.

[59] Murphy M P, Aksak B, Sitti M. Gecko-inspired directional and controllable adhesion. Small, 2009, 5 (2) : 170-175.

[60] Jeong H E, Lee J K, Kim H N, et al. A nontransferring dry adhesive with hierarchical polymer nanohairs. Proceedings of the National Academy of Sciences, 2009, 106 (14) : 5639-5644.

[61] Murphy M P, Kim S, Sitti M. Enhanced adhesion by gecko-inspired hierarchical fibrillar adhesives. ACS Applied Materials & Interfaces, 2009, 1 (4) : 849-855.

[62] Xu M, Futaba D N, Yamada T, et al. Carbon nanotubes with temperature-invariant viscoelasticity from −196℃ to 1000℃. Science, 2010, 330 (6009) : 1364-1368.

[63] Ge L, Ci L, Goyal A, et al. Cooperative adhesion and friction of compliant nanohairs. Nano Letters, 2010, 10 (11) : 4509-4513.

[64] Cao A, Dickrell P L, Sawyer W G, et al. Super-compressible foamlike carbon nanotube films. Science, 2005, 310 (5752) : 1307-1310.

[65] Tong T, Zhao Y, Delzeit L, et al. Height independent compressive modulus of vertically aligned carbon nanotube arrays. Nano Letters, 2008, 8 (2) : 511-515.

[66] Autumn K, Majidi C, Groff R E, et al. Effective elastic modulus of isolated gecko setal arrays. Journal of Experimental Biology, 2006, 209 (18) : 3558-3568.

[67] Kinoshita H, Kume I, Tagawa M, et al. High friction of a vertically aligned carbon-nanotube film in microtribology. Applied Physics Letters, 2004, 85 (14) : 2780-2781.

[68] Lu H, Goldman J, Ding F, et al. Friction and adhesion properties of vertically aligned multi-walled carbon nanotube arrays and fluoro-nanodiamond films. Carbon, 2008, 46 (10) : 1294-1301.

[69] Dickrell P L, Sinnott S B, Hahn D W, et al. Frictional anisotropy of oriented carbon nanotube surfaces. Tribology Letters, 2005, 18 (1) : 59-62.

[70] Yurdumakan B, Raravikar N R, Ajayan P M, et al. Synthetic gecko foot-hairs from multiwalled carbon nanotubes. Chemical Communications, 2005 (30) : 3799.

[71] Zhao Y, Tong T, Delzeit L, et al. Interfacial energy and strength of multiwalled-carbon-nanotube-based dry adhesive. Journal of Vacuum Science & Technology B: Microelectronics and Nanometer Structures Processing, Measurement, and Phenomena, 2006, 24 (1) : 331-335.

[72] Wirth C T, Hofmann S, Robertson J. Surface properties of vertically aligned carbon nanotube arrays. Diamond and Related Materials, 2008, 17 (7-10) : 1518-1524.

[73] Qu L, Dai L, Stone M, et al. Carbon nanotube arrays with strong shear binding-on and easy normal lifting-off. Science, 2008, 322 (5899) : 238-242.

# 第10章 仿生黏附材料及其应用

# 10.1
## 液滴操控

正如前文所述，通过在设计表面结构和/或化学物质时应用仿生原理，工程化黏附表面在适应性和可控黏附方面展示了显著的能力。仿生黏附表面在多个领域引起了广泛关注，涵盖了许多与液体相关的应用，如自清洁、功能性纺织品、液滴操控、微流体、太阳能蒸发和集水等；同时也涉及与固体相关的应用，如胶黏剂、生物电子学、传感器、软性抓手、软体机器人和组织工程等[1, 2]。在本章中，我们将重点探讨仿生黏附材料在液滴操控、攀爬机器人、软性抓手、可穿戴电子设备和生物医学工程等新兴领域的应用（图 10.1）。

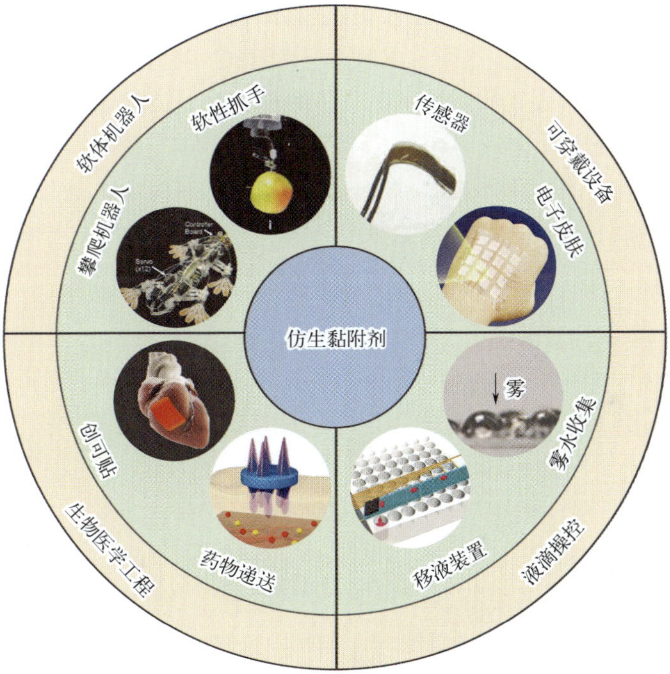


**图 10.1** 仿生黏附剂的多种应用

液滴的定向运动，尤其是在微尺度上，在传感器、定向自清洁和微流体装置等多个应用中具有重要意义，并且受到越来越多的关注[3, 4]。通常，液滴的定向运动依赖于液滴两侧界面附着力的差异，这种差异是由表面自由能梯度和拉普拉斯压力梯度引起的[5-7]。超润湿表面（包括液体浸润表面、超疏水表面、亲水表面和图案化润湿表面）的发展，促使具备动态润湿和黏附特性的表面得以研发[8-11]。值得注意的是，在这些表面中，液体浸润超滑表面（SLIPS）表现出优越的性能，能够及时且原位地控制液滴运动行为。通过利用能够在滑溜和非滑溜状态之间切换的结构化仿生 SLIPS，可以实现对液滴运动的精准和及时控制。这部分内容将讨论基于 SLIPS 开发的各种应用，例如采用可控混合过程的化学微反应、具有及时挤出机制的移液装置，以及高效雾水收集系统等。

液体浸润超滑表面（SLIPS）因其液体排斥性、自清洁能力和低接触角滞后性（CAH）等显著特征，受到广泛关注，使其适用于从高表面能到低表面能的多种液体，并在化学微反应中得到了应用。例如，Guo 等[12]通过将磁响应铁 / 聚二甲基硅氧烷（Fe/PDMS）凝胶膜与硅油相结合，创造了两栖滑溜凝胶表面，实现了对液滴和气泡的可控操控。这些表面具备磁响应性，在空气中与水滴相互作用时表现出最小的阻力，而在水下与气泡表现出强亲和力，因此具有两栖特性。在脉冲磁场的作用下，两栖滑溜凝胶表面能够实现对水滴和气泡的可控滑动。值得注意的是，与传统的 SLIPS 不同，这种基于凝胶的 SLIPS 在空气和水环境中表现出强大的循环性能（超过 100 个循环）。这种耐久性主要源于润滑层的出色分散能力。与先前的 SLIPS 设计不同，在该系统中，润滑层的液体不仅限于分布在主材料的物理孔隙内，而是硅油可以均匀分布于交联的 PDMS 网络中进行储存。借助这种响应性 SLIPS 对液滴的优异控制，它可以作为微反应器来调控基于液滴的局部化学反应（图 10.2）。例如，在他们的研究中，首先将一个 2.5μL 的液滴

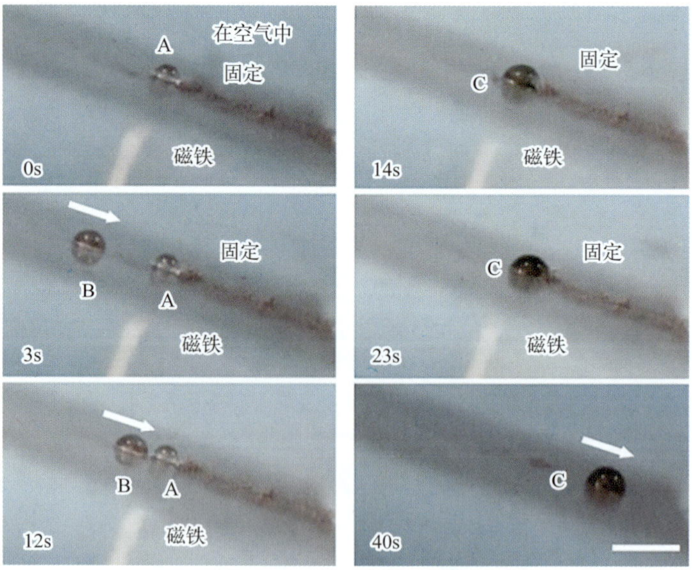


**图 10.2** 响应性 SLIPS 作为微反应器[12]

(0.05mol/L 的邻苯二酚，称为液滴 A）放置在响应性 SLIPS 上，并固定在磁铁的边缘。随后，在表面引入另一个 2.5μL 的液滴（0.05mol/L 的 $FeCl_3$，称为液滴 B），并通过调整液滴 B 所在位置的局部磁场强度，引导液滴 B 向液滴 A 移动，直到两者接触。接触后，液滴 A 和 B 发生化学反应并融合形成一个新的液滴，称为液滴 C。当液滴 C 所在位置的磁场移除后，由于摩擦力减小，它会滑离 SLIPS 表面。除了在空气环境中操控液滴的化学反应外，还可以通过其优异的两栖性能控制水下气泡的混合，从而扩展了其在气液微反应器中的潜在应用。

除了微反应器，响应性 SLIPS 还可以集成到移液装置中，以促进液体传输模式的操控，包括开 / 关切换、速度控制和定向变化。这些移液装置简化了微孔板和微阵列中的液体处理任务，这些任务通常耗时且劳动强度大，特别是在诸如实际血型诊断等应用中。例如，Wang 等人 [13] 利用石蜡作为润滑剂注入结构化石墨烯薄膜，创造了可编程的可切换 SLIPS。该薄膜利用石墨烯的光热特性，表现出可控的图案化润湿性。在受到遮蔽的近红外光照射后，石蜡由固态转变为液态，能够实现液滴运动路径的可编程和动态控制（图 10.3）。通过这种精心设计的热响应路径，排斥液滴可以根据需要被精确且可逆地引导至目标位置，降低了交叉污染的风险。该光控液滴操控装置为移液提供了一个多功能的平台。同样，研究人

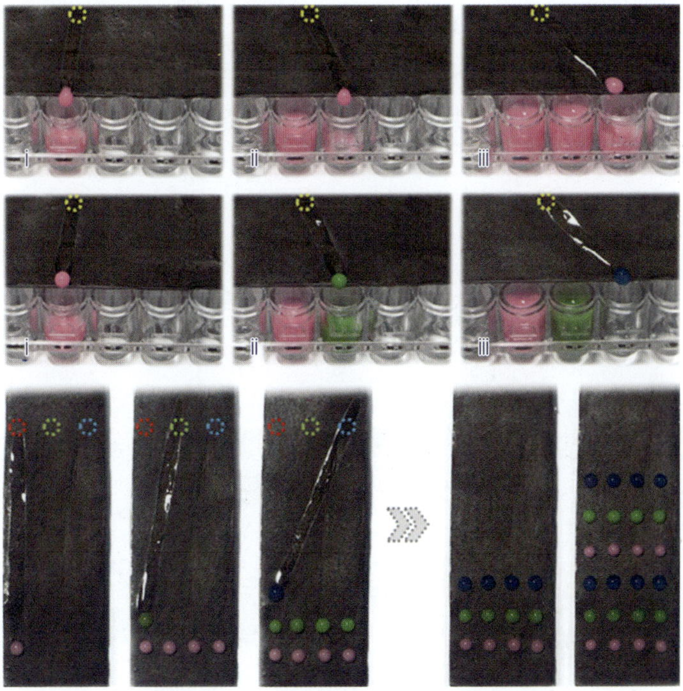


**图 10.3** 响应性 SLIPS 作为移液装置 [13]

员进一步增强了石墨烯海绵，将其与形状记忆聚合物结合，并加入润滑剂，制成电热可切换的 SLIPS。在这些可切换的 SLIPS 上，排斥液滴的运动行为可以在施加压力或电压时可逆地在滑动和固定之间切换。利用这一机制，研究人员集成了一个多通道移液器，能够准确地将液体分配到目标微孔板上。值得注意的是，在可切换的 SLIPS 表面没有残留的排斥液体。因此，这种可切换的 SLIPS 阵列能够高效地移液不同样品，而不会有污染的风险。该多通道移液器无须复杂操作，也无须消耗移液器吸头或针头，大大简化了液体操控过程。

利用表面结构的梯度分布来收集空气中的水和雾，并引导液滴的运动行为进行融合曾是研究的重点，但现在已转向响应性 SLIPS[14-16]。例如，通过模仿各种生物的微纳结构及其润湿性，工程化出一系列仿生结构表面，以实现雾水收集。这些例子包括模仿蜘蛛丝的纤维[17]，模仿沙漠甲虫的亲水/疏水图案表面[18]，模仿仙人掌的梯度润湿表面[19]，模仿花瓣的锥形薄片[20]，模仿猪笼草的滑溜表面[21]，以及跨物种仿生的滑溜表面[22]。相较于以往的结构化表面，采用响应性 SLIPS 进行雾水收集的显著优势在于其可编程性，具有实现高收集效率的潜力。研究人员可以根据环境条件，实时动态调整响应性 SLIPS 的切换模式，优化雾水收集率。例如，Wang 等[23]人利用机械拉伸响应的 SLIPS 实现了高效的水收集。在强风下，其薄膜发生凹陷变形，使捕获的液滴固定并在表面聚集（图 10.4）。因此，水滴尺寸增加并滑落至收集器中，提升了水收集效率。特别是当风速超过 11m/s 时，拉伸应力响应 SLIPS 的水收集效率比强风的被动控制高出一倍以上。该结果表明，外界刺激的主动和可编程控制在具有环境适应性的情况下，可以实现更高的雾水收集效率。同样，Huang 等[24]人开发了具有微柱阵列的磁场响应 SLIPS，用于可编程的雾水收集。当微柱竖立时，其顶部面向雾气，有利于快速收

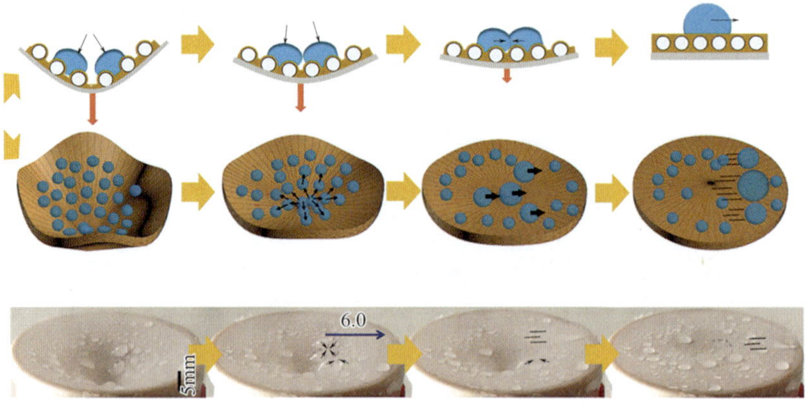


**图 10.4** 响应性 SLIPS 用于收集空气中的水和雾[23]

集水滴。当微柱上的液滴达到一定大小后，外部磁场可使微柱弯曲，移除液滴。因此，通过根据实际雾气条件优化磁响应SLIPS的编程，可实现高效的雾水收集。通过根据风向、风速以及雾湿度等环境因素调整响应性SLIPS的润湿状态和编程模式，雾水收集效率可以实时得到进一步优化。

# 10.2
# 攀爬机器人

随着近年来对非水平操作需求的增加，能够攀爬垂直墙壁甚至倒置天花板的攀爬机器人的需求变得更加迫切。然而，传统攀爬机器人（如轮式和磁性附着型）的可用性通常受到墙面倾斜度和表面材料的限制。通过利用仿生黏附剂的强附着力，采用仿生黏附机制的攀爬机器人可以牢固地附着在由不同材料构成的墙面上，显著扩展了其潜在应用领域（图10.5）[25]。一些研究表明，配备蘑菇状阵列的轮腿式和履带式攀爬机器人在攀爬垂直表面方面展现了前景[26, 27]。然而，由于其运动模型的限制，这类攀爬机器人并未广泛应用。相比之下，腿式机器人提供了更大的灵活性。它们固有地具备安全裕度：如果一条腿失去附着力，其余的腿仍然可以支撑机器人附着在表面上。此外，腿式机器人可以离散地附着在墙面上，使其能够绕过墙体中的缺陷或裂缝。这增强了它们的适应性，并扩大了其应用范围。

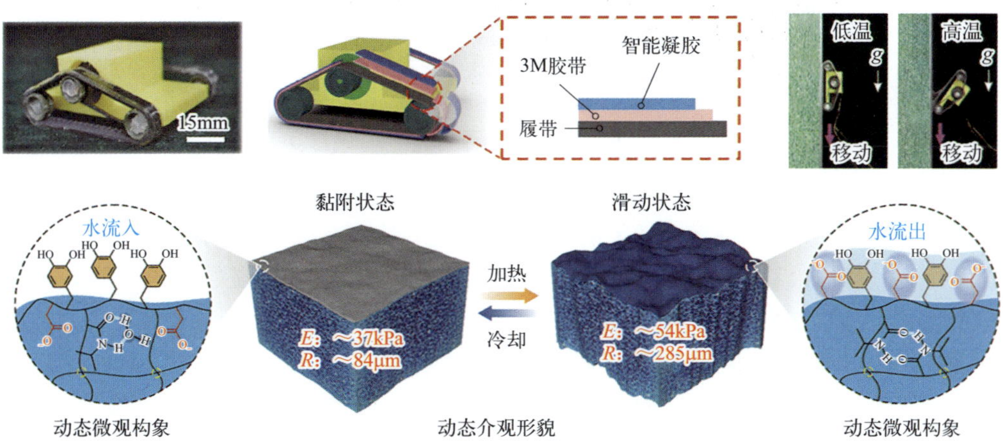


图10.5　仿贻贝的水凝胶黏附剂用于履带攀爬机器人[25]

例如，Stickybot是一款四足攀爬机器人，采用了灵感来自壁虎的可切换黏附表面，配备各向异性微结构，能够在垂直表面上顺畅攀爬（图10.6）[28]。然而，由于其自由度有限，它只能向上攀爬。因此，在 Stickybot Ⅲ的设计过程中，集成了能够进行转向的踝关节，并带有横摆和偏航弯曲器[29]。Abigaille Ⅱ是一款轻型六足攀爬机器人，灵感来自蜘蛛，采用了各向同性微结构来产生附着力，能够在垂直表面上移动[30]。然而，其在垂直表面上的攀爬速度仅为 0.1cm/s，且在攀爬过程中出现的振动可能会影响附着力。因此，升级版 Abigaille Ⅲ对整体结构和控制系统进行了改进，保持了 Abigaille Ⅱ在平坦垂直墙面上的灵活性，同时也能够在不平坦表面上稳定攀爬[31]。此外，还采用了腱支撑结构，以均匀分布接触界面上的应力，从而增强黏附性能和承载能力。

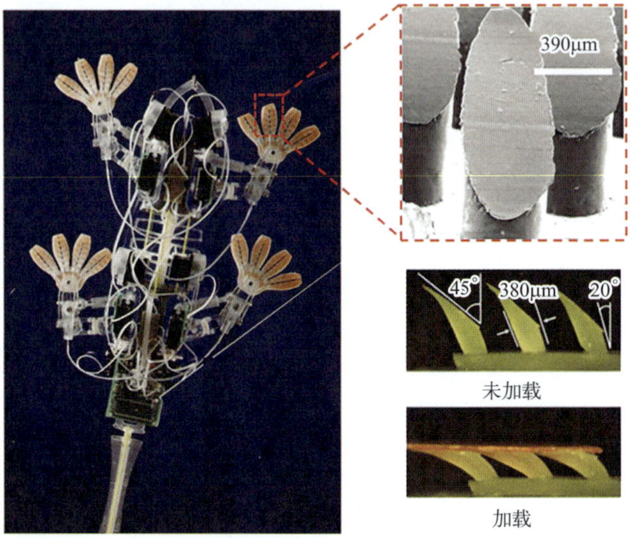


**图 10.6** 壁虎启发的微结构黏附剂用于腿式攀爬机器人[28]

通过了解受树蛙启发的湿性胶黏剂在潮湿环境中的适应性，He 等[32]引入了一种具有四边形光滑微柱的黏附表面。这种表面成功应用于六足攀爬机器人的设计中，使其能够在坡度超过 80°的斜坡上攀爬。然而，黏附脚模块设计的局限性阻碍了这些腿式机器人在倒置天花板上攀爬的能力。一个潜在的解决方案是使用软材料作为黏附脚模块的支撑层。例如，Ko 等人[33]开发了一款灵感来自壁虎的四足机器人，其具有在垂直表面和倒置天花板上稳定攀爬的能力。通过在多层黏附脚模块中使用厚海绵层，能够在不同方向和粗糙度的接触界面上实现贴合接触。该层还起到了减震器的作用，减少了来自执行器的冲击，并提高了攀爬性能。同样，Li 等人[34]利用泡沫作为层状黏附设计中的支撑结构（采用软 - 硬 - 软配置），开发了一款倒挂天花板行走机器人。这种设计有助于均匀分布负载并提供减震效果（图 10.7）。

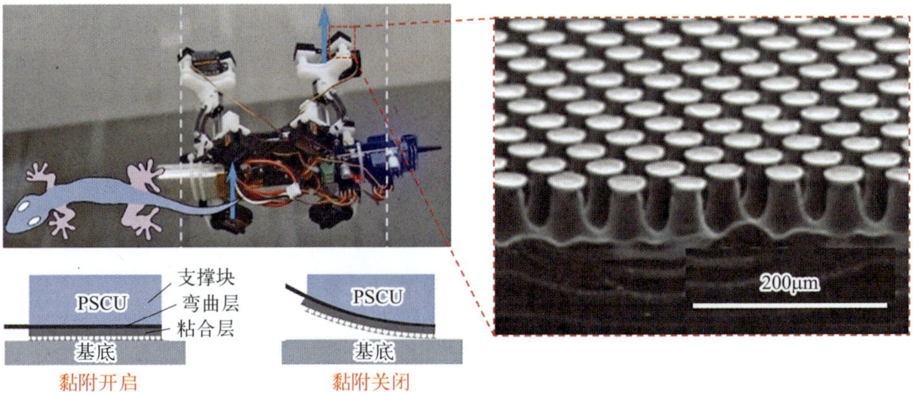


**图 10.7** 软 - 硬 - 软夹层复合黏附结构用于腿式攀爬机器人[34]

遗憾的是，传统的机械攀爬机器人由于其体积较大，在狭窄的空间中，尤其是狭小的环境下，难以进行有效的移动操作。相反，使用仿生黏附剂的软体机器人，由于其紧凑性和灵活性，能够在这种受限条件下出色地完成转移操作。例如，Wang 等人[35]将石墨烯融入 PDMS 中，产生光热驱动效应，基于壁虎启发的三角形阵列，开发出了一款光驱动的软体机器人。该机器人即使在携带超过自身重量 50 倍的负载时，也展示了稳定的移动能力。然而，由于内在的限制，复杂的机制难以集成到小型软体机器人中。因此，该机器人中应用的受壁虎启发胶黏剂难以实现大面积的有效接触和均匀的应力分布，限制了其在攀爬超过 30°坡度时的能力。Tang 等人[36]创新性地引入了一种新型的气动驱动仿生软体黏附执行器，结合了章鱼启发的吸盘和尺蠖运动（图 10.8）。该执行器采用了嵌入螺旋气动通道的极软双层结构，可在陆地和水下表面操作。与传统依靠吸力的黏附执行器不同，该设计通过气动充气产生负压，实现了在各种光滑表面上的强力和快速可逆黏附。利用这一可切换黏附机制，开发了一种创新的负载承重两栖攀爬软体机器人（ACSR），其中集成了软性弯曲执行器。ACSR 表现出极大的多功能性，能够在陆地和水下的各种干湿水平和垂直表面上操作。令人印象深刻的是，它可以携带 200g 的物体，是其自身质量的五倍多，并且在陆地和水下的垂直攀爬速度约为 286mm/min。该速度相当于每分钟爬行其自身长度的 1.6 倍。这项突破性的研究扩展了软体机器人的能力和多样性，尤其是在窗户清洁和在恶劣环境下进行水下检查等任务中。此外，Zhang 等人引入了一种多模态软体爬行攀爬机器人（SCCR），该机器人灵感来自尺蠖，能够通过同步控制身体变形和脚部摩擦力实现多种运动模式[37]。SCCR 利用三个串联的纤维增强气动人工肌肉（PAMs）模仿尺蠖的“Ω”形变。通过操控 PAMs 的准静态变形形状和吸盘的锚定状态，SCCR 能够实现不同的运动步态。值得注意的是，它在塑料水平表面上实现了最高 21mm/s（0.11 体长 / 秒）的速度，且能够承载 500g（约其自身质量的 15 倍）的负载。此外，它还展示了在携带 20g 负载的情况下，以 15mm/s（0.079 体长 / 秒）的速度攀爬垂直墙壁的能力。更重要的是，该 SCCR 还能够在水环境中展示多样的运动能力。

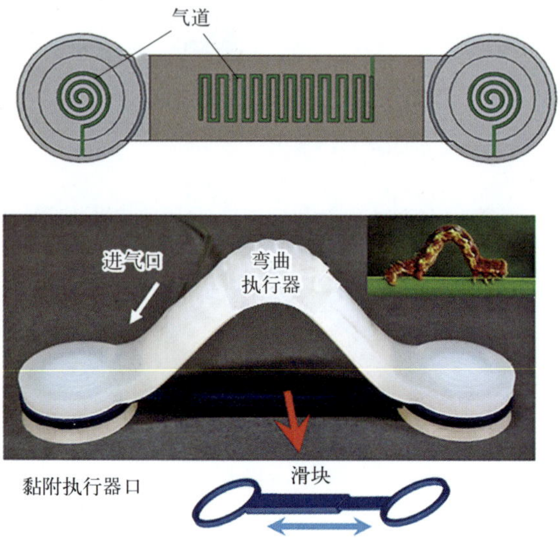


**图 10.8** 仿生软体气动驱动黏附执行器[36]

# 10.3 软性抓手

机械抓手是工业环境中用于物体操控的标准转移单元。然而，这些抓手通常需要施加较大的闭合力来抓握和转移物体，这不仅需要额外的能量，还可能对易碎物品造成损坏。幸运的是，仿生黏附表面提供了一种独特的黏附机制，无须额外能量来维持黏附力。相反，它们只需施加少量的预载荷即可产生显著的黏附抓握力，在软性抓手领域具有明显优势。通常，根据应用场景，使用仿生胶黏剂的抓手可以分为干式抓手和湿式抓手。在干燥环境中，受壁虎启发的胶黏剂常用作抓手的主要黏附单元。通常，这类抓手通过两种机制从基板上分离：屈曲和剪切。在屈曲诱导的分离中，常见的结构包括各向同性设计，如蘑菇形支柱［图 10.9（a）］。这些胶黏剂由于屈曲或过载或剥离时的拉伸应力集中而容易分离[38]。相反，剪切诱导的分离采用各向异性的干式黏附表面，具有倾斜支柱和 / 或不对称尖端。利用这种设计的抓手实现了高度的各向异性黏附和摩擦，能够快速切换附着与分离，如那些带有微楔形结构的抓手。此外，在抓手中有效利用壁虎启发的胶黏剂需要保持大面积、更加有效的接触区域和均匀的应力分布原则。例如，Jiang 等人[39]在其抓手系统中引入了腱和滑轮差动机制，以确保每个黏附单元上的张力均匀［图 10.9（b）］[39]。这种负载分担机制将小的黏附补丁扩展为更大的有效接触面积。此外，Li 等[34]人在其抓手中引入了自适应锁定机制，以适应不同高度和曲率的表面，从而实现贴合的界面接触[34]。通过锁定适应配置，负载分布变得均匀，能够有效操控平面和曲面物体。

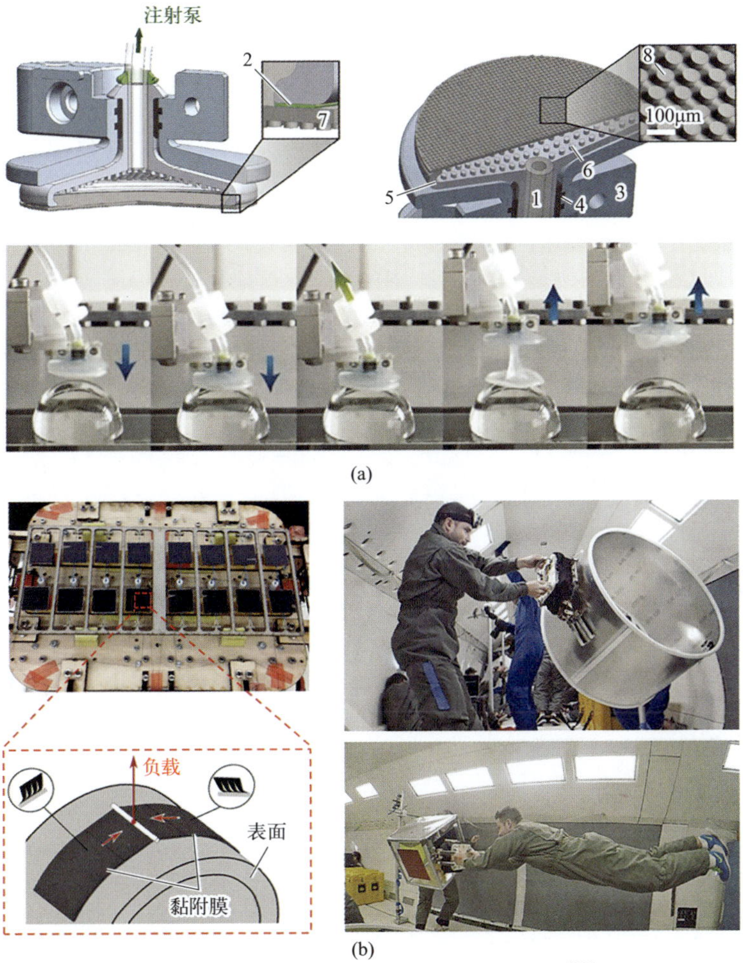


图 10.9　仿生黏附剂在软性抓手中的应用[39]

（a）壁虎启发的负载共享软性抓手，配备各向同性蘑菇形支柱；（b）壁虎启发的负载共享软性抓手，配备倾斜支柱（不对称尖端）

1—硅胶管；2—乙烯基硅氧烷；3—外壳；4—橡胶圈；5—软质腔体；6—腔体与纤维状黏合剂之间的隔片；7—纤维状黏合剂；8—蘑菇形微纤维

在潮湿环境中，受树蛙启发的胶黏剂因其毛细作用而备受青睐。特别是在潮湿的外科手术环境中，传统的手术钳通常需要施加较大的夹紧力，以防止滑溜的组织移动，这可能导致软组织损伤。鉴于毛细力所带来的强大湿摩擦力，Zhang 等人[40]在受树蛙启发的六边形微柱黏附表面引入了手术抓持器。这一改进使湿摩擦力增加了 9 倍，并且与带有尖齿界面的抓持器相比，软组织变形减少了 90%。此外，树蛙启发的胶黏剂在潮湿条件下处理物体方面也展现了潜力。例如，Zhang 等人[37]设计了一款软体机器人手，其使用模仿树蛙的胶黏剂在湿润环境中可以有效抓握不规则表面的物体［图 10.10（a）］。受章鱼启发的黏附表面由于吸力而展现出卓越的湿润黏附性能，特别是在水下，由于水或油的不可压缩性，表现出非凡的黏附能力。受章鱼手臂柔性运动和抓握动作的启发，Mazzolai 等人[41]开发了一种新型软性抓手。这款抓手在多种封闭环境中展现出优异的抓握性能。同样，借鉴不同章鱼物种手臂锥度角的变化，Xie 等人[42]将章鱼启发的吸盘集成到锥形软性抓手中，使其能够通过弯曲和吸附的组合动作轻松抓取各种物体［图 10.10（b）］。遗憾的是，大多数使用仿生黏附剂的抓手都是单功能的，缺乏对抓握状态的实时监控。为了解决这一限制，Hu 等人[43]创造了一种创新的分层结构，将黏附功能和感应能力集成在一起。这种胶黏剂具有多层设计，顶层由蘑菇状微柱组成，提供强大的黏附力，中间层包含柱状阵列，底层包含专门设计用于电容感应的成对金属电极。总而言之，未来的发展趋势在于将感应功能与仿生胶黏剂集成并应用于抓手。

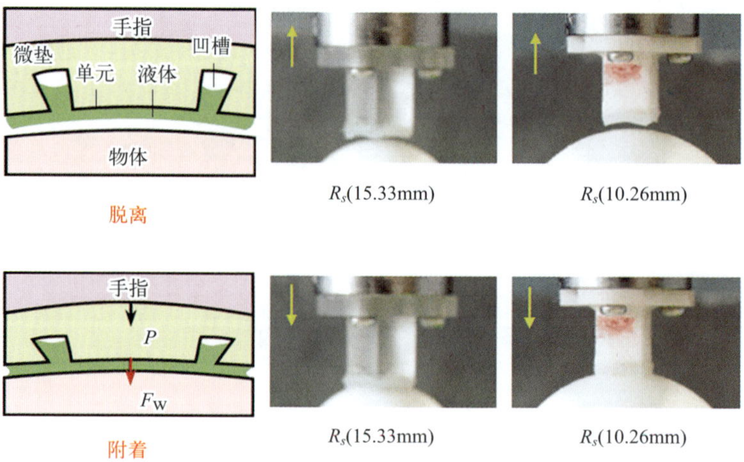


(a)

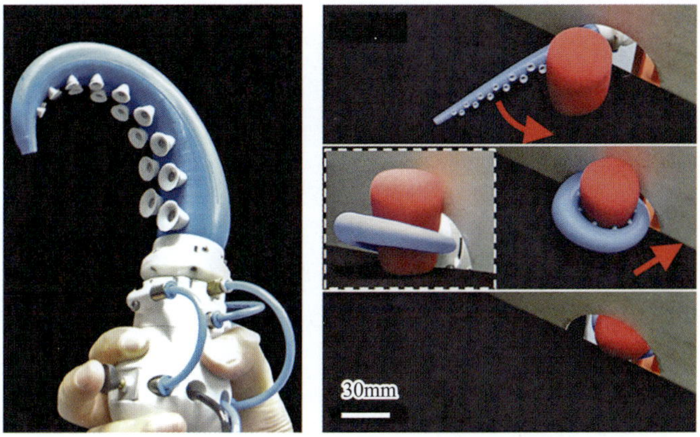


(b)

**图 10.10　仿生胶黏剂在软性抓手中的应用** [42]

（a）树蛙启发的带有毛细力的软性抓手；（b）章鱼启发的带有吸力的软性抓手

# 10.4
# 可穿戴电子设备

由于其强大的黏附性能，仿生黏附表面在开发生物兼容性电子设备方面受到了广泛关注。与传统胶黏剂相比，受结构或化学信号触发的仿生胶黏剂具有几项关键优势，包括强大的湿润性和水下黏附能力、无须使用胶水、增强的适应性和重复性，以及持续的自清洁能力。通过将这些结构胶黏剂与嵌入的电子芯片或传感器集成，可穿戴生物电子设备得到了广泛发展，用于监测诸如应力和温度等物理参数，以及心电图和脑电图等电生理信号 [44-46]。此外，这些设备还能够收集不同的体液，获取包括葡萄糖和 pH 值以及酶活性等生化数据 [47]。配备可靠的实时监测功能，这些智能皮肤贴片提供了一种简单、经济且可靠的健康反馈方式，促进了及时的初步诊断和治疗。

然而，皮肤和组织表面的复杂性也给可穿戴电子设备的发展带来了挑战，包括皮肤的多层结构和体内组织表面不规则的润湿条件，大多数胶黏剂在皮肤上的界面黏附性能可能不尽如人意 [48]。为了解决这一问题，人们对蘑菇状刚毛阵列进行了修改，以更好地适应皮肤的层状形态［图 10.11（a）］。例如，Drotlef 等人 [38] 开发了一种仿壁虎刚毛结构的黏合带，并通过印墨法在胶黏剂上再现了皮肤的层状结构。这些改进后的结构使胶黏剂能够与皮肤形成贴合接触，从而增强了界面黏附性能。此外，汗湿的皮肤和体内组织上的水分会降低带有壁虎启发的刚毛阵列胶黏剂的界面黏附力。为此，Zhang 等人[40]提出了一种灵感来自树蛙脚趾分层六边形结构的两级六边形微柱黏附表面，能够黏附在潮湿的皮肤表面［图 10.11（b）］。此外，受章鱼启发的功能表面由于负压效应，在汗湿的皮肤上甚至在被间质液包围的体内组织上表现出显著的界面黏附力。Dayan 等人[49]制备了一种混合黏附剂，将受章鱼和壁虎足启发的吸盘结构相结合，展现了在湿润和干燥表面上的强大可逆黏附性。这一创新为可穿戴设备在各种环境中的应用提供了宝贵的见解。除了基于结构的黏附电子产品外，基于化学的黏附电子产品在汗湿的皮肤和组织上也表现出优异的性能。

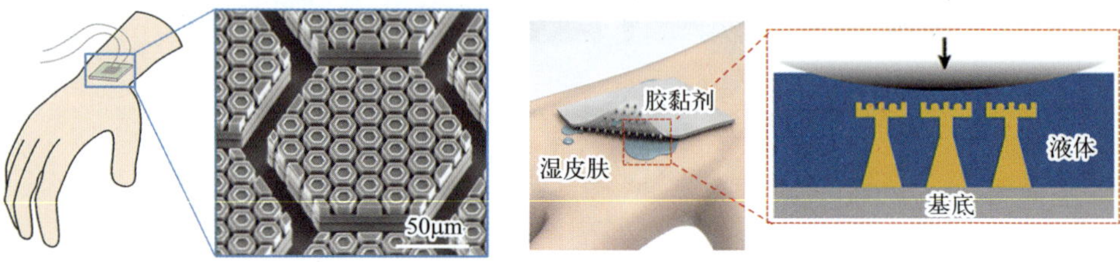

(a) (b)

**图 10.11** 仿生黏附剂在可穿戴电子设备中的应用[49]

将电极与胶黏剂集成是另一个需要解决的挑战。传统的带有金属电极的黏合带通常会出现应力集中等问题，导致电极周围剥离，影响整个界面。例如，Bao 等人[50]发现他们的黏合带只能在温和条件下（如休息时）为电极提供有效的黏附力，以防止裂缝扩展。为了解决由于附加金属电极引起的自剥离问题，Drotlef 等人将皮肤黏附膜与应变传感器集成，用于监测心率等重要信号[49]。此外，Kim 等人[51]在 PDMS 中引入了两种碳纳米材料，创造了一种具有增强电渗流的导电胶黏剂（图 10.12）。这种创新的弹性体结合了皮肤黏附和生物信号采集功能，能够直接收集人体信号，而无须额外的金属电极。重要的是，这种导电黏附表面即使在运动和水下环境中也能有效捕捉生物信号，超越了典型的带有金属电极的丙烯酸基医用贴片的能力。与结构黏附传感器相比，化学结合的导电凝胶是解决由金属电极引发问题的更好选择。这是因为它们本身具有导电性，无须额外的电极，并且可以表现出类似于橡胶弹性体的力学性能。导电水凝胶黏附剂的卓越电化学稳定性、可塑性和生物相容性为软体机器人、可穿戴设备、人造皮肤、柔性触摸屏和脑机接口等多个领域的应用开辟了新的途径[52-54]。尤其是，结合可拉伸离子水凝胶黏附剂的可穿戴电子设备因其在温度、压力和应变传感方面的能力以及神经生理学通信属性而引起了极大的关注[55-57]。这些可穿戴电子设备不仅具有出色的灵活性和对生物电信号的高度敏感性，还能够将生理活动信号转化为可检测

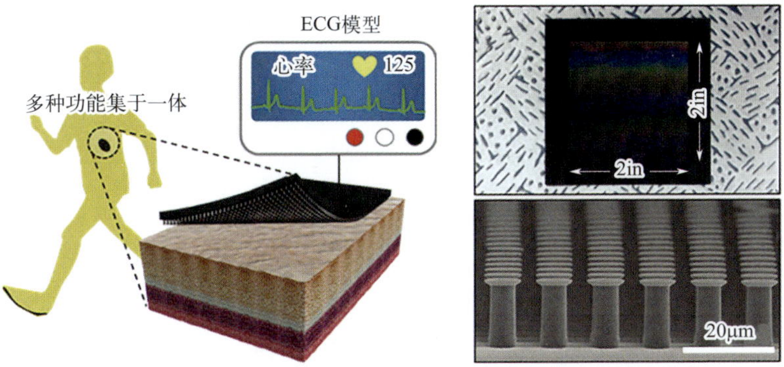


**图 10.12** 壁虎启发的导电黏附剂用于心电图电极[51]

的电子信号，从而扩展了早期诊断和治疗严重疾病的可能性[58-60]。例如，Cai 等人[59]提出了一种基于自黏附水凝胶的皮肤传感系统，该系统依赖于含乙烯基的二氧化硅纳米颗粒（VSNP）和聚丙烯酰胺（PAM）的异质集成，形成了一种黏稠的水凝胶（VSNP-PAM）作为弹性基质，并结合了一维和二维纳米导电材料贡献的正交弯曲传感结构。这种水凝胶展现了卓越的顺应性和黏弹性，能够适应人类皮肤，使其非常适合皮肤传感器应用。值得注意的是，VSNP-PAM 水凝胶通过 PAM 链中丰富的氢键和 PAM 与 VSNP 之间的共价键的协同作用，实现了高韧性（约 $7020J/m^2$）和极低的滞后性（< 0.1），确保了皮肤传感器的快速响应性（约 90ms）和出色的弹性恢复（约 240ms）能力。此外，VSNP-PAM 水凝胶的高延展性使其能够利用黏附在预拉伸水凝胶上的二维 MXene 纳米片和一维 PpyNW 的机械不稳定性，形成定制的自组织分层结构。通过特定顺序的预应变松弛，可以实现这些分层褶皱结构在拉伸时的转化，使 MXene-PpyNW 传感组件能够在广泛的工作范围内发挥功能。此外，通过将两个异构网络层叠在一起，传感机制可以从压阻效应转变为电容效应，实现 $x$、$y$ 和 $z$ 方向的触觉感应，并且能够在距离达 20cm 的范围内检测到接近。

# 10.5 生物医学工程

与合成胶黏剂相比，利用生物聚合物的仿生胶黏剂在生物医学应用中具有显著优势，包括优异的生物相容性、生物降解性、无毒性、成本效益和可再生性。仿生结构或化学黏附已经成为仿生胶黏剂用于生物医学目的的一个有前途的方法。特别是，受贻贝启发的化学策略不仅增强了仿生胶黏剂的自粘性，还提高了其螯合和配位能力、生物相容性和生物活性[61-63]。此外，它能够与各种分子发生二次反应，从而促进具有定制特性的混合材料的创建。这里将强调仿生胶黏剂在组织黏附、止血、伤口愈合、药物传递等生物医学应用中的重要性。

每年有数百万的人经历各种各样的组织损伤，从轻微的皮肤切割到由事故、慢性病（如糖尿病溃疡）和外科手术等原因引起的严重损伤[64]。治疗这些损伤的标准临床方法包括重新连接受损组织并闭合伤口区域，以止血、防止液体泄漏，并最终恢复组织的完整性和功能。历史上，缝线和缝合钉一直是实现这些目标的主要方法。它们在愈合过程中有效地将组织拉拢在一起，提供稳定性和对机械应力的抵抗，从而降低伤口重新打开的风险。尽管在许多情况下缝线和缝合钉的广泛使用和有效性得到了肯定，但它们也存在局限性[65, 66]。例如，它们可能不适用于需要控制体液或防止空气泄漏的情况。此外，处理大面积伤口时，完全闭合可能会有挑战性。缝合是一项耗时的操作，增加了手术时间和感染等并发症的可能性。在紧急情况下，缝合可能由于耗时过长而不切实际。尽管缝合钉可以提供快速闭合，但其后续的移除以及对组织造成的机械压力限制了其应用。此外，缝线和缝合钉如果在应用过程中组织对齐不精确，可能会导致组织损伤和瘢痕。而且它们不适用于对手术部位访问受限的微创或显微手术。仿生胶黏剂为外科手术干预提供了一种有吸引力的替代方案，因为它们可以提供机械支撑，促进止血，封闭伤口并防止泄漏（图 10.13）[67]。

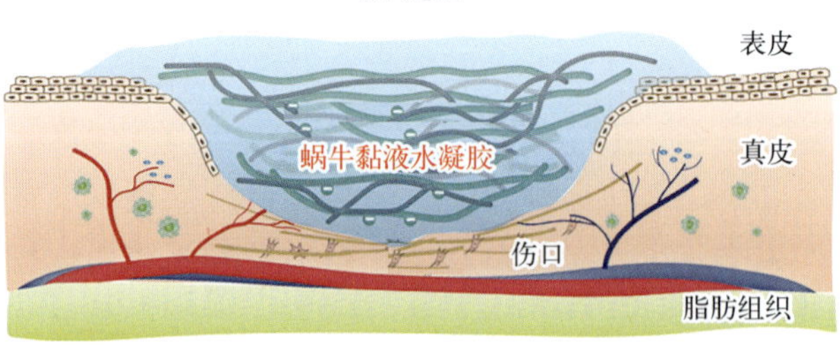


**图 10.13** 水凝胶胶黏剂用于伤口愈合和止血[67]

通过接枝儿茶酚或鞣花酸的透明质酸水凝胶作为组织胶黏剂，展现出极大的吸引力。这些多巴胺改性的水凝胶通过将儿茶酚基团附着在水凝胶聚合物链上，在 $NaIO_4$ 的协助下进行氧化，从而实现强大的组织黏附。仿贻贝水凝胶中的儿茶酚基团对多种亲核基团（如酰胺、巯基、咪唑等）表现出较强的结合亲和力，这赋予了其优异的黏附性能。因此，这种水凝胶能够有效地与组织表面的肽或蛋白质结合[68]。例如，Liang 等人[54]通过将接枝多巴胺的透明质酸与聚多巴胺（PDA）涂层的还原氧化石墨烯（rGO）结合，设计了一种多功能纳米复合水凝胶，旨在高效伤口敷料应用。该注射型纳米复合水凝胶展现了良好的膨胀性、生物降解性、可调节的流变特性以及令人满意的机械强度。透明质酸接枝多巴胺提供的儿茶酚基团和 PDA 赋予了水凝胶增强的组织黏附性、可靠的抗氧化性能、止血效果以及由近红外光驱动的抗菌行为。此外，这些水凝胶还显示出超过 10 天的持续药物释放，并且在小鼠模型中显著促进了全层皮肤伤口的修复。因此，这些多功能复合水凝胶作为先进伤口愈合敷料具有潜力。在上述创新伤口敷料领域，目前的研究主要侧重于它们的生化功能。然而，能够通过生物力学作用促进早期伤口闭合的伤口敷料尚未得到足够重视。为了解决这一问题，Li 等人[68]创新性地研发了多功能抗菌胶黏剂和抗氧化止血水凝胶敷料，这些敷料由聚乙二醇单甲醚修饰的环氧甲基丙烯酸缩水甘油酯功能化壳聚糖（CSG-PEG）、甲基丙烯酰胺多巴胺（DMA）和锌离子混合制成。这些水凝胶在小鼠肝脏出血和鼠尾截肢模型中表现出显著的止血能力，并对耐甲氧西林金黄色葡萄球菌（MRSA）展现了固有的抗菌特性。此外，水凝胶的有效体积收缩和组织黏附性有助于早期伤口闭合并促进伤口愈合。这些发现表明其作为治疗感染伤口的替代方案具有潜力。

除了伤口愈合和止血功能外，药物释放能力是这种新型仿生胶黏剂的另一大特征。Ryu 等人[69]通过冷冻干燥接枝有儿茶酚的壳聚糖，制备了完全交联的腹膜内贴片和部分交联的贴片。贴片在小鼠腹膜的湿润组织上表现出强大的黏附力（约 42kPa），而贴片的强度略低（约 34kPa）。为了验证其在癌症治疗中的效果，研究人员将抗癌药物 5- 氟尿嘧啶注入两种贴片中，随后通过向小鼠腹膜中引入人结肠癌细胞，模拟癌症进展。一周后，将载药贴片应用于实验小鼠的腹膜表面。结果显示，由于贴片的部分交联网络有助于药物的持续释放，其抗癌效果优于内贴片。因此，这些部分交联的多功能贴片在作为癌症治疗中的药物黏附载体方面展现了良好的应用前景。同样地，Chen 等人[70]设计了一种具有高密度氢键的黏附水凝胶胶带，利用“三重氢键簇”（THBC）的负载分担效应（图 10.14）。将 THBC 作为侧基整合到水凝胶基质中，赋予其在不同表面（包括玻璃和组织）上的强大黏附性。这种水凝胶成为两种创新性治疗性绷带的基础，分别用于治疗糖尿病（1 型）和肝癌。为治疗肝癌，研究人员将人血清白蛋白与顺铂药物结合，嵌入水凝胶绷带中。这些绷带可生物降解，能够直接黏附在肝脏上，精确将药物递送至肿瘤部位，其疗效超过了传统注射疗法。此外，水凝胶的可降解性确保在药物释放完毕后，绷带会在体内自行分解。相反，用于糖尿病治疗的水凝胶绷带是外用的，且不具有生物降解性。它由两层构成：一层为用于储存和释放胰岛素的封装层，另一层为确保长时间稳定黏附的黏附水凝胶层。研究表明，这种绷带在小鼠的腹膜壁上可以稳定黏附一个多月，有效调节血糖水平。这些先进的水凝胶绷带为持续药物释放和靶向治疗提供了多功能平台，革新了相关疾病的治疗方法。

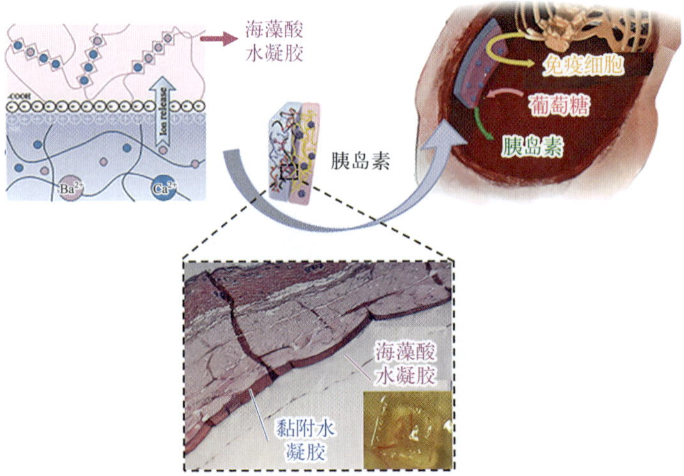


**图 10.14** 受贻贝启发的水凝胶绷带[70]

除了基于贻贝化学的仿生水凝胶药物释放胶黏剂外，研究人员还开发了受生物表面结构启发的仿生胶黏剂用于药物释放。例如，Chen 等人[71]设计了一种葡萄糖响应型胰岛素释放微针阵列贴片，旨在应对高血糖问题。该贴片利用了红细胞囊泡或含有葡萄糖转运蛋白（GLUT）的脂质体纳米颗粒，并与葡萄糖胺修饰的胰岛素（Glu- 胰岛素）结合。微针阵列可以穿透皮肤，当血糖水平升高时，组织液中的高葡萄糖浓度增加了其与 GLUT 结合的可能性。GLUT 与葡萄糖结合时，会与谷氨酸胰岛素争夺 GLUT 的结合位点。当谷氨酸胰岛素未能结合时，它会释放到系统中，调节血糖水平。为了确保持续释放葡萄糖响应的胰岛素，研究人员为系统补充了额外的自由谷氨酸胰岛素，作为“备用胰岛素”。这种基于 GLUT 的智能胰岛素贴片在链脲佐菌素（STZ）诱导的 1 型糖尿病小鼠中，成功实现了长期的血糖控制。

同样，Zhu 等人[72]受蓝环章鱼捕猎策略的启发，开发了一种通过微针贴片结构进行药物控制释放的湿性胶黏剂。这种创新设计旨在实现组织表面的黏附和有效的局部给药（图 10.15）。具体来说，基于 Pluronic F127 的水凝胶吸盘被整合到丝蛋白 - 普鲁尼克 F127（Silk-Fp）结构中，以赋予其湿黏附功能。吸盘的内表面通过单宁酸（TA）处理，建立了生物相容的化学键。此外，灵活的吸盘结构不仅通过气压差（> 10kPa）促进了物理黏附，还通过保护化学黏附界面免受液体环境影响，确保了 Silk-Fp 贴片在湿润组织上的稳定性。此外，Silk-Fp 贴片还包含可控药物释放的水凝胶微针，这些微针由丝蛋白和氮异丙基丙烯酰胺组成，设计用于在组织内实现高效药物递送。Silk-Fp 微针可装载抗炎药物（如磷酸地塞米松，DEX）用于治疗口腔溃疡，或装载抗癌药物（如 5- 氟尿嘧啶，5-FU）用于早期皮肤肿瘤治疗。凭借其坚固的结构和高纵横比，Silk-Fp 微针能够有效穿透表皮下的黏膜层或通过柔软屏障如溃疡和肿瘤，从而实现精确的药物递送。Silk-Fp 微针提供了两种药物释放模式：第一种为快速作用模式，当进入靶组织后，药物释放立即由浓度梯度的收缩触发；第二种为持续治疗模式，通过温度调控药物释放。例如，当 Silk-Fp 微针的温度超过氮异丙基丙烯酰胺的相变阈值时，其性质会从亲水性转变为疏水性，促进药物扩散。因此，Silk-Fp 微针在治疗初期能在两小时内确保足够的药物浓度，随后在接下来的两天内逐步释放药物，维持治疗效果。综上所述，这种仿生 Silk-Fp 贴片凭借稳定的湿黏附性和可控的组织内药物递送能力，展现了通过释放 DEX 加速口腔溃疡愈合或通过释放 5-FU 抑制肿瘤生长的潜力。

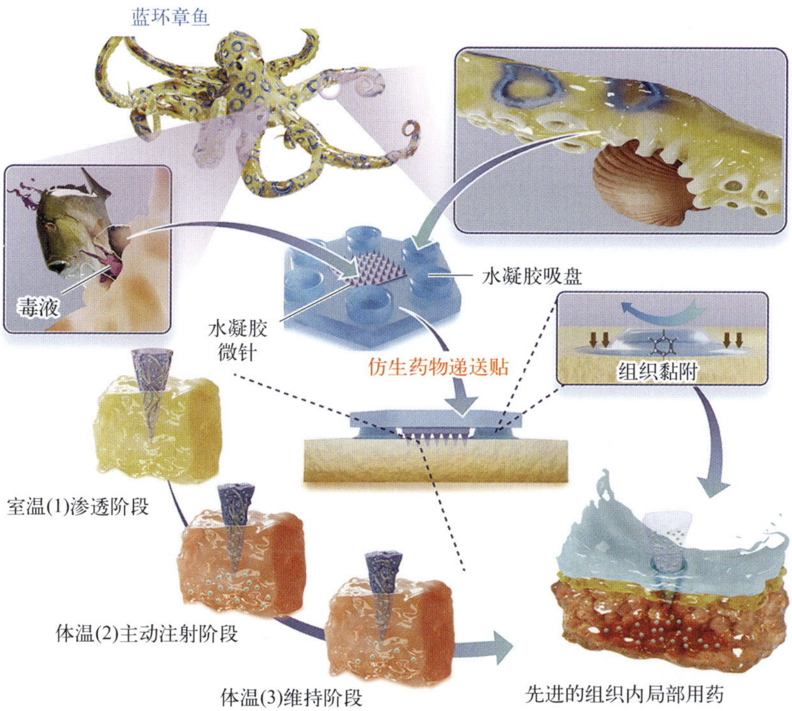


**图 10.15** 受章鱼启发的水凝胶微针贴片用于药物注射功能[72]

总之，仿生胶黏剂的应用前景广阔，充分利用了天然黏合结构与化学性质的有利结合。本章旨在全面概述仿生胶黏剂在不同领域的最新进展，包括液滴操控、攀爬机器人、软体抓取器、可穿戴电子设备以及生物医学工程。表 10.1 总结了仿生胶黏剂在上述应用中的优势与挑战。我们期望这一综合框架能够激发更多研究者的兴趣，深入探讨这一新兴领域，从而引导创新型仿生黏附系统的未来发展。

**表 10.1 仿生胶黏剂在不同应用中的优势与挑战总结**

| 应用领域 | 特定设备 / 类别 | 特点 / 优势 | 限制 / 挑战 |
|---|---|---|---|
| 液滴操控（响应性 SLIPs） | 可控化学反应的微滴操控 | • 快速、精确和远程操控<br>• 高液滴转移效率<br>• 液滴几何形状无限制 | • 大规模液体运输<br>• 液滴的污染润滑层 |
| | 移液设备 | • 简化微孔板和微阵列中的液体处理<br>• 避免交叉污染<br>• 无排斥液体残留 | • 弹性滑溜膜结构太软，需要固定在坚硬的基底上<br>• 难以拉伸 |
| | 雾收集系统 | • 可编程控制<br>• 高收集效率<br>• 连续收集 | • 大规模雾气收集<br>• 捕获的水易受外部因素影响 |
| 攀爬机器人 | 带有水凝胶胶黏剂的履带攀爬机器人 | • 大跨度定制黏附<br>• 快速调节黏附与非黏附状态 | • 受墙面梯度和材质限制 |
| | 有蘑菇形阵列的轮式 / 履带攀爬机器人 | • 能在垂直表面攀爬 | • 运动模型限制 |
| | 传统腿部机器人 | • 更灵活<br>• 适应性更好<br>• 更安全 | • 不能在倒置天花板上攀爬<br>• 黏附能力有限 |
| | 带有黏合脚模块支撑层的腿部机器人 | • 在垂直表面或倒置天花板上稳定攀爬<br>• 减少执行器引起的冲击<br>• 均匀负载共享 | • 不能适应狭窄条件 |
| | 软体攀爬机器人 | • 小型化和灵活性<br>• 更好的响应性<br>• 高负载 | • 黏附能力有限<br>• 攀爬斜坡角度有限 |
| 软体夹持器 | 壁虎启发的各向同性结构夹持器 | • 各向同性黏附和摩擦 | • 应力集中时容易脱落<br>• 干燥环境中受限 |
| | 壁虎启发的各向异性结构夹持器 | • 各向异性黏附和摩擦<br>• 快速切换附着和脱离 | • 干燥环境中受限 |
| | 树蛙启发的夹持器 | • 由毛细管力引起的湿摩擦和黏附<br>• 适用于干湿环境 | • 黏附能力有限 |
| | 章鱼启发的夹持器 | • 基于吸力的优秀湿黏附<br>• 适用于干湿环境 | • 干燥环境中黏附能力有限 |
| 可穿戴电子设备 | 壁虎启发的黏附传感器 | • 与皮肤贴合<br>• 可逆黏附 | • 仅限于干燥皮肤 |

续表

| 应用领域 | 特定设备 / 类别 | 特点 / 优势 | 限制 / 挑战 |
|---|---|---|---|
| 可穿戴电子设备 | 树蛙启发的黏附传感器 | • 与皮肤贴合<br>• 可逆黏附<br>• 适用于干湿和油性皮肤 | • 黏附强度有限 |
| | 章鱼启发的黏附传感器 | • 强界面黏附<br>• 适用于干湿和油性皮肤 | • 结构复杂 |
| | 贻贝启发的黏附传感器 | • 坚韧的界面黏附<br>• 适用于干湿和油性皮肤 | • 制造过程复杂<br>• 有时难以脱离 |
| 生物医学工程 | 贻贝启发的用于伤口密封的组织胶黏剂 | • 优秀的生物相容性，可降解性，无毒性，成本效益和可再生性<br>• 快速切口闭合<br>• 多功能 | • 基于直接化学反应黏附<br>• 儿茶酚基团易被氧化<br>• 水凝胶体积中的能量耗散 |
| | 贻贝启发的用于药物递送的组织胶黏剂 | • 长时间工作<br>• 可注射<br>• 多功能 | • 儿茶酚基团易被氧化 |
| | 结构启发的用于药物递送的组织胶黏剂 | • 快速响应<br>• 长时间工作<br>• 稳定黏附 | • 黏附强度有限 |

## 参考文献


[1] Dai H, Dong Z, Jiang L. Directional liquid dynamics of interfaces with superwettability. Science Advances, 2020, 6 (37) : eabb5528.

[2] Song S, Drotlef D M, Son D, et al. Adaptive self-sealing suction-based soft robotic gripper. Advanced Science, 2021, 8 (17) : 2100641.

[3] Yu Y, Fu F, Shang L, et al. Bioinspired helical microfibers from microfluidics. Advanced Materials, 2017, 29 (18) : 1605765.

[4] Li J, Hou Y, Liu Y, et al. Directional transport of high-temperature Janus droplets mediated by structural topography. Nature Physics, 2016, 12 (6) : 606-612.

[5] Bai H, Tian X, Zheng Y, et al. Direction controlled driving of tiny water drops on bioinspired artificial spider silks. Advanced Materials, 2010, 22 (48) : 5521-5525.

[6] Yan X, Qin Y, Chen F, et al. Laplace pressure driven single-droplet jumping on structured surfaces.

ACS Nano, 2020, 14 (10) : 12796-12809.

[7] Diez J A, Gratton R, Thomas L P, et al. Laplace pressure driven drop spreading. Physics of Fluids, 1994, 6 (1) : 24-33.

[8] Zuo Y, Zheng L, Zhao C, et al. Micro-/nanostructured interface for liquid manipulation and its applications. Small, 2020, 16 (9) : 1903849.

[9] Wang Y, Ma K, Xin J H. Liquid manipulation: stimuli-responsive bioinspired materials for controllable liquid manipulation: principles, fabrication, and applications. Advanced Functional Materials, 2018, 28 (6) : 1870039.

[10] Ren H, Jin H, Shu J, et al. Light-controlled versatile manipulation of liquid metal droplets: a gateway to future liquid robots. Materials Horizons, 2021, 8 (11) : 3063-3071.

[11] Yin K, Wang L, Deng Q, et al. Femtosecond laser thermal accumulation-triggered micro-/nanostructures with patternable and controllable wettability towards liquid manipulating. Nano-Micro Letters, 2022, 14 (1) : 97.

[12] Guo P, Wang Z, Heng L, et al. Magnetocontrollable droplet and bubble manipulation on a stable amphibious slippery gel surface. Advanced Functional Materials, 2019, 29 (11) : 1808717.

[13] Wang J, Gao W, Zhang H, et al. Programmable wettability on photocontrolled graphene film. Science Advances, 2018, 4 (9) : eaat7392.

[14] Cho Y, Shim T S, Yang S. Spatially selective nucleation and growth of water droplets on hierarchically patterned polymer surfaces. Advanced Materials, 2015, 28 (7) : 1433-1439.

[15] Yue H, Zeng Q, Huang J, et al. Fog collection behavior of bionic surface and large fog collector: a review. Advances in Colloid and Interface Science, 2022, 300: 102583.

[16] Zhang Y, Meng N, Babar A A, et al. Multi-bioinspired and multistructural integrated patterned nanofibrous surface for spontaneous and efficient fog collection. Nano Letters, 2021, 21 (18) : 7806-7814.

[17] Zheng Y, Bai H, Huang Z, et al. Directional water collection on wetted spider silk. Nature, 2010, 463 (7281) : 640-643.

[18] Parker A R, Lawrence C R. Water capture by a desert beetle. Nature, 2001, 414 (6859) : 33-34.

[19] Li K, Ju J, Xue Z, et al. Structured cone arrays for continuous and effective collection of micron-sized oil droplets from water. Nature Communications, 2013, 4 (1) : 2276.

[20] He M, Wang P, Xu B, et al. The flexible conical lamella: a bio-inspired open system for the controllable liquid manipulation. Advanced Functional Materials, 2018, 28 (49) : 1800187.

[21] Dai X, Sun N, Nielsen S O, et al. Hydrophilic directional slippery rough surfaces for water harvesting. Science Advances, 2018, 4 (3) : eaaq0919.

[22] Park K C, Kim P, Grinthal A, et al. Condensation on slippery asymmetric bumps. Nature, 2016, 531 (7592) : 78-82.

[23] Wang Y, Qian B, Lai C, et al. Flexible slippery surface to manipulate droplet coalescence and sliding, and its practicability in wind-resistant water collection. ACS Applied Materials & Interfaces, 2017, 9 (29) : 24428-24432.

[24] Huang Y, Stogin B B, Sun N, et al. A switchable cross-species liquid repellent surface. Advanced Materials, 2016, 29 (8) : 1604641.

[25] Zhang Z, Qin C, Feng H, et al. Design of large-span stick-slip freely switchable hydrogels via dynamic multiscale contact synergy. Nature Communications, 2022, 13 (1) : 6964.

[26] Murphy M P, Kute C, Mengüç Y, et al. Waalbot Ⅱ : adhesion recovery and improved performance of a climbing robot using fibrillar adhesives. The International Journal of Robotics Research, 2010, 30 (1) : 118-133.

[27] Krahn J, Liu Y, Sadeghi A, et al. A tailless timing belt climbing platform utilizing dry adhesives with mushroom caps. Smart Materials and Structures, 2011, 20 (11) : 115021.

[28] Sangbae K, Spenko M, Trujillo S, et al. Smooth vertical surface climbing with directional adhesion. IEEE Transactions on Robotics, 2008, 24 (1) : 65-74.

[29] Hawkes E W, Ulmen J, Esparza N, et al. Scaling walls: applying dry adhesives to the real world. 2011 IEEE/RSJ International Conference on Intelligent Robots and SystemsIEEE, 2011.

[30] Li Y, Ahmed A, Sameoto D, et al. Abigaille Ⅱ : toward the development of a spider-inspired climbing robot. Robotica, 2011, 30 (1) : 79-89.

[31] Henrey M, Ahmed A, Boscariol P, et al. Abigaille- Ⅲ : a versatile, bioinspired hexapod for scaling smooth vertical surfaces. Journal of Bionic Engineering, 2014, 11 (1) : 1-17.

[32] He B, Wang Z, Li M, et al. Wet adhesion inspired bionic climbing robot. IEEE/ASME Transactions on Mechatronics, 2014, 19 (1) : 312-320.

[33] Ko H, Yi H, Jeong H E. Wall and ceiling climbing quadruped robot with superior water repellency manufactured using 3D printing (UNIclimb) . International Journal of Precision Engineering and Manufacturing-Green Technology, 2017, 4 (3) : 273-280.

[34] Li X, Bai P, Li X, et al. Robust scalable reversible strong adhesion by gecko-inspired composite design. Friction, 2021, 10 (8) : 1192-1207.

[35] Wang X, Yang B, Tan D, et al. Bioinspired footed soft robot with unidirectional all-terrain mobility. Materials Today, 2020, 35: 42-49.

[36] Tang Y, Zhang Q, Lin G, et al. Switchable adhesion actuator for amphibious climbing soft robot. Soft Robotics, 2018, 5 (5) : 592-600.

[37] Zhang Y, Yang D, Yan P, et al. Inchworm inspired multimodal soft robots with crawling, climbing, and transitioning locomotion. IEEE Transactions on Robotics, 2022, 38(3): 1806-1819.

[38] Drotlef D M, Amjadi M, Yunusa M, et al. Bioinspired composite microfibers for skin adhesion

and signal amplification of wearable sensors. Advanced Materials, 2017, 29 (28) : 1701353.

[39] Jiang H, Hawkes E W, Fuller C, et al. A robotic device using gecko-inspired adhesives can grasp and manipulate large objects in microgravity. Science Robotics, 2017, 29 (28) : 1701353.

[40] Zhang L, Chen H, Guo Y, et al. Wet surface attachment: micro-nano hierarchical structure enhanced strong wet friction surface inspired by tree frogs. Advanced Science, 2020, 7 (20) : 2001125.

[41] Mazzolai B, Mondini A, Tramacere F, et al. Octopus-inspired soft arm with suction cups for enhanced grasping tasks in confined environments. Advanced Intelligent Systems, 2019, 1 (6) : 1900041.

[42] Xie Z, Domel A G, An N, et al. Octopus arm-inspired tapered soft actuators with suckers for improved grasping. Soft Robotics, 2020, 7 (5) : 639-648.

[43] Hu H, Wang D, Tian H, et al. Bioinspired hierarchical structures for contact-sensible adhesives. Advanced Functional Materials, 2022, 32 (8) : 2109076.

[44] Wang X, Sun X, Gan D, et al. Bioadhesive and conductive hydrogel-integrated brain-machine interfaces for conformal and immune-evasive contact with brain tissue. Matter, 2022, 5 (4) : 1204-1223.

[45] Wu Z, Wang H, Ding Q, et al. A self-powered, rechargeable, and wearable hydrogel patch for wireless gas detection with extraordinary performance. Advanced Functional Materials, 2023, 33 (21) : 2300046.

[46] Zhai K, Wang H, Ding Q, et al. High-performance strain sensors based on organohydrogel microsphere film for wearable human-computer interfacing. Advanced Science, 2023, 10 (6) : 2205632.

[47] Baik S, Lee J, Jeon E J, et al. Diving beetle-like miniaturized plungers with reversible, rapid biofluid capturing for machine learning-based care of skin disease. Science Advances, 2021, 7 (25) :eabf5695.

[48] Moon J, Yi G, Oh C, et al. A new technique for three-dimensional measurements of skin surface contours: evaluation of skin surface contours according to the ageing process using a stereo image optical topometer. Physiological Measurement, 2002, 23 (2) : 247-259.

[49] Dayan C B, Chun S, Krishna-Subbaiah N, et al. 3D printing of elastomeric bioinspired complex adhesive microstructures. Advanced Materials, 2021, 33 (40) : 2103826.

[50] Kang J, Tok J B H, Bao Z. Self-healing soft electronics. Nature Electronics, 2019, 2 (4) : 144-150.

[51] Kim T, Park J, Sohn J, et al. Bioinspired, highly stretchable, and conductive dry adhesives based on 1D-2D hybrid carbon nanocomposites for all-in-one ECG electrodes. ACS Nano, 2016, 10 (4) : 4770-4778.

[52] Zhang S, Chen Y, Liu H, et al. Hydrogels: room-temperature-formed PEDOT: PSS hydrogels enable injectable, soft, and healable organic bioelectronics. Advanced Materials, 2020, 32 (1) : 1904752.

[53] Lei Z, Wu P. A highly transparent and ultra-stretchable conductor with stable conductivity during large deformation. Nature Communications, 2019, 10 (1) : 3429.

[54] Liang Y, Zhao X, Hu T, et al. Adhesive hemostatic conducting injectable composite hydrogels with sustained drug release and photothermal antibacterial activity to promote full-thickness skin regeneration during wound healing. Small, 2019, 15 (12) : 1900046.

[55] Shi L, Zhu T, Gao G, et al. Highly stretchable and transparent ionic conducting elastomers. Nature Communications, 2018, 9 (1) : 2630.

[56] Keplinger C, Sun J Y, Foo C C, et al. Stretchable, transparent, ionic conductors. Science, 2013, 341 (6149) : 984-987.

[57] Lee H R, Kim C C, Sun J Y. Stretchable ionics: a promising candidate for upcoming wearable devices. Advanced Materials, 2018, 30 (42) : 1704403.

[58] Zhang W, Wu B, Sun S, et al. Skin-like mechanoresponsive self-healing ionic elastomer from supramolecular zwitterionic network. Nature Communications, 2021, 12 (1) : 4082.

[59] Cai Y, Shen J, Yang C W, et al. Mixed-dimensional MXene-hydrogel heterostructures for electronic skin sensors with ultrabroad working range. Science Advances, 2020, 6 (48) : eabb5367.

[60] Ding Q, Zhou Z, Wang H, et al. Self-healable, recyclable, ultrastretchable, and high-performance $NO_2$ sensors based on an organohydrogel for room and sub-zero temperature and wireless operation. SmartMat, 2023, 4 (1) : e1141.

[61] Zhang A, Jung K, Li A, et al. Recent advances in stimuli-responsive polymer systems for remotely controlled drug release. Progress in Polymer Science, 2019, 99: 101164.

[62] Rol F, Belgacem M N, Gandini A, et al. Recent advances in surface-modified cellulose nanofibrils. Progress in Polymer Science, 2019, 88: 241-264.

[63] Bovone G, Dudaryeva O Y, Marco-Dufort B, et al. Engineering hydrogel adhesion for biomedical applications via chemical design of the junction. ACS Biomaterials Science & Engineering, 2021, 7 (9) : 4048-4076.

[64] Gurtner G C, Werner S, Barrandon Y, et al. Wound repair and regeneration. Nature, 2008, 453 (7193) : 314-321.

[65] Annabi N, Tamayol A, Shin S R, et al. Surgical materials: current challenges and nano-enabled solutions. Nano Today, 2014, 9 (5) : 574-589.

[66] Januchowski R P, Abraham S. A case of recurrent Kawasaki disease. Osteopathic Family Physician, 2011, 3 (6) : 270-272.

[67] Deng T, Gao D, Song X, et al. A natural biological adhesive from snail mucus for wound repair.

Nature Communications, 2023, 14 (1) : 396.

[68] Li M, Liang Y, He J, et al. Two-pronged strategy of biomechanically active and biochemically multifunctional hydrogel wound dressing to accelerate wound closure and wound healing. Chemistry of Materials, 2020, 32 (23) : 9937-9953.

[69] Ryu J H, Kim H J, Kim K, et al. Biomedical applications: multipurpose intraperitoneal adhesive patches. Advanced Functional Materials, 2019, 29 (29) : 1900495.

[70] Chen Q, Xiao Z, Wang C, et al. Microneedle patches loaded with nanovesicles for glucose transporter-mediated insulin delivery. ACS Nano, 2022, 16 (11) : 18223-18231.

[71] Chen J, Wang D, Wang L H, et al. An adhesive hydrogel with "load-sharing" effect as tissue bandages for drug and cell delivery. Advanced Materials, 2020, 32 (43) : 2001628.

[72] Zhu Z, Wang J, Pei X, et al. Blue-ringed octopus-inspired microneedle patch for robust tissue surface adhesion and active injection drug delivery. Science Advances, 2023, 9 (25) : eadh2213.

# 第11章 总结与展望

# 11.1
## 仿生黏附材料的分级制造

自然界在进化过程中形成了多种独特的微结构界面用于黏附。这些微结构界面不仅展现了优异的黏附能力，还具备其他多种功能，以适应复杂的生存挑战，如捕食、移动或附着等。本书总结了自然界中常见的具有特征性黏附能力的生物，探讨了黏附表面的多样性，并分析了其在实际生存中的各种交互作用。随后，系统研究了这些具有代表性黏附能力的生物黏附表面，着重于其在生存策略中发挥的其他附加功能。本书还深入讨论了微结构和尺寸效应对自然生物黏附行为的影响，并探讨了生物黏附的基本模型，包括吸附作用、毛细管作用、Stefan 黏附、机械嵌合、摩擦和化学键合等，同时介绍了测量黏附力的常用方法。

此外，本书重点探讨了仿生黏附材料在智能机器人、可穿戴设备和生物医学等多个领域的应用与发展。对生物黏附的全面总结有助于加深对其原理和机制的理解，并为设计先进的黏附材料提供灵感，拓展其在不同应用中的广泛潜力。尽管上述许多研究已取得了显著的突破，然而仍然存在未解难题，特别是在如何准确解释微尺度界面机制、生物黏附剂的物理化学特性以及其与外界环境交互的因素方面（例如，不同材料如何与自然或人工表面相互作用？哪些尺度和层次的微结构能够实现最大黏附力？）。因此，需要在推动仿生黏附应用方面付出更多努力，特别是在实现机械可靠性、功能优异性和智能化方面，需要采取全局策略。

我们将未来的研究分为三个方向（如图 11.1 所示）：赋予系统更加完善的结构和材料、提升界面与材料的综合性能，以及进一步系统化生物集成方法。我们意识到这些方面并不能涵盖所有相关因素。总之，仿生黏附系统的智能化与可控性发展需要跨学科协作、长期研究和努力。我们期待，通过在黏附机制、功能材料、优化结构设计以及精密制造技术等方面的多学科研究，未来能够克服这些限制，使仿生黏附系统在精密制造、柔性电子、生物医学设备以及航空航天等各个行业实现更广泛的应用和突破。

# 11.2
## 仿生黏附材料的智能化

为了在多样化的栖息地中生存，生物体演化出了独特的微纳结构和 / 或化学成分，赋予它们卓越的黏附性能，这对于固定自身或捕捉猎物等任务至关重要。

本书深入探讨了不同自然系统中的各种黏附模型，首先从界面上的相互作用力开始，然后讨论了生物黏附表面及其合成对应物的最新进展，重点关注接触界面的结构和化学特性。结合对仿生黏附表面制备和测量方法的详细解释，特别关注具有智能响应能力的可切换黏附剂，并探讨了其在新兴应用中的最新发展。尽管该领域取得了显著进展，仍有进一步开发新技术的空间（图 11.2）。

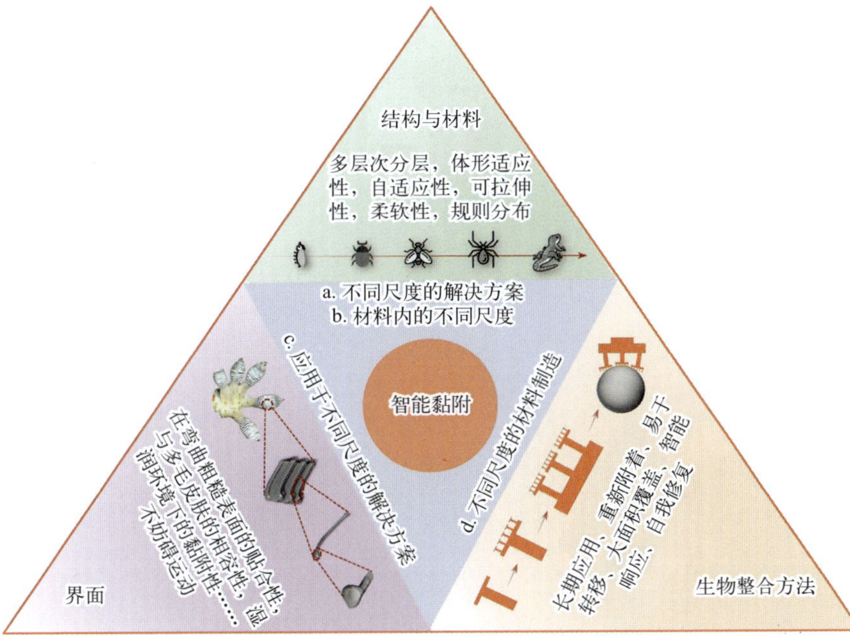


**图 11.1** 仿生黏附材料在未来的分级制造策略

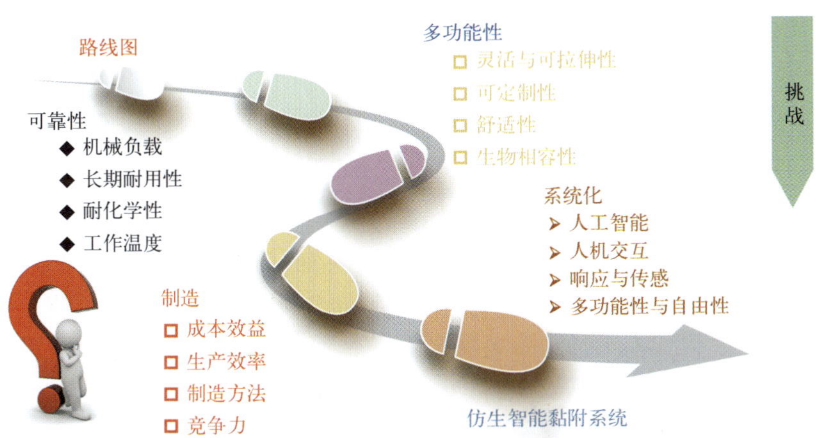


**图 11.2** 仿生黏附系统未来发展的路线图

首先，现有对源自多尺度微纳结构和儿茶酚化学的黏附机制的理解存在显著差距，阻碍了相应仿生黏附表面的开发与应用。在结构层面，现有研究未能深入分析树蛙的多边形微柱结构和章鱼吸盘双腔结构的工作机制，限制了仿树蛙 / 章鱼黏附系统的发展[1]。化学方面，关于贻贝化学黏附机制的理解仍存在不确定性。尽管一些研究采用了原子力显微镜（AFM）/ 表面力仪（SFA）等测量技术和相关的理论模拟来分析贻贝黏附，但这些研究主要集中在特定系统上（如贻贝黏附蛋白和多巴胺化学），难以详细划分每种相互作用对黏附和内聚力的贡献。此外，聚合物化学组成和分子结构对贝类黏附的影响也需要认真考虑，这源于聚合物 - 贝类化学组合的显著成就[2]。为了进一步阐明生物黏附表面的潜在黏附机制，有必要利用先进的表征方法深化对生物黏附系统的理解[3, 4]。同时，仍需投入大量精力开发更高精度的表征仪器或方法，以增强对生物黏附机制的研究深度和广度。此外，持续探索和发现自然界中的新黏附现象对于补充和完善现有的生物黏附系统至关重要，从而推动仿生黏附系统的发展。

其次，现有的人工仿生黏附剂往往难以达到与生物原型相当的黏附性能，或者为了保持黏附能力而需要在其他性能上妥协。例如，自然生物表面中观察到的分级结构在适应污染物和不同粗糙度的表面方面表现出高度的适应性，但由于当前制造精度的限制，人工仿生材料尚未能复制这种特性[5]。因此，亟须可靠且具有成本效益的制造技术，以模仿多尺度结构。值得注意的是，先进增材制造技术（如 3D 甚至 4D 打印）的快速进展，极有可能显著提升大规模、高质量微纳结构表面的实际应用，并实现最佳的界面结合强度。另外，贻贝聚多巴胺（PDA）的聚合机制和分子结构未解的问题给基于其黏附机制设计的黏附剂带来了挑战。特别是，PDA 的儿茶酚基团在水凝胶胶黏剂的合成过程中会淬灭自由基，导致聚合物链长度和交联密度的降低，从而导致水凝胶胶黏剂的力学性能较差，实用性有限。为了解决这一问题，潜在的解决方案包括引入受保护的儿茶酚基团或采用新型合成策略，如多巴胺触发的单体聚合，以替代传统的构建方法。此外，基于 PDA 的胶黏剂的深色外观可能会在涉及透明电子设备或装置的应用中带来挑战。天然多酚的出现作为有前途的替代品，预示着贻贝启发的透明胶黏剂的光明前景。在固液黏附系统中的液体润滑界面中，保持固体基质上方的一层润滑剂对于确保响应型 LIS（液体润滑表面）的耐久性和长期功能至关重要。如果没有这层润滑剂，悬浮在 LIS 上的排斥液滴将保持非滑溜状态，无法转变为滑溜状态[1]。然而，当排斥液滴被润滑剂覆盖时，随着液滴滑动，润滑剂可能会从基质中流失，润滑剂的高消耗率会导致一系列不良后果。最重要的是，它会大大缩短响应型 LIS 的使用寿命。此外，润滑剂的流失还可能导致污染问题，从而限制这些产品的适用场景。缓解润滑剂流失的潜在方法包括选择具有更高黏度和更低蒸气压的润滑剂，增强润滑剂与基质之间的化学亲和力，以及实施自我调节的润滑剂分泌机制。

最后，仿生黏附剂面临的挑战包括由于磨损导致的短寿命和适用范围有限。自然黏附表面具有自我修复或自我更换的能力，例如壁虎和章鱼在其纤维结构或吸盘受损时可以再生这些结构。通过将这种自我修复能力整合到仿生黏附剂中，其在各种环境中的适应性将得到显著增强[6, 7]。幸运的是，近年来自愈材料的进展为开发具有自我修复能力的仿生黏附剂提供了广阔的前景[8-10]。从实际应用角度来看，一条有前景的途径是赋予仿生黏附剂多功能性和自主性。这意味着将软体仿生智能黏附剂与柔性传感器和人工智能集成，使黏附剂能够根据实时反馈自主调整其行为。此类智能仿生黏附剂在从太空的极端温度到深海的高压环境中的应用潜力巨大[11]。随着仿生人工黏附剂的不断进步，它们有望成为一种多功能策略，促进数字设备、人体和物理系统之间的智能互动[12, 13]。

总的来说，生物基及仿生黏附材料的研究、开发和应用已经成为当前材料科学领域的重要发展方向。我国科研人员在这一领域的贡献尤为显著，未来的探索将充满挑战与机遇。我们应该在现有研究成果的基础上，努力攻克技术难关，致力于实现生物基及仿生黏附材料的多元化和器件化，为新能源材料、环境治理材料、便携式可穿戴材料等新兴领域的发展提供坚实的技术基础。这些材料的应用领域广泛，包括液体操控、软体抓取器、可穿戴设备、医疗保健和攀爬机器人等，它们共同追求的目标是实现可靠的黏附性、耐久性，同时最小化对环境的影响，并在某些情况下实现生物降解性。这些目标的实现需要生物学、化学、物理学、电子学和材料科学等多学科的协同合作。通过跨学科的整合，我们能够提升仿生胶黏剂的性能，并降低生产成本，以满足不同应用场景的需求。我们坚信，这种跨学科的合作模式具有巨大的发展潜力，仿生黏附材料的持续进步将为智能黏附设备的发展注入新的动力，推动材料科学领域迈向新的技术革命。

## 参考文献


[1] Lou X, Huang Y, Yang X, et al. Lubricant-infused surfaces: external stimuli responsive liquid-infused surfaces switching between slippery and nonslippery states: fabrications and applications. Advanced Functional Materials, 2020, 30 (10) : 1901130.

[2] Zhang C, Wu B, Zhou Y, et al. Mussel-inspired hydrogels: from design principles to promising applications. Chemical Society Reviews, 2020, 49 (11) : 3605-3637.

[3] Xie L, Wang J, Lu Q, et al. Surface interaction mechanisms in mineral flotation: Fundamentals, measurements, and perspectives. Advances in Colloid and Interface Science, 2021, 295: 102491.

[4] Xiang L, Zhang J, Gong L, et al. Surface forces and interaction mechanisms of soft thin films under confinement: a short review. Soft Matter, 2020, 16 (29) : 6697-6719.

[5] Szczepanski C R, Guittard F, Darmanin T. Recent advances in the study and design of parahydrophobic surfaces: from natural examples to synthetic approaches. Advances in Colloid and Interface Science, 2017, 241: 37-61.

[6] Li L, Yan B, Yang J, et al. Novel mussel-inspired injectable self-healing hydrogel with anti-biofouling property. Advanced Materials, 2015, 27 (7) : 1294-1299.

[7] Wang W, Xiang L, Gong L, et al. Injectable, self-healing hydrogel with tunable optical, mechanical, and antimicrobial properties. Chemistry of Materials, 2019, 31 (7) : 2366-2376.

[8] Li M, Li W, Cai W, et al. A self-healing hydrogel with pressure sensitive photoluminescence for remote force measurement and healing assessment. Materials Horizons, 2019, 6 (4) : 703-710.

[9] Zhao Y, Ohm Y, Liao J, et al. A self-healing electrically conductive organogel composite. Nature Electronics, 2023, 6 (3) : 206-215.

[10] Peng Y, Gu S, Wu Q, et al. High-performance self-healing polymers. Accounts of Materials Research, 2023, 4 (4) : 323-333.

[11] Jiang H, Hawkes E W, Fuller C, et al. A robotic device using gecko-inspired adhesives can grasp and manipulate large objects in microgravity. Science Robotics, 2017, 2 (7) : eaan4545.

[12] Li W, Zhou R, Ouyang Y, et al. Harnessing biomimicry for controlled adhesion on material surfaces. Small, 2024, 20 (45) : 2401859.

[13] Li M, Mao A, Guan Q, et al. Nature-inspired adhesive systems. Chemical Society Reviews, 2024, 53 (16) : 8240-8305.